FORSCHUNGSBERICHTE DES LANDES NORDRHEIN-WESTFALEN

Nr. 2456

Herausgegeben im Auftrage des Ministerpräsidenten Heinz Kühn
vom Minister für Wissenschaft und Forschung Johannes Rau

Dipl.-Ing. Manfred Rössig

Institut für Baumaschinen und Baubetrieb
der Rhein.-Westf. Techn. Hochschule Aachen

Fördern von Frischbeton, insbesondere von Leichtbeton, durch Rohrleitungen

Westdeutscher Verlag 1974

Gesamtherstellung: Westdeutscher Verlag

ISBN 978-3-531-02456-1 ISBN 978-3-322-88261-5
DOI 10.1007/978-3-322-88261-5

Vorwort

Die Förderung von Beton durch Rohrleitungen hat bereits seit Jahrzehnten Probleme aufgegeben. Daß diese Förderung seit einigen Jahren fester Bestandteil der Praxis beim Bau ist, besagt nicht, diese Probleme seien inzwischen gelöst; dies zeigt sich an den allgemeinen Einschränkungen und an immer wieder auftretenden Schwierigkeiten bei der Förderung von Normalbeton sowie an den noch nicht gelösten Problemen der Förderung von Leichtbeton.

Es hat deshalb auch nicht an Versuchen gefehlt, Zusammenhänge einzelner, für die Förderung bedeutsamer Komponenten zu erforschen und hieraus Förderbedingungen zu entwickeln. Im Bereich des Normalbetons haben sich so eine Reihe von praxisgerechten Regeln ergeben, die verbunden mit der im Umgang mit Betonpumpen erworbenen Erfahrung eine entsprechend zufriedenstellende Förderung dieses Betons gestatten.

Die vorliegende Arbeit hatte die Entwicklung einer umfassenden Beschreibung des Fördermechanismus und der diesen Prozeß tragenden Größen zum Ziel; denn nur eine Lösung der Gesetzmäßigkeiten im allgemeinen kann erwarten lassen, daß die speziellen Bedingungen, wie sie etwa von der Art des Betons oder von den Anforderungen durch die Abmessungen der Rohrleitungen gestellt werden, uneingeschränkt erkennbar sind. In dieser Weise bietet die Arbeit eine theoretische, im Versuch erprobte und bestätigte Beschreibung des Fördervorganges, so daß sich sowohl die Konstruktion, als auch die Anwendung von Betonpumpen systematisch ausrichten kann.

Daß diese Arbeit am Institut für Baumaschinen und Baubetrieb der RWTH Aachen durchgeführt werden konnte, ist der finanziellen Förderung durch den Minister für Wissenschaft und Forschung des Landes Nordrhein-Westfalen und durch die Deutsche Forschungsgemeinschaft zu danken, die trotz mancher gegenteiliger Meinung über den einzuschlagenden Weg, zur Zeit des Beginns der Arbeit, ihre Unterstützung nicht versagten.

Sicher sind auch jetzt noch nicht alle Probleme der Betonförderung durch Rohrleitungen gelöst, ja der an weiterer Forschung Interessierte wird durch die Lektüre dieser Schrift Anregungen für ergänzende Untersuchungen finden.

Aachen, im September 1974 H. Frenking

INHALTSVERZEICHNIS

Vorwort

Formelzeichen und Abkürzungen

1.	Einleitung	1
1.1	Problemstellung, Literaturauswertung Stand der Erkenntnisse	1
1.2	Ziel der Untersuchungen	10
2.	Theoretische Betrachtungen über die Rohrförderung	12
2.1	Allgemeine Strömungslehre - Homogene und heterogene Feststoff-Flüssigkeits-Mischungen	12
2.11	Allgemeine Strömungslehre	12
2.12	Homogene und heterogene Feststoff-Flüssigkeits-Mischungen	16
2.13	Wesentliche Gesetzmäßigkeiten feststoffbeladener Flüssigkeitsströmungen - heterogener Bereich	17
2.2	Newtonsche und Nicht-Newtonsche Substanzen, Bingham-Substanzen und Frischbeton	21
2.21	Newtonsche und Nicht-Newtonsche Substanzen	21
2.22	Bingham-Substanz und Frischbeton	24
2.23	Vergleich von Strömungsbildern unter Umrechnung früherer experimenteller Ergebnisse, Vorstellung der Stromfadentheorie beim Transport von Frischbeton	33
3.	Versuchsplan	43
4.	Versuche und Ergebnisse	47
4.1	Vergleichende Untersuchungen über Pumpen von Normal- und Leichtbeton	47
4.11	Versuchsmaschine und Versuchseinrichtung	47
4.12	Meßeinrichtung, gemessene Werte	48
4.13	Versuchsaufbau und Versuchsdurchführung	50
4.14	Betontechnologische Daten	51
4.15	Versuchsergebnisse	53
4.151	Arbeitsabläufe, maximale und mittlere Betondrücke über dem Rohrleitungsverlauf	53

4.152	Fördervolumen, Füllfaktor, Wirkungsgrade und Änderung der Frischbetonrohdichten	67
4.153	Stetige Förderung von Normal- und Leichtbeton	74
4.154	Besonderheiten beim Pumpen von Leichtbeton, Förderhilfen und Pumpen an der Verstopfergrenze	77
4.2	Einzeluntersuchungen an porösen Leichtzuschlägen	85
4.21	Wasseraufnahme und Wasserabgabe verschiedener Arten von porösen Leichtzuschlägen bei einfacher Beaufschlagung mit Druck	86
4.211	Meßanordnung zur labormäßigen Prüfung	86
4.212	Versuchsdurchführung und Meßgrößen	87
4.213	Ergebnisse - Wasseraufnahme	88
4.214	Ergebnisse - Wasserabgabe und Restwasser Thermodynamische Modelle und Speichervermögen	95
4.22	Ergebnisse - Mehrfache Druckbeaufschlagung und -entlastung wasserumgebener Zuschlagkörner (Laborversuchsanlage)	101
4.23	Intermittierende Stoßbelastung auf Gemische von porösen Leichtzuschlägen und Wasser sowie von Zuschlägen und Zementleim (Großversuchsanlage)	103
4.3	Strömungsverhalten von Beton in Rohrleitungen	106
4.31	Versuchsaufbau, Meßeinrichtung, Versuchsdurchführung	106
4.32	Ergebnisse - Verhalten von Fließfronten	107
4.33	Ergebnisse - Druckverlust = f (Fördergeschwindigkeit) für gerade Rohrleitung und Rohrkrümmer; Sinkversuche	109
4.34	Ergebnisse - Umfassende, das Förderverhalten von Beton kennzeichnende Größen	112
5.	Auswertungen und Folgerungen	114
5.1	Besonderheiten, leistungsfähige intermittierend mit Druckwasser arbeitende Sättigungsanlage für Leichtzuschläge	114
5.2	Aufbereitung der Leichtzuschläge zur Verbesserung der Verarbeitbarkeit beim Pumpen	116

5.3 Die Förderung von Normal- und Leichtbeton 118
5.31 Die Förderung von Normal- und Leichtbeton in herkömmlicher Art durch Rohre 118
5.32 Die Förderung von Normal- und Leichtbeton mit Hilfe eines neuartigen Verfahrens 123

6. Zusammenfassung und Ausblick 125

7. Literaturverzeichnis 130
7.1 Im Text besonders gekennzeichnete Literatur 130
7.2 Im Text nicht besonders gekennzeichnete Literatur 132

8. Abbildungen

FORMELZEICHEN UND ABKÜRZUNGEN

a	kps/m^3	Koeffizient der Druckverlustgleichung
a	cm	Ausbreitmaß nach DIN 1048
a_n	cm	Ausbreitmaß nach dem Versuch
a_v	cm	Ausbreitmaß vor dem Versuch
b	kp/m^2	additives Glied der Druckverlustgleichung
b	m/s^2	allgemeine Beschleunigung
c	-	Kontrollfaktor Buckingham
c_T	-	volumetrische Transportkonzentration
d	m, mm	allgemeiner Durchmesser eines Rohres
f	M.-%	Feuchte des Zuschlags bezogen auf das Trockenmasse
f	-	repräsentativer Rohrwiderstandsbeiwert
f_K	-	Scheinrohrlängenverhältnis für 90°-Rohrkrümmer
g	m/s^2	Erdbeschleunigung
i	-	Übersetzungsverhältnis
k	-	Körnungsziffer, Summe der Siebrückstände in M.-% dividiert durch 100, bei unterschiedlicher Kornrohdichte Rückstände in Stoffraum-% nach DIN 1045
l	m	gerade Rohrleitungslänge
l_{H1m}	m	Scheinrohrlänge für 1 m Vertikalförderung
l_{K90^o}	m	Scheinrohrlänge eines 90°-Rohrkrümmers
m	kg	Masse
m_{ges}	g	Gesamtmasse des Meßgefäßinhalts
m_{tr}	g	Masse von trockenem Leichtzuschlagstoff
m_W	g	Masse des drucklos zugegebenen Wassers
$\bar{m}_W$	g	Masse des nach dem Druckverlust im Korn verbliebenen Wassers
n	-	Polytropenexponent
n	-	Anzahl der Proben

n_{PH}	H/min	Anzahl von Pumphüben
n_{Hyd}	U/min	Drehzahl der Antriebswelle des Rotors (Abtrieb Hydraulikmotor)
n_{ro}	U/min	Drehzahl der Gummirolle des Rotors
n_{rt}	U/min	Drehzahl des Rotors
p	kp/cm^2, kp/m^2	Druck
p	Vol.-%	Porigkeit
p^*	kp/m^2	Verformungsfähigkeitsgröße
Δp_{spez} oder Δp_s	kp/cm^2m	spezifischer Druckverlust pro m Rohrlänge
p_o, p_1 etc.	ata	absolute Drücke
p_a	ata	absoluter Kornaußendruck
p_i	ata	absoluter Korninnendruck
p_1	ata	Druck im Korn nach isothermer Volumenverdichtung
p_1	kp/cm^2	Gesamtdruck im Rohr an der Stelle 1
p_2	kp/cm^2	Gesamtdruck im Rohr an der Stelle 2
p_2	ata	Druck im Korn nach polytroper bzw. adiabater Expansion von Luft im Korn
p_{dyn}	kp/cm^2	dynamischer Druck
p_{ges}	kp/cm^2	Gesamtdruck
p_{Hyd}	kp/cm^2	Hydraulikdruck
p_K	Vol.-%	Kornporigkeit
p_{stat}	kp/cm^2	statischer Druck
p_{pot}	kp/cm^2	potentieller Druck
Δp	kp/cm^2, kp/m^2	Druckunterschied, Druckabfall oder Druckverlust
Δp_g	kp/m^2	Gesamtdruckverlust bei einer feststoffbeladenen Flüssigkeit
Δp_v	kp/cm^2	Druckverlust bei reibungsbehafteter Strömung
Δp_{vs}	kp/cm^2	Druckverlust bei schleichender Bewegung einer zähen Flüssigkeit
Δp_w	kp/m^2	Druckverlust einer reinen Trägerflüssigkeit
Δp_z	kp/m^2	zusätzlicher Druckverlust durch Feststoff in der Flüssigkeit
q_{Heff}	dm^3/H	effektives spez. Betonfördervolumen pro Hub
q_{Hyd}	dm^3/U	spez. hydraulisches Fördervolumen pro Umdrehung

$q_{U\ eff}$	dm^3/U	eff. spez. Betonfördervolumen pro Umdrehung
$q_{theor.}$	dm^3/U	theoretisches Betonfördervolumen pro Umdrehung
r	m, mm	variabler Rohrhalbmesser
r_p	mm	Außenhalbmesser des sog. festen Pfropfens
s	cm	Weg Rotorschlauch
s	unterschiedl.	Standardabweichung
s_{g8}	Vol.-%	Standardabweichung von je 8 Proben
t	s,mm-Schrieb-länge	Zeit
t	^oC	Temperatur über dem Eispunkt
v	- oder %	Variationskoeffizient
v	-	Verdichtungsmaß nach DIN 1048
v	m/s, cm/s	Strömungsgeschwindigkeit
$\bar{v}$	m/s, cm/s	mittlere Strömungsgeschwindigkeit
v_o	Vol.-%	prozentuales Kornporenvolumen 100 % bei p_o = 1 ata
v_1	Vol.-%	prozentuales Luftvolumen im Korn bei p_1
v_2	Vol.-%	proz. Luftvolumen im Korn bei p_2
v_P	Vol.-%	Kornporenvolumen des Leichtzuschlages bezogen auf das Kornrohvolumen
v_{WD-KR}	Vol.-%	gesamtes unter Druck und Zeit ins Korn eingedrungenes Wasser bezogen auf das Kornrohvolumen
v_{max}	m/s	maximale Strömungsgeschwindigkeit
v_p	%	prozentuale Rotorgeschwindigkeit
v_p	m/s	Strömungsgeschwindigkeit des sog. festen Pfropfens
v_R	m/s	Strömungsgeschwindigkeit an der Rohrwand
v_{rt}	mm-Schrieb-höhe oder %	Rotorgeschwindigkeit
v_s'	m/s	Sinkgeschwindigkeit eines Einzelkorns
$\Delta v_{Korn} = w$	Vol.-%	proz. im Korn verbliebenes Wasser nach polytroper Druckentlastung oder Restwasser
Δv_{Rohr}	Vol.-%	proz. außerhalb des Korns wieder verfügbares Wasservolumen

$w = \Delta v_{Korn}$	Vol.-%	nach der Druckentlastung der Zeitdauer t im Korn verbliebene Wassermenge bezogen auf das Kornporenvolumen
$w_D = w_{pat}$	Vol.-%	gesamtes unter Druck und Zeit ins Korn eingedrungenes Wasser bezogen auf das Kornporenvolumen
$w_{Dmittel}$	Vol.-%	mittleres gesamtes unter Druck und Zeit ins Korn eingedrungenes Wasser bezogen auf das Kornporenvolumen
w_{mittel}	Vol.-%	mittleres nach Druckentlastung im Korn verbliebenes Wasser bezogen auf das Kornporenvolumen
$w_{pat} = w_D$	Vol.-%	unter Druck und Zeit bezogen auf das Kornporenvolumen aufgenommenes Wasservolumen
BI	-	Sammelbezeichnung für Beton der Festigkeitsklassen Bn 50 bis Bn 250 nach DIN 1045
BII	-	Sammelbezeichnung für Beton der Festigkeitsklassen Bn 350 und höher nach DIN 1045
B1	kp/cm^2	Betondruck Einlauf Rohrleitung
B2	kp/cm^2	Betondruck Vorlauf Rohrleitung
B3	kp/cm^2	Betondruck Rücklauf Rohrleitung
B1m	kp/cm^2	mittlerer Betondruck Einlauf in die Rohrleitung
Bn	-	Betonfestigkeitsklassen für Normalbeton nach DIN 1045
C	kp/cm^2, kp/m^2	Integrationskonstante
D	m, cm	Rohrleitungsinnendurchmesser
EFA	-	Elektro-Filterasche
F	m^2	Durchflußquerschnitt bei Strömungen, auch Rohrquerschnittsfläche
Fr	-	Froudezahl des Förderstromes
G	$kg/m\ s^2$	Schubmodul
I_{Hyd}	-	Impuls der Rotor-Antriebswelle
I_{sro}	-	Impuls schwarze Gummirolle
$I_{Rü}$	-	Drehimpulse des Rührwerks
I_{wro}	-	Impuls weiße Gummirolle
K1, K2, K3	-	Konsistenzen nach DIN 1045
K	kg/m^3	Zuschlaggehalt
LB	-	Leichtbeton
LBn	-	Leichtbeton-Festigkeitsklasse

$L_{0/1}$; $L^*_{0/1}$	mkp Vol.-% ata	Arbeit bei isothermer Verdichtung
LP	-	Luftporen
M	kg/m^3	Mehlkorngehalt pro m^3 Frischbeton
MS	-	Mischungsverhältnissumme
NB	-	Normalbeton
NBn	-	Normalbeton-Festigkeitsklasse
N_{HE}	-	Hedströmzahl
N_{PL}	-	Plastizitätszahl
NW	mm	Rohrnennweite
P	PS	Förderleistung
P^*_{Bi}	PS	Förderleistung unter Berücksichtigung der Buckingham-Gleichung
Po	-	Powers-Hubzahl
Q	m^3/h, l/min	Durchflußmenge
Q_e	m^3/h, l/min	effektive bzw. exakte Durchflußmenge
Q_{eff}	m^3/h	effektives Betonfördervolumen pro Zeiteinheit
Q_{Lm}	m^3/h	mittleres Luftvolumen pro Zeiteinheit
$Q_{theor.}$	m^3/h	theoretisches Betonfördervolumen pro Zeiteinheit
Re	-	Reynoldszahl
Re_{pl}	-	plastische Reynoldszahl
R	m, mm	Rohrinnendurchmesser
R	$\frac{m^2}{s^2\ K}$	Gaskonstante
S_{rt}	-	Stellung des Rotors
S_{ro}	-	Stellung der Gummirollen des Rotors
T	K	absolute Temperatur
V bzs. V_i	m^3 bzw. Nm^3	strömungstechnisch absolutes Fördervolumen oder thermodynamisches Volumen
V_o	m^3	Luftvolumen
V_{KR}	cm^3	Volumen des Korns im Rohdichtezustand
V_{MG}	cm^3	inneres Volumen des Meßgefäßes
V_P	cm^3	Kornporenvolumen des Leichtzuschlages
V_R	cm^3	Kornreinvolumen

V_W	cm^3	Volumen von drucklos zugegebenem Zwickelwasser
$\bar{V}_W$	cm^3	Volumen des nach der Druckentlastung im Korn verbliebenen Wassers
V_{WA}	cm^3	nach der Druckentlastung aus dem Korn herausgeflossenes Wasservolumen
V_{WD}	cm^3	gesamtes unter Druck und Zeit ins Korn eingedrungenes Wasservolumen
V_{WDTH}	cm^3	theoretisches unter äußerem Druck ins Korn eingedrungenes Wasservolumen, nach Boyle-Mariotte mit $p_i = p_a$
VZ	g/kg	Erstarrungsverzögerer
W_G	kg/m^3	Gesamtgehalt Wasser
W_S	kg/m^3	Sättigungswassergehalt
W_{Sn}	$dm^3, kg/m^3$	Sättigungswassergehalt nach dem Versuch
W/Z	-	Wasser-Zement-Wert
Z	kg/m^3	Zementgehalt
ZL	kg/m^3	Zementleimgehalt pro m^3 Frischbeton
α_{rt}	^{o}	Rotordrehwinkel
$\dot{\gamma}$	s^{-1}	Schergeschwindigkeit
γ	kp/m^3	Wichte des Strömungsmittels
γ_k	kp/m^3	Wichte des Feststoffes
γ_w	kp/m^3	Wichte der Trägerflüssigkeit
η	$kp \cdot s/m^2$	dynamische Viskosität
η_F	-	Füllfaktor
η_m	-	Pumpenwirkungsgrad
η_P	-	betonhydraulischer Wirkungsgrad einer Betonpumpe
η_{pl}	$kp\ s/m^2$	Viskosität der Bingham-Substanz
η_{PB1}	%	Betonleistungsgrad
$\varkappa$	-	Adiabatenexponent
λ	-	Rohrwiderstandsbeiwert
λ_g	-	Rohrwiderstandsbeiwert einer Gemischströmung
λ_k	-	zusätzlicher Rohrwiderstandsbeiwert durch Feststoff
λ_{pl}	-	Rohrwiderstandsbeiwert einer Bingham-Substanz
λ_w	-	Rohrwiderstandsbeiwert der Trägerflüssigkeit

μ_{epl}	kp s/m^2	augenscheinliche effektive plastische dynamische Viskosität
ρ	kg/m^3	Dichte des Strömungsmittels
ρ	g/cm^3	Dichte
ρ_f	kg/dm^3	Frischbetonrohdichte
ρ_{fn}	kg/dm^3	Frischbetonrohdichte nach dem Versuch
ρ_{ftr}	kg/dm^3	Frischbeton-Trockenrohdichte
ρ_{fr}	kg/dm^3	Frischbetonrohdichte rechnerisch
ρ_{fo}	kg/dm^3	Frischbetonrohdichte vor dem Versuch
ρ_{f0}	kg/dm^3	Frischbetonrohdichte ohne Luftporen
ρ_k	kg/m^3	Dichte des Feststoffes
ρ_k	kg/dm^3	Dichte des Zuschlagstoffes
ρ_K	g/cm^3	Kornrohdichte eines Leichtzuschlages
ρ_w	kg/dm^3	Dichte des Wassers
ρ_z	kg/dm^3	Dichte des Zements
τ	kp/cm^2,kp/m^2	Schubspannung
τ_{rx}	kp/cm^2,kp/m^2	variable Schubspannung in Rohrachse
τ_w	kp/m^2,kp/cm^2	Wandschubspannung in Rohrachse
τ_y, τ_o, τ_{rp}	kp/m^2,kp/cm^2	Fließschubspannung bei Bingham-Substanz
ν	m^2/s	kinematische Viskosität des Fördermittels
ν_{pl}	m^2/s	plastische kinematische Viskosität
φ	^{o}	Drehwinkel
$\dot{\varphi}$	^{o}/s oder mm-Schriebhöhe	Winkelgeschwindigkeit

1. EINLEITUNG

1.1 PROBLEMSTELLUNG, LITERATURAUSWERTUNG, STAND DER ERKENNTNISSE

Das Pumpen von Frischbeton durch Rohrleitungen wird seit etwa 40 Jahren angewandt, wobei die Entwicklung weitgehend empirisch erfolgte. Eine genaue Kenntnis der sich beim Pumpen abspielenden Vorgänge sowie eine allgemein gültige, umfassende Theorie zu deren exakter mathematischer Erfassung liegen z.Zt. nicht vor.

Dagegen sind sowohl der pneumatische Feststofftransport mittels Luft als auch der hydraulische, vorwiegend mittels Wasser als Fördermittel, nicht nur empirisch, sondern auch nahezu vollständig theoretisch erfaßt. Besonders zu erwähnen sind hierbei die Arbeiten von W. Barth [1; 2] sowie die von E. Kriegel und H. Brauer [3]. Sie beeinflußten die Förderung körniger Feststoffe durch Rohrleitungen, die in den letzten Jahren zunehmende Anwendung gefunden hat, sehr stark.

Der wesentliche Unterschied zwischen dem pneumatischen und dem hydraulischen Transport besteht im Verhältnis der Dichte des geförderten Feststoffes zur Dichte des Fördermittels [3]. Weiterhin spielen beim pneumatischen Transport die Geschwindigkeitsdifferenz zwischen Fördermittel und Feststoff und das Mischungsverhältnis von Feststoff zum Fördermittel, die Feststoffkonzentration in der Förderleitung, eine große Rolle. Beim hydraulischen Transport hat die Geschwindigkeitsdifferenz aufgrund des geringen Dichteunterschiedes und der beim Wasser gegenüber Luft ca. 55 mal größeren dynamischen Viskosität keine so große Bedeutung wie beim pneumatischen Transport.

Die Theorie des hydraulischen Feststofftransportes baut ebenso wie beim pneumatischen auf den Gesetzen der allgemeinen Strömungslehre auf. Die beim hydraulischen Transport z.B. für den

Druckverlust in der geraden, horizontalen Rohrleitung aufgestellten Gesetze gelten für beliebige Korngemische und normalerweise bis zu Feststoff-Transportkonzentrationen von 25 Vol.-%. Bis zu 50 Vol.-% wird darüber hinaus eine empirisch erweiterte Gleichung des sog. Widerstandsgesetzes angegeben.

Eine ähnlich umfassende Theorie über die Rohrförderung von Frischbeton ist in Anbetracht der weiteren Rationalisierung auf der Baustelle und der zunehmenden Verarbeitung von Transportbeton beim Bauen wünschenswert und notwendig. Die Grenzen dieser Rohrförderung sind z. Zt. im wesentlichen wie folgt darzustellen:

1. Eine stets einwandfreie horizontale, schräge, vertikale Förderung aller Betone der Konsistenzbereiche K1 bis K3 gemäß DIN 1045, auch unabhängig vom Rohrleitungsverlauf, ist nicht möglich. Immer noch ist mit sog. Verstopfern in der Rohrleitung zu rechnen. Teilweise wird dann angestrebt, den Frischbeton betontechnologisch zu korrigieren. Auch werden Qualitätsminderungen desselben im bestimmten Rahmen in Kauf genommen. Das Verfahren des Pumpens von Beton sollte sich jedoch stets den Erfordernissen des Betons, der für das Bauwerk benötigt wird, anpassen und nicht umgekehrt.

2. Heute ist eine Rohrförderung von frischem Beton, wenn auch unter erheblichen Einschränkungen, technisch möglich, jedoch sind zur Erreichung optimaler Leistungen und vor allem für die Beurteilung der Förderbarkeit u. a. die fließtechnischen Voraussetzungen bzw. rheologischen Kenngrößen für die Förderung von derartigen Betonen durch Rohrleitungen noch nahezu unbekannt.

3. Frischer Leichtbeton mit porösen Zuschlägen ist mit den üblichen Pumpverfahren bis auf ein paar Ausnahmen überhaupt nicht zu fördern. Bei der Rohrförderung von Leichtbeton tritt eine Wasseraufnahme und vermutlich nur eine teilweise

Wasserabgabe unter wechselnden Druckbeanspruchungen auf. Dieses Verhalten behindert die Förderbarkeit durch Pumpen üblicher Art oder macht sie auch unmöglich. Hierfür kann wahrscheinlich neben auftretender Entmischung und Aufnahme von Wasser die Luft in den für sie dynamisch als offen anzusehenden Kornporen ursächlich herangezogen werden. Zum einen stellt man sich vor, daß ein Teil Wasser aus dem Zementleim unter dem für die Förderung notwendigen Druck auf den Beton in die Poren eindringt und der Beton insgesamt gesehen steifer und weniger förderwillig wird. Andererseits deutet bereits die Betrachtung von Verstopfern darauf hin, daß sich der anfangs gefügedichte Frischbeton im Verlauf der Rohrförderung z. T. auch zu entmischen und sich im Extremfall in einen haufwerksporigen Beton umzuwandeln scheint. Man stellt sich vor, daß der Pumpendruck, auf ein derartig nicht ausgefülltes, ungesättigtes Zuschlaggemisch aufgebracht, direkt auf das Zuschlaggerüst übertragen wird. Es wird vermutet, daß sich hierbei ähnlich bodenmechanischen Gesetzen Verkeilungen und Verklemmungen in der Rohrleitung ergeben.

Grundlage dieser Untersuchungen sind vor allem die experimentell gefundenen Erkenntnisse von R. Weber [4] und F. Nübling [5]. Als wesentlich für die allgemeine Theorie der Rohrförderung von frischem Normalbeton erkannte Weber:

1. Beim Pumpen von Normalbeton handelt es sich nicht um die Förderung einer Flüssigkeit, sondern, rheologisch gesehen, um die eines plastischen Stoffes.
2. Das Fließen von Beton in der Rohrleitung beginnt je nach Art und Zusammensetzung desselben erst oberhalb einer gewissen Grenzgleitspannung.
3. Der Druckabfall beim Pumpen durch eine gerade, horizontale Rohrleitung wächst linear mit zunehmender Fördergeschwindigkeit des Betons im Rohr.
4. Der Druckabfall wächst linear mit zunehmender gerader,

horizontaler Rohrleitungslänge.

5. Der Druckabfall wächst mit steigender Konsistenz des Frischbetons.

6. Der Druckabfall setzt sich, über der Fördergeschwindigkeit aufgetragen, im wesentlichen aus einem geschwindigkeitsabhängigen und einem geschwindigkeitsunabhängigen Teil zusammen.

Nübling bestätigt diese Erkenntnisse und betrachtet ebenso wie Weber das Pumpen als reines Pfropfenfließen. Einerseits wird nach seiner Meinung der einmal gebildete Pfropfen von einer flüssigen Außenschicht mitgenommen und wie ein Festkörper durch das Rohr geschoben. Dabei soll das den Pfropfen umgebende Medium angeblich wie eine Newtonsche Flüssigkeit strömen und der einmal gebildete Pfropfen über alle Bewegungszustände hinweg seinen Durchmesser beibehalten. Weber spricht wiederum von einem Schmierfilm an der Rohrinnenwand, auf dem sich der Pfropfen bewegt. Andererseits stellt Nübling als erster fest, daß das Fließverhalten von Normalbeton dem einer sog. Bingham-Substanz gleicht. Hier ergeben sich teilweise Widersprüche, die zu klären sind. Nicht-Newtonsche Substanzen, zu denen als zeitunabhängige auch die Bingham-Substanz zu zählen ist, werden im Gegensatz zu Newtonschen mit endlicher Schergeschwindigkeit nur dann deformiert, wenn die aufgebrachte Schubspannung τ_{rx} größer als die sog. Fließschubspannung τ_y ist (s. a. Bl. 4). Nübling gibt z. B. Ansätze an für die Geschwindigkeitsverteilung über dem Rohrradius, für die Geschwindigkeit des festen Pfropfens und für den Volumenstrom in der Rohrleitung. Er bezeichnet die Größen der plastischen Viskosität η_{pl} und die Fließschubspannung τ_y als wesentlich für den Druckverlust in der Rohrleitung.

Nicht klar wird ein für das Fließverhalten entscheidender Zusammenhang zwischen der Schubspannungs- und der Geschwindigkeitsverteilung über dem Rohrradius (vergl. hierzu Kap. 2.22 u. 2.23). Nübling stellt nach den von ihm genannten theoretischen Grundlagen die Frage, mit welchen Prüfmethoden wohl kurzfristig aussagekräftige Kennwerte für die Pumpwilligkeit eines frischen Normalbetons zu ermitteln sind.

Eine für den Praktiker wesentliche Frage nach den entstehenden Druckverlusten bei einer Förderung durch eine Rohrleitung unter Beibehaltung gleicher Fördermenge, jedoch grundsätzlicher Veränderung des Rohrleitungsdurchmessers, wird immer wieder gestellt. Trotz der zwischenzeitlich gewonnenen rheologischen Erkenntnisse blieb diese Frage bisher unbeantwortet.

Sowohl Weber als auch Nübling untersuchten den Einfluß von Förderhöhe und Rohrkrümmer auf den Druckverlust bei der Rohrförderung. Allgemein üblich gibt man dabei sog. Scheinrohrlängen an, worunter die Länge eines geraden, horizontalen Förderrohres gleichen Durchmessers zu verstehen ist, die den gleichen Druckabfall wie z. B. ein in das Leitungssystem eingebauter Krümmer aufweist. Weber nennt für das Pumpen durch eine Rohrleitung NW 180 als Scheinrohrlänge für einen 90°-Krümmer l_{K90^o} = 8 m und für 1 m senkrechte Förderung bei einer Fördergeschwindigkeit von 0,1 m/s l_{H1m} = 23,9 m. Er gibt an, daß die Scheinrohrlänge für Vertikalförderung abhängig von Mischungsaufbau, Konsistenz und Fördergeschwindigkeit des Frischbetons im Rohr ist.

Der Arbeit von Gengenbach [6] ist zu entnehmen, daß der zur Bewegung einer ungesättigten Frischbetonsäule notwendige axiale Druck mit der Säulenlänge progressiv ansteigt.

Weber und Nübling erarbeiteten als neuere Autoren eine Reihe von Grundlagen für den praktischen Pumpbetrieb. Die von ihnen vor allem in betontechnologischer Sicht gewonnenen Erkenntnisse, z. B. über den Einfluß von Art und Vermahlungen des Zements, von Zement- und Mehlkorngehalt der Mischung, von Sieblinie, Art und Kornform des Zuschlags, von Konsistenz des Frischbetons und von Betonzusätzen, auf den Ablauf des Pumpens dürften allgemein bekannt sein. Zu erwähnen ist noch eine Aussage, wonach die plastische Viskosität, über dem Wasserzementwert aufgetragen, von einem Wert W/Z = 0,6 ab mit Verkleinerung desselben stark ansteigt / 5 /.

Es wird bezüglich des rheologischen Verhaltens von Frischbeton festgestellt, daß seine Verarbeitbarkeit gleichzeitig vom Fließvermögen selbst und der Bewahrung der Homogenität abhängt. In diesem Zusammenhang erklärt Nübling die primäre Struktur des Zementleims als ein Netzwerk durch eine wässrige Lösung getrennter Teilchen, das eine bestimmte Zähigkeit besitzt.

Die Synthese der beim Studium der Literatur über das Pumpen von frischem Normalbeton gewonnenen Aussagen ist wegen der oft anzutreffenden widersprüchlichen Hypothesen nicht durchzuführen. Die bei dieser Förderart auftretenden Probleme sind noch nicht zufriedenstellend geklärt.

Die pneumatische Förderung von Beton unter einerseits nur rein statischen und andererseits statischen und gleichzeitig dynamischen Luftkräften / 6 / ist nur auf besondere Gegebenheiten anzuwenden und hat auch gegenüber dem Pumpen von Beton, vor allem aus Gründen der Entmischung, aber auch aus solchen der Sicherheit und Unfallverhütung, keine weitere Verbreitung gefunden und soll deshalb hier auch nicht weiter behandelt werden.

Das Pumpen von Leichtbeton mit porösen Zuschlägen wird durch die Beachtung der für die Rohrförderung von frischem Normalbeton gewonnenen rheologischen und betontechnologischen Erkenntnisse allein nicht möglich. G. Rapp / 7 / berichtet über einige erfolgreiche Versuche beim Pumpen von Leichtbeton mit Blähton 'Liapor', einem nahezu kugelförmigen bzw. runden Leichtzuschlag. Hierbei wird neben den für das Pumpen von Normalbeton bekannten Regeln die Wasseraufnahme der porösen Zuschläge beim Vornässen, beim Mischvorgang und bei längerem

Transport des Betons zur Baustelle berücksichtigt. Nur durch zusätzliches Zugabewasser ist die angestrebte, direkt beim Pumpvorgang gewünschte Konsistenz zu erreichen. Das nach dem Pumpen von Leichtbeton im Mörtel verbliebene wirksame Wasser bzw. der vorhandene wirksame Wasserzementwert ist für die Mörtelfestigkeit und damit bedingt auch für die Betonfestigkeit maßgebend.

Als weitere wesentliche Fakten beim Pumpen von Leichtbeton nennt Rapp die charakteristische Erhöhung der Frischbetonrohdichte, die Vergrößerung der Wasseraufnahme der Leichtzuschläge und die Verkleinerung des Ausbreitmaßes infolge des Pumpens. Hinsichtlich der Wasseraufnahme der porösen Zuschläge nimmt er an, daß z. B. bei einem Förderdruck von 10 kp/cm^2 auf den Leichtbeton im Rohr auch die mit Luft gefüllten, für diese als dynamisch offen anzusehenden Poren der Körner unter diesem Druck stehen. Die Kompression der darin befindlichen Luft soll durch Anmachwasser des Betons, das ins Korn eindringt, bewirkt werden. Betrachtet man allein die gegenüber der Luft ca. 55 mal größere dynamische Viskosität des Wassers und die Abhängigkeit der Strömungsgeschwindigkeit von der dynamischen Viskosität am Beispiel laminarer Strömung, so läßt sich abschätzen, daß pro Zeiteinheit wesentlich weniger Wasser als Luft durch die Kanäle der Kornporen fließen kann (s. a. Gl. (15 a) $\bar{v} \sim \eta^{-1}$). Demnach sind vor allem kleine Kanäle im Korn für das Durchströmen mit Luft als dynamisch offen, für Wasser jedoch schon als geschlossen, zu bezeichnen. Aus diesen Gründen ist, wie später nachgewiesen (s. a. Kap. 4.213), zu bezweifeln, daß der Druck beim Pumpen außerhalb der Körner stets gleich demjenigen innerhalb der Körner zu setzen ist. - Als Grenze für die Rohrförderung von Leichtbeton gibt Rapp zudem einen Förderdruck von 5 kp/cm^2 an. Damit ist eine Dichtstromförderung nur über wenige Meter Leitungslänge möglich (s. a. Angaben über spez. Druckverlust S. 43).

Neben der geschilderten Methode, die praktisch eine Änderung der Konsistenz vom Zeitpunkt des Mischens bis einschließlich zu dem des Pumpens berücksichtigt, ist eine weitere, vor allem in den USA benutzte Methode bekannt. Danach sind größere Erfolgsquoten beim Pumpen von derartigen Betonen nachzuweisen, wenn man den Leichtzuschlag, Blähton oder Blähschiefer, schon weitgehend sättigt, bevor die zu pumpende Betonmischung hergestellt wird.

William E. Reilly [8] beschreibt u. a. Pumpversuche an zwei verschiedenen Orten in den USA, wo Leichtbeton mit stark vorgesättigten porösen Zuschlägen einmal 46 m vertikal und 61 m horizontal durch eine Rohrleitung NW 100 und zum anderen Leichtbeton 122 m vertikal mit einer einzigen Pumpe gefördert wurde. Er nennt zwei Methoden, die hydrothermische und die Vakuummethode, die man zur Wassersättigung der Leichtzuschläge anwendet.

Bei der hydrothermischen Methode wird der Leichtzuschlag, nach dem Herstellungsprozeß im Drehrohrofen an Luft bis auf Temperaturen zwischen 300 bis 900° C abgekühlt, in Wasser geworfen oder mit Wasser besprüht. Die damit isobar abgekühlte Luft in den Kornporen verringert bei gleichbleibender Masse ihr Volumen und saugt dadurch Wasser in die Körner. Nach Abkühlung auf Normaltemperatur läßt man die Zuschläge nach dem Wasserbad Abtropfsiebe passieren und fährt sie auf Lagerhalde. Aufgrund des thermischen Schocks bei Anwendung zu großer Temperaturdifferenzen wird die innere Struktur der Körner z. T. so zerstört, daß mit einem Festigkeitsverlust der Körner nach Bl. 1 bis zu 50 % zu rechnen ist. Bei einer Abkühlung von 300° C wurden immerhin noch 35,6 % des Kornvolumens mit Wasser gefüllt. Bei einer Abkühlung von 700° C wurden alle Poren, die 61 % des Kornvolumens ausmachten, aufgrund der Verminderung des Luftvolumens und der Zerstörung der Zellstruktur gefüllt. Diese Methode hat offenbar zwei Nachteile. Einmal muß die Temperaturdifferenz zwischen Zuschlag und Benetzungswasser sehr sorgfältig kontrolliert werden [8], zum anderen trocknen derartige Zuschläge am Lagerplatz infolge des Dampfdruckgleichgewichts und des Sättigungsverhaltens der Umgebung unterschiedlich aus (S. 113). Dieses kann letztlich wiederum beim Pumpen zu partiellem Verstopfen der Rohrleitung führen. Üblicherweise werden hiernach Leichtzuschläge, wassergesättigt zwischen 40 und 45 M.-%, zu pumpbarem Leichtbeton verarbeitet, wobei die Zementgehalte zwischen 390 und 445 kg/m^3 liegen.

Bei der Sättigung der porigen Zuschläge mittels Vakuum wird ein großer Tank mit trocknem Zuschlag gefüllt, danach abgedichtet und evakuiert. Nachdem ein Vakuum von 23,4 mm Hg (Torr) erreicht ist, läßt man jedoch unter Aufrechterhalten desselben Wasser in den Tank fließen. Ist der gesamte Zuschlag von Wasser umgeben, wird dieser Tankinhalt der Normalatmosphäre ausgesetzt und das verbleibende Restwasser nach Beendigung der Sättigungsphase der Zuschläge abgelassen. Die so erreichte durchschnittliche Wasseraufnahme beträgt, bezogen auf den trocknen Zuschlag, 41,9 M.-% oder 49,4 % des Kornvolumens. Nach Reilly ist es unmöglich, eine ausreichende Sättigung der Zuschläge zu erreichen, wenn diese von sich aus schon mehr als 2 M.-% Feuchte enthalten. Als Nachteil dieser beschriebenen Methode ist es anzusehen, daß nur t r o c k n e r Leichtzuschlag optimal mittels üblicher Vakuumaggregate gesättigt werden kann. Andernfalls verdampft die Feuchte aus den Zuschlägen aufgrund des Dampfdruckverhaltens von Wasser und der Umgebungsbedingungen im Tank. Der entstehende Volumenanteil an Wasserdampf ist nur mit sehr großen Vakuumpumpen zu beherrschen, bei denen die Geschwindigkeit des Absaugens größer ist als die des Verdampfens. Als weitere Nachteile sind wiederum das Problem der teilweise eintretenden Vermin-- derung der erreichten Sättigung der Zuschläge am Lagerplatz und das Problem, wonach die gesättigten Zuschläge, auf Lagerhalde gefahren, vor Frost geschützt werden müssen, zu nennen.

Aus den Tabellen 1 bis 3, Bl. 1 gehen weitere wesentliche Daten hervor. Die hier angegebenen Werte [8] können nicht ohne Korrektur von einem Zuschlag auf andere übertragen werden.

Sie hängen bezüglich Tab. 3 u. a. auch von dem im jeweiligen Land vorherrschenden Klima ab. Dennoch interessiert das Zeitverhalten des Leichtbetons nach Tab. 3 allgemein. Nach 60 Tagen sind die Druckfestigkeiten der mit vakuumgesättigten und der mit trocknen Zuschlägen hergestellten Leichtbetone etwa gleich groß. Das gleiche gilt nach 90 Tagen für ihre Betonrohdichten. Bezogen auf die letzte Aussage kann man die Brandschutzsicherheit wohl auch als gleich ansehen, sofern man die schlagartige Umsetzung von freiem Wasser in Dampf im Zuschlag des Betons betrachtet.

1.2 ZIEL DER UNTERSUCHUNGEN

Anregung zu dem Teil der Arbeit, der sich mit dem Pumpen von Leichtbeton im allgemeinen und den Vorgängen im porösen Zuschlag im besonderen befaßt, gab die Überlegung, durch die vergleichende Untersuchung der Vorgänge beim Pumpen von Normal- und Leichtbeton zum einen und durch Untersuchungen am porösen Leichtzuschlag selbst zum anderen bessere, vor allem betriebssichere und wirtschaftlichere Ergebnisse beim Pumpen von Leichtbeton zu erzielen. Auf gleicher Ebene lagen auch die mit dem Forschungsauftrag des Landes Nordrhein-Westfalen 'Fördern von Leichtbeton durch Pumpen' gestellten Aufgaben.

Ziel dieser Arbeit ist es, zunächst einmal die Möglichkeit des Pumpens von Normal- und Leichtbeton theoretisch zu erforschen und die Anwendbarkeit mit ihren Grenzen aufzuzeigen.

Es sind möglichst wesentliche Gesetzmäßigkeiten für das Pumpen von Normalbeton, basierend auf der allgemeinen Strömungslehre, unter Berücksichtigung der grundverschiedenen rheologischen Verhaltensweisen homogener und heterogener Feststoff-Flüssigkeits-Mischungen bzw. Substanzen aufzuzeigen. Dabei ist der Beton, wenn er als Kontinuum aufzufassen ist, hinsichtlich seiner Fließkurve als zeitabhängige oder zeitunabhängige Substanz durch ein entsprechendes Stoffgesetz zu kennzeichnen.

Nach Möglichkeit sind dem Anwender aufgrund theoretischer bzw. theoretisch-empirischer Erkenntnisse einfache Prüfmethoden zu nennen, die jeweils kurzfristig aussagekräftige Kennwerte für die Pumpwilligkeit eines Frischbetons vermitteln. Neben den verfahrenstechnischen bzw. strömungstechnischen und betontechnologischen Gegebenheiten bei der Rohrförderung ist hierbei auf eine klare Abgrenzung der Maschineneinflüsse und der Einflüsse, die durch die Rohrleitung selbst bedingt sind, zu achten. Somit ist es notwendig, den speziellen meßtechnischen Problemen besondere Beachtung zu schenken.

Aus rheologischer Sicht ist die Frage nach dem Einfluß der Veränderung des Rohrdurchmessers auf die Rohrförderung unter Beibehaltung der Fördermenge zu beantworten.

Da ein Einzelproblem meistens nicht losgelöst von seiner Beeinflussung durch andere Parameter betrachtet werden kann, sind bei der jeweiligen Beurteilung die Fragen der Betontechnologie, der Maschinentechnik, der Verfahrens- und Anwendungstechnik sowie der Wirtschaftlichkeit weitgehend zu beantworten. Die genannten rheologischen und betontechnologischen Einflüsse sind möglichst durch Strömungsbilder ergänzend zu belegen.

Es soll im Rahmen dieser Arbeit keine vollständige Untersuchung sämtlicher auf dem Markt befindlichen Pumpentypen durchgeführt werden. Jedoch sollen hier kennzeichnende Unterschiede in der Wirkungsweise von Rotor- und Kolbenbetonpumpe aufgezeigt werden.

Es ist zu untersuchen, inwieweit der Betondruckverlauf über der Rohrleitungslänge charakteristische Unterschiede zwischen der Förderung von Normal- und Leichtbeton liefert.

Kriterien, die der Anwender oder Maschinenkonstrukteur zur Gewährleistung eines Erfolges beim Pumpen von Leichtbeton berücksichtigen kann, sind zu nennen. In diesem Zusammenhang ist die im Verlauf der Förderung auftretende Verarmung von Leichtbeton an Gleitmitteln, wie Luft, Wasser, Zementleim, durch Eindringen in die porösen Leichtzuschläge zu untersuchen. Hierbei sind die Einflüsse von Betondruck, Zeitdauer der Förderung, Permeabilitätsquerschnitt und Strömungswiderstand durch den Kornaufbau usw. und das viskose bzw. viskoelastische Verhalten [17] der Strömungsmedien zu untersuchen.

Das Zusammenwirken der nach Stoffart unterschiedlichen Vorgänge soll durch Einzeluntersuchungen am Leichtzuschlag selbst erhärtet werden.

Aufgrund der Behandlung dieser Problematik sollen eventuell für Normal-, besonders jedoch für Leichtbeton, gültige, geänderte oder neue praxisnahe Förderweisen erkannt werden.

2. THEORETISCHE BETRACHTUNGEN ÜBER DIE ROHRFÖRDERUNG

2.1 ALLGEMEINE STRÖMUNGSLEHRE - HOMOGENE UND HETEROGENE FESTSTOFF-FLÜSSIGKEITS-MISCHUNGEN

2.11 ALLGEMEINE STRÖMUNGSLEHRE

Es seien kurz einige Gesetze der Strömungslehre in Erinnerung gerufen.

In der Rheologie wird zwischen reibungslosen, reibungsbehafteten, kompressiblen, inkompressiblen, homogenen und heterogenen Flüssigkeiten unterschieden. - Bei Newtonschen Flüssigkeiten ist die Reibungskraft der Geschwindigkeit der Formänderung proportional.

Im Rahmen der Kontinuumsmechanik wird die beliebige Bewegung einer Substanz und deren Stoffeigenschaften beschrieben durch:

1. die Kontinuitätsgleichung } bezogen auf ein
2. die Impulsbilanz } raumfestes Kontrollgebiet
3. die rheologische Zustandsfunktion bzw. das Stoffgesetz

In vektorieller Schreibweise und hinsichtlich der Rohrförderung sogleich nach physikalischen Komponenten in Zylinderkoordinaten r, φ, x zerlegt, ist darzustellen:

1. die Kontinuitätsgleichung oder das Gesetz von der Erhaltung der Masse

   vektoriell $$\frac{\partial \varrho}{\partial t} = - (\nabla \cdot \varrho \vec{v}) \qquad (1)$$

   mit $(\nabla \cdot \varrho \vec{v})$ als Divergenz des Masse-Geschwindigkeits-Vektors bei kompressibler fließender Substanz

   mit Nabla-Operator $$\nabla = i \frac{\partial}{\partial r} + j \frac{\partial}{\partial \varphi} + k \frac{\partial}{\partial x} \qquad (2)$$

   in Zylinderkoordinaten r, φ, x

   $$\frac{\partial \varrho}{\partial t} = - \left[\frac{1}{r} \frac{\partial}{\partial r} (\varrho \, r \, v_r) + \frac{1}{r} \frac{\partial}{\partial \varphi} (\varrho \, v_\varphi) + \frac{\partial}{\partial x} (\varrho \, v_x) \right] \qquad (3)$$

   Für den praktisch sehr häufig vorkommenden Sonderfall ϱ = konst. vereinfacht sich die Gleichung vektoriell zu

   $$(\nabla \cdot \vec{v}) = 0 \qquad (4)$$

   Allgemein bekannt ist das skalare Produkt, das sich aus der Lösung obiger Gleichung ergibt,

   für kompressible fließende Substanz $\varrho F \bar{v}$ = konst. (5)

   für inkompressible fließende Substanz $F \bar{v}$ = konst. (6)

2. die Impulsbilanz für das Kontinuum an einem raumfesten Volumenelement als Bilanzgebiet:

   zeitliche Änderung des Impulses = eintretender Impuls − austretender Impuls + Summe der äußeren Kräfte

   vektoriell dargestellt:

   $$\varrho \frac{D \vec{v}}{D t} = - \left[\nabla \sigma \right] + g \qquad (7)$$

   wobei Dv/Dt die substantielle Ableitung der Feldgröße nach der Zeit und nach dem Ort darstellt und σ der Spannungstensor ist.

In Zylinderkoordinaten für die Komponenten dargestellt:

$$r: \quad \rho\left(\frac{\partial v_r}{\partial t} + v_r \frac{\partial v_r}{\partial r} + \frac{v_\varphi}{r}\frac{\partial v_r}{\partial \varphi} - \left(\frac{v_\varphi^2}{r}\right) + v_x \frac{\partial v_r}{\partial x}\right) = -\left[\frac{1}{r}\frac{\partial}{\partial r}(r\sigma_{rr}) + \frac{1}{r}\frac{\partial \sigma_{r\varphi}}{\partial \varphi} - \frac{\sigma_{\varphi\varphi}}{r} + \frac{\partial \sigma_{rx}}{\partial x}\right] + \rho g_r \tag{8}$$

$$\varphi: \quad \rho\left(\frac{\partial v_\varphi}{\partial t} + v_r \frac{\partial v_\varphi}{\partial r} + \frac{v_\varphi}{r}\frac{\partial v_\varphi}{\partial \varphi} + \left(\frac{v_r v_\varphi}{r}\right) + v_x \frac{\partial v_\varphi}{\partial x}\right) = -\left[\frac{1}{r^2}\frac{\partial}{\partial r}(r^2\sigma_{r\varphi}) + \frac{1}{r}\frac{\partial \sigma_{\varphi\varphi}}{\partial \varphi} + \frac{\partial \sigma_{\varphi x}}{\partial x}\right] + \rho g_\varphi \tag{9}$$

$$x: \quad \rho\left(\frac{\partial v_x}{\partial t} + v_r \frac{\partial v_x}{\partial r} + \frac{v_\varphi}{r}\frac{\partial v_x}{\partial \varphi} + v_x \frac{\partial v_x}{\partial x}\right) = -\left[\frac{1}{r}\frac{\partial}{\partial r}(r\sigma_{rx}) + \frac{1}{r}\frac{\partial \sigma_{\varphi x}}{\partial \varphi} + \frac{\partial \sigma_{xx}}{\partial x}\right] + \rho g_x \tag{10}$$

wobei die Terme $\frac{v_\varphi^2 \rho}{r}$ die Zentrifugalkraft und $\frac{v_r v_\varphi \rho}{r}$ die Corioliskraft bedeuten.

3. das Stoffgesetz, das die 6 unabhängigen Komponenten des Spannungstensors (σ_{rr}, $\sigma_{\varphi\varphi}$, σ_{xx}, $\sigma_{r\varphi}$, σ_{rx}, $\sigma_{\varphi x}$) mit den Komponenten des Deformations- bzw. Deformationsgeschwindigkeitstensors verknüpft.

   Im Fall der Rohrströmung wird das rheologische Verhalten durch das Stoffgesetz in skalarer Form der Schubspannungsfunktion hinreichend erfaßt:

   für eine Newtonsche Flüssigkeit $\sigma_{rx} = \tau_{rx} = +\eta\left(-\frac{dv_x}{dr}\right)$ (11)

   für eine Bingham-Substanz $\sigma_{rx} = \tau_{rx} = +\eta\left(-\frac{dv_x}{dr}\right) + \tau_y$ (12)

Die Gl. (3, 8, 9, 10) enthalten im Falle eines inkompressiblen Mediums 9 Unbekannte, die sich durch Einführen von Randbedingungen sowie durch ein Stoffgesetz der fließenden Substanz für eine beliebige Materialbewegung eines Kontinuums wenigstens grundsätzlich bestimmen lassen. Dabei setzt die Kontinuumsmechanik voraus, daß die Feldgrößen, wie Geschwindigkeit, Druck, Dichte usw., sich innerhalb der Substanz so ändern, daß zur Beschreibung stetige und differenzierbare Funktionen herangezogen werden können.

Auf spezielle Lösungen der obigen Gleichungen wird in Kap. 2.2 eingegangen.

Stimmt der Beanspruchungsbereich der zu berechnenden Strömung, z. B. im Rohr, mit dem mathematisch und experimentell erfaßten Bereich der Fließfunktion überein, so gestatten die angegebenen Beziehungen im laminaren Strömungsbereich eine hinreichend genaue Vorausberechnung des Druckverlustes.

In diesem Zusammenhang sei die für Newtonsche Flüssigkeiten im laminaren Bereich gültige Druckverlustgleichung genannt:

$$\lambda = \frac{64}{Re} = \frac{64\,\nu}{\bar{v}\ d} \quad . \tag{13}$$

Man bezeichnet die dimensionslose Art der Formel auch als Poiseuillesches Rohrwiderstandsgesetz, wobei

$$\lambda = \frac{p_v}{\frac{\rho}{2}\, v^2}\ \frac{d}{l} \tag{14}$$

definiert ist und Gl. (13) für eine stationäre, laminare Strömung bis zu einer Reynoldszahl von Re = 2300 gilt [10].

Die Kenntnis von Gl. (13) und Gl. (14) liefert

$$\Delta p_{vs} = \frac{32\,\nu\,\rho\,l}{d^2}\ \bar{v} \tag{15}$$

oder

$$\Delta p_{vs} = \frac{32\,\eta\,l}{d^2}\ \bar{v} \quad . \tag{15a}$$

Diese Form der Gl. (15a) kehrt für Bingham-Substanzen, durch additive Glieder erweitert, in Form der Buckingham'schen oder auch Buckingham-Reiner-Gleichung in Kapitel 2.2 wieder.

Ergänzend sei in diesem Zusammenhang noch auf eine Aussage eingegangen, die vor allem meßtechnisch gesehen von größerer Bedeutung ist. Nübling gibt bei Fördergeschwindigkeiten des Betons zwischen 0,5 bis 2,5 m/s einen Druckverlust pro m Rohrleitungslänge von 0,05 bis max. 1,46 kp/cm^2 entsprechend der Betonqualität und dem Rohrdurchmesser an. Vergleicht man die

Angaben mit den Größenordnungen des dynamischen Drucks in Tab. 2, Bl. 2, so kann der gesamte Förderdruck unter Vernachlässigung des dynamischen Drucks gleich dem senkrecht zur Rohrachse gemessenen statischen Druck gesetzt werden. Hingegen ist der Einfluß der Förderhöhe, nach Tab. 1 Bl. 2 abschätzbar, nicht zu vernachlässigen.

2.12 HOMOGENE UND HETEROGENE FESTSTOFF-FLÜSSIGKEITS-MISCHUNGEN

S. Schwaigerer [11] unterscheidet beim hydraulischen Feststofftransport zwischen zwei Mischungsformen, deren rheologisches Verhalten grundverschieden ist.

1. Homogene, nicht absetzbare Mischungen (Bereich der Kontinuumsmechanik)

Hierzu zählen Schlämmen und Schwertrüben mit Sinkgeschwindigkeiten des Feststoffes $< 1{,}5$ mm/s. Das rheologische Verhalten derartiger Schlämmen entspricht nicht mehr dem einer Newtonschen Flüssigkeit. Der Newtonsche Reibungsansatz, der das Fließverhalten einer großen Anzahl von Flüssigkeiten gut beschreibt, kann zur Kennzeichnung des rheologischen Verhaltens dieser Substanzen nicht mehr herangezogen werden. In diesem Fall faßt man die Materie konsequent als eine strukturlose Substanz, als ein Kontinuum, auf und beschreibt ihr Verhalten mit Hilfe oft nicht linearer Fließfunktionen der phänomenologischen Rheologie. Es ist hier für eine Rohrförderung von frischem, rheologisch plastischem Beton zu klären, inwieweit charakteristische Abmessungen des Stoffes allgemein, wie z.B. Partikeldurchmesser, bei Suspensionen eine derartige Betrachtungsweise noch erlauben.

Wie nachfolgend des öfteren genannt, bezieht sich hierbei das Wort plastisch nicht allein auf einen Beton der Konsistenz K2 gemäß DIN 1045, sondern auf die rheologische Definition der Klasse "plastische Stoffe".

2. Heterogene, absetzbare Mischungen

weisen Sinkgeschwindigkeiten der Feststoffe in der Flüssigkeit $>1,5$ mm/s auf, dabei muß unter gegebenen Verhältnissen ein Absetzen nicht sofort stattfinden. Ihr Fließverhalten hängt nicht nur von der Zähigkeit, sondern auch von dem Schwerkraftverhalten des Feststoffes ab und ist stark geschwindigkeitsbezogen. Eine q u a s i homogene Feststoffverteilung über dem Rohrquerschnitt bei einer Rohrförderung ist nur bei sehr großen Geschwindigkeiten vorhanden. Mit abnehmender Geschwindigkeit bildet sich aus einer springenden und rollenden Bewegungsform eine teilweise Geschiebebewegung aus (Bl. 3, Abb. 1). Stationäre Ablagerungen wachsen unterhalb einer charakteristischen Geschwindigkeit und führen zum Verstopfen, s. a. Bl. 3, Abb. 2. Hierbei ist die volumetrische Transportkonzentration c_T der Mischung ein wesentlicher Parameter. Dieses gilt nicht nur beim hydraulischen, sondern, wie bei Barth nachzulesen, auch für den pneumatischen Feststofftransport.

Es wäre demnach hierbei zu klären, inwieweit sich die für den pneumatischen und den hydraulischen Feststofftransport für heterogene Mischungen gefundenen Gesetzmäßigkeiten auf die Rohrförderung von Beton anwenden lassen.

2.13 WESENTLICHE GESETZMÄSSIGKEITEN FESTSTOFFBELADENER FLÜSSIGKEITSSTRÖMUNGEN - HETEROGENER BEREICH

Die theoretisch und empirisch gefundenen Gesetzmäßigkeiten für pneumatischen Feststofftransport, hier sind auf dem Sektor der Getreideförderung durch Rohrleitungen als Autoren Barth und Matthies [12] zu nennen, dienen zur theoretischen Herleitung der Gesetzmäßigkeiten für den hydraulischen Feststofftransport.

Nach E. Kriegel und H. Brauer [3] wie auch Barth [1; 2] setzt sich der Gesamtdruckverlust bei einer horizontalen Rohrförderung aus dem Druckverlust der reinen Trägerflüssigkeit Δp_W

und dem zusätzlichen Druckverlust durch den Feststoff Δp_z zusammen.

$$\Delta p_g = \Delta p_w + \Delta p_z = \lambda_w \frac{1}{d} \frac{\gamma_w}{2\,g} \bar{v}^2 + \lambda_z \frac{1}{d} \bar{v}^2 \, c_T \, \frac{\gamma_k - \gamma_w}{2\,g} \qquad (16)$$

Durch experimentelle Untersuchungen, wie auch kinematographische Aufnahmen der Kornbewegung im waagerechten Rohr wird belegt [3], daß die Sinkbewegung der Körner des heterogenen Gemisches nur durch turbulenten Impulsaustausch im Flüssigkeitsstrom ausgeglichen werden kann. Hydraulischer Transport körniger Feststoffe in waagerechten Rohrleitungen ist nur bei turbulenter Strömung möglich. Für eine Feststoffkonzentration c_T bis 25 Vol.-% geben Kriegel und Brauer entsprechend dem dimensionslosen Widerstandsgesetz bei Gemischströmung

$$\lambda_g = \frac{\Delta p_g}{\frac{\varrho}{2}\,\bar{v}^2} \, \frac{d}{1}$$

eine für drei Bereiche (Stokes-, Übergangs- und Newton-Bereich) gültige Gleichung für den z u s ä t z l i c h e n W i d e r s t a n d s b e i w e r t beim Transport von Feststoff an

$$\lambda_k = 0{,}282 \; c_T \left(\frac{\varrho_k}{\varrho} - 1 \right) \left(\frac{v_s'^3}{g\,\nu} \right)^{1/3} Fr^{-4/3} \qquad (17)$$

Dieser Wert geht in die Berechnung des zusätzlichen Druckverlustes ein, der zusammen mit dem Anteil des Reibungsverlustes durch die reine Flüssigkeitsströmung den Gesamtdruckverlust ausmacht.

c_T = volumetrische Transportkonzentration
ϱ_k = Dichte des Feststoffes ϱ = Dichte des Fördermittels
v_s' = Sinkgeschwindigkeit eines Korns g = Erdbeschleunigung
ν = kinematische Viskosität des Fördermittels
Fr = Froudezahl des Förderstromes $\frac{\bar{v}^2}{g\,d}$
$\frac{v_s'^3}{g\,\nu}$ = Kornkennzahl

Für größere Konzentrationen als 25 Vol.-% erweitern Kriegel und Brauer die Gl. (17) empirisch zu

$$\lambda_k^* / \lambda_k = 1 + 2,7 \left(\frac{c_T}{c_{Tmax}} \right)^4 \tag{18}$$

und erhalten als zusätzlichen Widerstandsbeiwert für den Feststofftransport bis max. Konzentrationen c_{Tmax} = 50 Vol.-%

$$\lambda_k^* = 0,282\, c_T \left(\frac{\varrho_k}{\varrho} - 1\right) \left(\frac{v_s'^3}{g \nu}\right)^{1/3} Fr^{-4/3} \left(1 + 2,7 \left[\frac{c_T}{c_{Tmax}}\right]^4\right). \tag{19}$$

Schätzt man hier einmal die Transportkonzentration des späterhin mit der Rotorbetonpumpe geförderten Normalbetons ab, so ergibt sich:

$$c_T = \frac{\text{Volumen Zuschlag}}{\text{Volumen (Zuschlag + Wasser + Zement + Luftporen)}}\ 100\ \%$$

	Menge	Volumen	
Zement	332 kg	106 dm^3	289 dm^3 Volumen Zementleim ohne Luftporen
Wasser	183 kg	183 dm^3	
Sand 0/4 mm	664 kg	253 dm^3	696 dm^3 Feststoffgehalt
Kies 4/8 mm	166 kg	63 dm^3	
Kies 8/16 mm	498 kg	190 dm^3	
Kies 16/32 mm	498 kg	190 dm^3	
Luftporen in verdichtetem Frischbeton		15 dm^3	
Gesamtgewicht	2341 kg	1000 dm^3	

Betrachtet man den Zementleim, die Zement-Wasser-Luft-Suspension, als Trägerflüssigkeit und den Zuschlag als Feststoff, so ergibt sich bei einer nicht entmischten Förderung dieses Betons eine Transportkonzentration von c_{Tmax} = 70 Vol.-%. Damit wird klar, daß der Fördervorgang des Frischbetons durch Rohrleitungen nicht mehr mit den empirisch erweiterten Formeln des hydraulischen Feststofftransports betrachtet werden kann.

Es erscheint somit sinnvoller, phänomenologische Rheologie zu betreiben und die Materie des frischen, plastischen Betons als ein Kontinuum aufzufassen. Diese Annahme ist z. T. problematisch, da die Feststoffpartikeln keineswegs klein gegenüber den Abmessungen des Strömungsfeldes im Rohr sind. Die Berechtigung zu dieser Annahme ist unter anderem auch durch experimentelle Bestätigung der theoretischen Zusammenhänge zu erbringen (Kap. 4.3 ff).

Beachtenswert als Gedankenmodell für die Rohrförderung von plastischem Beton erscheinen zwei Aussagen des hydraulischen Feststofftransportes:

1. Unterhalb einer kritischen Gemischgeschwindigkeit, der sog. Ablagerungsgeschwindigkeit $\bar{v}_A$, fällt nach Bl. 3, Abb. 1, 2 Feststoff aus dem Förderstrom aus und sammelt sich zunehmend bis zum Verstopfen der Rohrleitung am Rohrboden an. Dieses mag u. a. ein Ansatz zur Klärung der Verstopfer beim Pumpen von Beton sein, vor allem, wenn er viel weicher als ein K3 ist.

2. J. Mühle [13] beschreibt die Partikelbewegung in Krümmern, s. a. Bl. 3, Abb. 3, 4. Beim pneumatischen Transport (geradlinige Bahnkurve a, Abb 3) sind die Trägheitskräfte der Partikeln viel größer als die Widerstandskräfte des Gases. Den hydraulischen Feststofftransport kennzeichnet ein gemeinsamer Einfluß von Trägheits- und Widerstandskräften (Kurve b). Bei Kurve c sind entsprechend der schleichenden Bewegung die Trägheitskräfte der Partikeln gegenüber den Zähigkeitskräften der Flüssigkeit vernachlässigbar klein. Es ist anzunehmen und wäre durch Strömungsbilder nachzuweisen, daß die Rohrförderung von Normalbeton zwischen den Kurven b und c, mehr zu c hingehend, abläuft.

2.2 NEWTONSCHE UND NICHT-NEWTONSCHE SUBSTANZEN BINGHAM-SUBSTANZEN UND FRISCHBETON

2.21 NEWTONSCHE UND NICHT-NEWTONSCHE SUBSTANZEN

Im Kapitel 2.11 sind u. a. die für fließfähige Substanzen allgemein gültigen, die Bewegung und im speziellen die Stoffeigenschaften beschreibenden Ansätze dargestellt.

Impulsbilanz und Kontinuitätsgleichung vereinfachen sich erheblich, sofern man eine stationäre, inkompressible, parallele Schichtenströmung in einem horizontalen Förderrohr betrachtet. Die Verknüpfung von mechanischer Beanspruchung der Substanz mit der daraus resultierenden Deformationsgeschwindigkeit in einer rheologischen Zustandsfunktion beschränkt sich dann auf den eindimensionalen Fall. Im allgemeinen sind dann in Umkehrung des Gesagten rheologische Stoffeigenschaften einer Substanz experimentell recht schnell zu ermitteln.

Als Randbedingungen sind zu nennen:

1) laminare Strömung: alle Bahnen parallel zur Achse des Rohres

2) inkompressible, stationäre Strömung ϱ = konst; $\frac{\partial \varrho}{\partial t} = 0$

3) $v_r = 0$ 6) $\sigma_{r\varphi} = 0$ 9) $\sigma_{xx} - \sigma_{\varphi\varphi} = f_1\,(\dot{\gamma}^2)$

4) $v_\varphi = 0$ 7) $\sigma_{\varphi x} = 0$ 10) $\sigma_{rr} - \sigma_{\varphi\varphi} = f_2\,(\dot{\gamma}^2)$

5) $v_x = v_{x(r)}$ 8) $\sigma_{rx} = \tau_{rx} = \tau = f(\dot{\gamma})$ 11) $\sigma_{xx} = -p$

12) mit $\dot{\gamma} = -\frac{dv_x}{dr} \neq f_{(x)}$ folgt $\frac{\partial \sigma_{xx}}{\partial x} = \frac{\partial \sigma_{\varphi\varphi}}{\partial x} = \frac{\partial \sigma_{rr}}{\partial x}$

13) $g_x = 0$ 14) $g_r = -g \sin\varphi$ 15) $g_\varphi = -g \cos\varphi$

Die x-Komponente der Impulsbilanz, Gl. (10) liefert aus Gl. (10a):

$$0 = \frac{1}{r}\frac{\partial}{\partial r}(r\sigma_{rx}) + \frac{\partial \sigma_{xx}}{\partial x} \rightarrow \frac{1}{r}\frac{\partial}{\partial r}(r\,\tau) = -\frac{\partial \sigma_{xx}}{\partial x} = +\frac{\partial p}{\partial x} = \frac{\Delta p}{l} \quad (10a)$$

$$\tau = \frac{\Delta p}{l}\frac{r}{2} + \frac{C_1}{r} \qquad (20a)$$

Da die Schubspannung in der Rohrachse nicht unendlich sein kann, ist die Integrationskonstante C_1 gleich Null.
Es folgt

$$\tau_{rx} = \tau = \frac{\Delta p}{l}\frac{r}{2} \qquad (20)$$

Demnach ist die Schubspannungsverteilung bei einer laminaren, stationären, inkompressiblen Strömung unabhängig vom rheologischen Medium.

Für eine Newtonsche Flüssigkeit läßt sich aus Gl. (20) und dem Newtonschen Stoffgesetz Gl. (21) bei laminarer Strömung das sog. Hagen-Poiseuillesche Gesetz Gl. (22) ableiten (s. a. Bl. 4 Abb. 1)

$$\tau = \eta \dot{\gamma} = \eta \left(- \frac{dv_x}{dr} \right) \qquad (21)$$

$$\int_r^R dv = - \frac{p_1 - p_2}{2 \eta l} \int_r^R r dr \longrightarrow v_{(r)} = \frac{p_1 - p_2}{4 \eta l} (R^2 - r^2) \qquad (22)$$

Gl. (22) setzt die Gültigkeit der Haftbedingung $v_{(R)} = 0$ an der Rohrinnenwand voraus. Hieraus erhält man mittels Integration die Durchflußmenge, woraus sich wiederum ergibt, daß die mittlere Strömungsgeschwindigkeit für eine Newtonsche Flüssigkeit im laminaren Bereich stets den halben Betrag der maximalen Geschwindigkeit des parabolischen Geschwindigkeitsverlaufs ausmacht (Bl. 4, Abb. 1). Gl. (15) läßt sich damit unterschiedlich ausdrücken:

$$\Delta p_v = \frac{8 \eta l}{\pi R^4} Q = \frac{32 \eta l}{D^2} \bar{v} = \frac{32 \nu \rho l}{D^2} \bar{v} = \lambda \frac{l}{D} \frac{\rho}{2} \bar{v}^2 \qquad (15b)$$

Die Bilanzgleichung, formuliert für das Kontinuum, reicht also allein zur Lösung des obigen Strömungsproblems nicht aus. Hierzu wird noch das Stoffgesetz der fließenden Substanz (Gl. (22)) benötigt.

Im laminaren Bereich können B e t o n e rheologisch fest, teilplastisch oder plastisch sein. Plastische Mischungen werden mit endlicher Schergeschwindigkeit nur deformiert, wenn die Schubspannung größer als die sog. Fließ-Schubspannung τ_w ist. Falls die Schubspannung vom Geschwindigkeitsgradienten linear abhängig ist, handelt es sich um sog. Bingham-Substanzen. Hierunter fallen z. B. Klärschlamm, Kohleschlamm, Zementleim, Schokoladenmix, Zahnpasta und wahrscheinlich auch frischer, plastischer Normalbeton. Letzteres ist jedoch neben den experimentellen Untersuchungen [4; 5] noch theoretisch bzw. an Strömungsbildern zu beweisen (Kap. 2.22 und 4.32).

W. L. Wilkinson [14] teilt die Nicht-Newtonschen rheologischen Medien ein in

1. zeitunabhängige Nicht-Newtonsche und
2. zeitabhängige Nicht-Newtonsche Substanzen.

Hierbei lassen sich die zeitunabhängigen als rheologische Funktion $\dot{\gamma} = -\frac{dv}{dr} = f_{(\tau)}$ darstellen und aufteilen in Bingham, pseudoplastische bzw. viskoelastische und dilatante Substanzen. Sie sind sämtlichst durch Fließkurven (Bl. 4, Abb. 2, 3) gekennzeichnet:

1. Bingham-Substanz $\tau - \tau_y = \eta_{pl} \left(-\frac{dv}{dr}\right)$ (12)

2. Pseudoplastische [14; 17] bzw.
   viskoelastische Substanz [18]

   $$\tau = k\dot{\gamma}^n = k\left(\frac{dv}{dr}\right)^n \qquad \text{wobei } n < 1$$

   hierunter fallen z. B. Hochpolymere wie Cellulosederivate

3. Dilatante Substanz $\tau = k\dot{\gamma}^n$ wobei $n > 1$

Im Gegensatz zu frischem, plastischem Normalbeton wird man Leichtbeton mit ungesättigten Zuschlägen rheologisch der Bingham-Substanz nur über empirische Zusatzwerte zuordnen können, ihn im ungesättigten Zustand seiner Zuschläge ansonsten einer der beiden anderen Substanzen zuordnen müssen. Im Grenzfall wird man Leichtbeton mit ungesättigten porösen Zuschlägen bestimmter Art hinsichtlich seiner Rohrförderung nicht mehr als zeitunabhängige, sondern wohl als zeitabhängige, rheopexe Substanz ansehen müssen. Vor Anwendung eines diesbezüglichen Gesetzes z. B. für die viskoelastische Substanz müssen Einzeluntersuchungen am Zuschlagkorn selbst durchgeführt werden.

2.22 BINGHAM-SUBSTANZ UND FRISCHBETON

Aufgrund der Versuchsergebnisse von Weber [4] und Nübling [5] steht fest, daß die Rohrströmung von frischem, plastischem Normalbeton unter Anwendung der Bilanzgleichung und Verknüpfung derselben mit dem Newtonschen Stoffgesetz n i c h t zu lösen ist. Vielmehr ist anzunehmen, und das wird z. T. belegt (S. 3 und S. 4), daß dieser Beton den Bingham-Substanzen zuzuordnen ist. Somit sind die bisherigen Erkenntnisse zu vervollständigen, zu ergänzen und durch Strömungsbilder zu belegen. Als Lösungsansatz ergibt sich mit Gl. (12) und Gl. (20) (Bl. 4, Abb. 4) für die Geschwindigkeitsverteilung

$$\dot{\gamma} = -\frac{dv_x}{dr} = \frac{1}{\eta_{pl}}(\tau_{rx} - \tau_y) = \frac{1}{\eta_{pl}}\left(\frac{\Delta p}{2\,l}\,r - \tau_y\right) \tag{23}$$

und für den Durchsatz pro Zeiteinheit Q unter Berücksichtigung der Geschwindigkeitsverteilung $v_x = v_{x(r)}$

$$Q = \int_0^R 2\pi r\, v_{x(r)}\, dr \tag{24}$$

Partielle Integration von Gl. (24) liefert

$$Q = \pi\left[(r^2 v_x)\Big|_0^R - \int_0^R r^2\, dv_x\right] = \underbrace{\pi R^2 v_x}_{A} - \underbrace{\pi\int_0^R r^2\, dv_x}_{B} \tag{25}$$

Einerseits fließt eine Bingham-Substanz per Definition nicht, wenn $\sigma_{rx} = \tau_{rx} \leq \tau_y$ ist. Im Bereich I, dem des sog. festen

Pfropfens, d. h. $0 \leq r \leq r_p$ bzw. $0 \leq \tau_{rx} \leq \tau_y$, ist demnach $f_{(\tau_{rx})} = \dot{\gamma} = 0$ oder v_x = konst. Das Material in diesem Kernbereich des Rohres bewegt sich pfropfenförmig.

Zum anderen wird Wandhaftung, d. h. $v_{x(R)} = v_R = 0$ vorausgesetzt, was experimentell in den meisten Fällen zwar gültig, aber hier noch zu belegen sein wird. Damit entfiele der als Gleitanteil bezeichnete Teil A der Gl. (25). Läge allerdings Wandgleitung vor, so erhöhte sich die Durchflußmenge um den Teil A, wobei hier $v_R = v_s$ als Gleitgeschwindigkeit direkt proportional dem Rohrinnenradius ist [15; 16]. Unter Vorgriff auf die Fließfronten der experimentellen Untersuchungen nach Kapitel 4.32 bzw. Bl. 82 bis 84 kann Wandhaftung aus der Betrachtung der Fließfronten (Farbfronten) als gegeben angenommen werden. Man vergleiche hierbei auch Offermann [16] Bild 5 bis 7. Zum Ergebnis der Wandhaftung kann man auch kommen, wenn man $Q/R^3\tau_w$ über τ_w aufträgt. Nach Jastrzebski [15] sind die sich bei verschiedenen Rohrdurchmessern für dieselbe Substanz ergebenden Kurven dann deckungsgleich.

Unter Fortsetzung der bereichsweisen Einteilung, wie bei Skelland [17] beschrieben, läßt sich der verbleibende schubspannungsabhängige Scheranteil B der Gl. (25) integrieren.

Nachzutragen und für Bereich II gültig ist

$$r_p \leq r \leq R; \quad \tau_y \leq \tau_{rx} \leq \tau_w; \quad f_{(\tau_{rx})} = \frac{\tau_{rx} - \tau_y}{\eta} = \dot{\gamma} = -\frac{dv_x}{dr} \quad .$$

Aus den Bewegungsgleichungen folgt eine lineare Schubspannungsverteilung ($\tau_{rx} \sim r$) und damit

$$\sigma_{rx} = \tau_{rx} = \tau_w \frac{r}{R} \quad \text{bzw.} \quad \frac{d\tau_{rx}}{dr} = \frac{\tau_w}{R} \quad \text{und}$$

$$Q = -\pi \int_0^R r^2 \left(\frac{dv_x}{dr}\right) dr = +\frac{\pi R^3}{\tau_w^3} \int_0^{\tau_w} \tau_{rx}^2 \; f_{(\tau_{rx})} \, d\tau_{rx} \; . \tag{26}$$

Bereichsweise Integration von 0 bis τ_y und τ_y bis τ_w unter Berücksichtigung der entsprechenden Fließfunktion und der Substitution von

$$Q = \bar{v}\, F = \bar{v}\, \pi R^2 \tag{27}$$

liefert, wie auch bei R. Rautenbach [18] im einzelnen nachzulesen, die Buckingham-Reiner Gleichung:

$$\frac{Q}{\pi R^3} = \frac{\bar{v}}{R} = \frac{\tau_w}{4\eta}\left[1 - \frac{4}{3}\frac{\tau_y}{\tau_w} + \frac{1}{3}\left(\frac{\tau_y}{\tau_w}\right)^4\right] \tag{28}$$

oder

$$\bar{v} = \frac{D}{8\eta}\left[\frac{D}{4}\frac{\Delta p}{l} - \frac{4}{3}\tau_y + \frac{1}{3}\frac{\tau_y^4}{\left(\frac{D}{4}\frac{\Delta p}{l}\right)^3}\right] \quad . \tag{29}$$

Das dritte Glied in dieser Gleichung läßt sich mit Ausnahme der Fälle a) geringe mittlere Fördergeschwindigkeit und b) Bedingungen für Verstopfer. vernachlässigen.

Man erhält dann die sog. Buckingham'sche Gleichung

gültig für $\frac{\tau_y}{\tau_w} < 0{,}5$

$$\bar{v} = \frac{D\,\tau_w}{8\,\eta}\left[1 - \frac{4}{3}\frac{\tau_y}{\tau_w} + 0\right] \tag{30}$$

oder

$$\bar{v} = \frac{D}{8\eta}\left[\tau_w - \frac{4}{3}\tau_y\right] . \tag{30a}$$

Nun gilt immer noch Gl. (20), damit ergeben sich für $\frac{\tau_y}{\tau_w} < 0{,}5$:

$$\bar{v} = \frac{D}{8\eta}\left[\frac{\Delta p}{4}\frac{D}{l} - \frac{4}{3}\tau_y\right] \tag{31}$$

aus (30a)

$$\tau_w = \frac{8\,\eta\,\bar{v}}{D} + \frac{4}{3}\tau_y \tag{32}$$

$$\Delta p = \frac{4\,l}{D}\tau_w = \frac{4\,l}{D}\left[\frac{8\,\eta\,\bar{v}}{D} + \frac{4}{3}\tau_y\right] \tag{33}$$

$$\Delta p = \frac{32\,\eta\,l}{D^2}\bar{v} + \frac{16}{3}\frac{l}{D}\tau_y \tag{33a}$$

$$\Delta p = \frac{32\,\nu\,\varrho\,l}{D^2}\bar{v} + \frac{16}{3}\frac{l}{D}\tau_y \tag{33b}$$

$$\Delta p = \frac{32\,\nu\,l}{D^2}\frac{\gamma}{g}\bar{v} + \frac{16}{3}\frac{l}{D}\tau_y \tag{33c}$$

Bei der Rohrförderung einer Bingham-Substanz

1. ist der Gesamtdruckverlust bei $\tau_y/\tau_w < 0{,}4$ linear abhängig

von der mittleren Fördergeschwindigkeit

2. setzt sich der Gesamtdruckverlust aus dem Druckverlust der durch η bzw. η_{pl} gekennzeichneten plastischen Substanz und dem unveränderlichen materialeigenen Fließschubspannungs-Anteil τ_y zusammen (gültig für die Förderung in gerader horizontaler Rohrleitung)
3. ist der Druckabfall bei gegebener materialeigener plastischer Viskosität η_{pl} und vorgegebener Fließschubspannung τ_y proportional der geraden horizontalen Rohrleitungslänge l (für Krümmer und senkrechte Leitungen müssen gesondert Scheinrohrlängen eingeführt werden)
4. ist die Abhängigkeit des Förderdrucks vom Rohrdurchmesser eindeutig gegeben; so führt eine Verkleinerung des Rohrinnendurchmessers D bei gleicher mittlerer Fördergeschwindigkeit zu erheblich größeren Druckverlusten
5. sind mit Hilfe der Gleichung (33 ff) Umrechnungen geänderter Druckverhältnisse bei gleicher Fördermenge, jedoch Veränderung der Rohrleitungsquerschnitte möglich (z. B. Vergleich Rohrleitung 180 mm Ø zu 100 mm Ø) (Kap. 2.23 S. 38)
6. ist die Änderung der Größe des festen Pfropfens in Abhängigkeit von der Geschwindigkeit gesondert zu betrachten (S. 29 ff).

Zusammen mit dem Bingham'schen Stoffgesetz liefert die Bewegungsgleichung unter Berücksichtigung der Wandhaftung und der für die Bereiche I (sog. fester Pfropfen) und II gültigen Funktionen $f_{(\tau_{rx})}$ die Geschwindigkeitsverteilung nach Bl. 4, Abb. 4.

$$\int_r^R dv_x = \underbrace{v_{x(R)}}_{0} - v_{x(r)} = - \int_r^R \frac{\tau_{rx} - \tau_y}{\eta} \, dr = - \int_r^R \frac{\frac{\Delta p}{2\,l}\, r - \tau_y}{\eta} \, dr$$

$$- v_{x(r)} = - \frac{1}{\eta} \left[\frac{\Delta p}{4} \frac{r^2}{l} - \tau_y \, r \right]_r^R$$

$$v_{x(r)} = \frac{1}{\eta} \left[\frac{\Delta p}{4\,l} (R^2 - r^2) - \tau_y \, (R - r) \right] . \quad (34)$$

Für den sog. Pfropfenaußendurchmesser $r = r_p$ ergibt sich die Maximalgeschwindigkeit des Bereichs II, die gleich der Geschwindigkeit des "festen" Pfropfens ist.

$$v_p = v_{max} = \frac{1}{\eta}\left[\frac{\Delta p}{4\,l}(R^2 - r_p^2) - \tau_y (R - r_p)\right] \tag{35}$$

Berücksichtigt man $\frac{\tau_{rp}}{\tau_w} = \frac{r_p}{R} \longrightarrow r_p = \frac{\tau_y}{\tau_w} R$ (36)

so liefert das in (34) eingesetzt

$$v_p = v_{max} = \frac{1}{\eta}\left[\frac{\Delta p\, R^2}{4\,l}\left\{1 - \left(\frac{\tau_y}{\tau_w}\right)^2\right\} - \tau_y R\left(1 - \frac{\tau_y}{\tau_w}\right)\right]. \tag{37}$$

Hier sind zwei Grenzfälle interessant:

1. Für $\tau_w \gg \tau_y$, also bei geringer Abweichung von der Newtonschen Flüssigkeit, d. h. kleinem oder vorgegebenem τ_y entsprechend Gl. (20) und (32), einem großen η_{pl}, großer mittlerer Fördergeschwindigkeit $\bar{v}$ und kleinem Rohrinnendurchmesser und somit einem großen τ_w, gilt näherungsweise

$$v_{pmax} \approx \frac{\Delta p\, R^2}{4\,l} - \frac{\tau_y\, R}{\eta} \tag{37a}$$

2. Für $\tau_y = 0$ sind die Gl. (34) und (37) in die für Newtonsche Flüssigkeiten gültige Form (Re < 2300) überzuführen

$$\tau_y = 0 \rightarrow \text{für } r = 0 \quad v_p = v_{r=0} = v_{max} = \frac{\Delta p\, R^2}{4\,l} .$$

Die Rohrförderung von frischen, rheologisch gesehen, plastischen Normalbetonen kann damit bis jetzt unter Rückgriff auf die bisherigen experimentellen Ergebnisse [4; 5] und unter Vorgriff auf den experimentellen Nachweis der Wandhaftung (Kap. 4.32) mit dem Bingham'schen Stoffgesetz beschrieben werden. Die angegebenen Formeln beziehen sich auf das Pumpen von Beton mit gleichbleibender Geschwindigkeit durch horizontale gerade Rohrleitungen.

Für frischen Normalbeton können mittels einer Meßvorrichtung, eines geraden horizontalen Rohres bestimmten Innendurchmessers und bekannter Länge bei zwei unterschiedlichen Fördergeschwindigkeiten die zugehörigen Differenzdrücke ermittelt werden. Aus diesen beiden Differenzdrücken sind die, den Frischbeton fließtechnisch beschreibenden Größen,

die plastische Viskosität des Frischbetons η_{pl}
und die Fließschubspannung τ_y aus Gl. (33a)

zu ermitteln. Bei Änderung von Rohrleitungslänge und Berücksichtigung der Scheinrohrlänge für Krümmer und senkrechte Förderung sowie des Rohrinnendurchmessers ist man dann in der Lage, den jeweils für die Rohrförderung notwendigen Druckabfall zu bestimmen. Dieser wird in 2.23 anhand einiger von Weber ermittelter Daten bei der Rohrförderung und anhand von vier Beispielen diskutiert.

Die Frage, ob Förderrohre mit großem oder kleinem Innendurchmesser beim Pumpen eingesetzt werden sollen, ist nunmehr klar zu beantworten und wird in 2.23 erklärt und formelmäßig belegt.

Frischbeton, ein homogenes Zweiphasengemisch aus fester Phase (Zuschlag) und zähflüssiger Phase (Zementleim) bewegt sich bei der Rohrförderung nicht, wie gewünscht, vollkommen kontinuierlich. Hier muß hinsichtlich der Förderpause zwischen den Pumphüben und dem jeweiligen Wiederbeginn der Förderung noch ein zusätzlicher Beschleunigungswiderstand berücksichtigt werden.

Darüber hinaus sind die Veränderung des Durchmessers des sog. festen Pfropfens und seine absolute Geschwindigkeit von entscheidender Bedeutung für die Fließfronten im Beton beim Pumpen. Nübling [5] macht sich wohl den Verlauf der Schubspannung über dem Rohrquerschnitt im Zusammenhang mit dem Geschwindigkeitsprofil einer Bingham-Substanz nicht klar, sonst kann er nicht zu der falschen Annahme kommen, daß der Pfropfen von der flüssigen Außenschicht mitgenommen und als Festkörper durch das Rohr geschoben wird. Das wäre das Resultat eines völlig anderen Geschwindigkeitsprofils oder wäre nur bei hoher Fließgrenze $\tau_y > \tau_w$ und einem Gleitvorgang bei niedriger Schubspannung zwischen Medium und Rohrwand möglich. Das wird durch die Strömungsprofile jedoch nicht bestätigt (Kap. 4.32).

Aus den nachfolgenden Gleichungen und Gl. (35 - 37) läßt sich vielmehr als richtig ableiten und für $\tau_y/\tau_w \leq 0{,}5$ feststellen:

$$r_p = \frac{\tau_y}{\tau_w} R = \frac{\tau_y}{\frac{8\eta\bar{v}}{D} + \frac{4}{3}\tau_y} R \qquad (38)$$

$$\bar{v} = \frac{\tau_w}{4\eta}\left(R - \frac{4}{3} r_p\right) \quad \text{(aus Gl. (28))} \qquad (28a)$$

ergibt mit Hilfe von Gl. (33) eine abgewandelte Form

$$r_p = \frac{3}{4} R - \frac{3\eta}{\tau_w}\bar{v} = \left(\frac{3}{4} - \frac{9}{12 + \frac{4 R \tau_y}{\eta \bar{v}}}\right) R \quad . \qquad (39)$$

1. der feste Pfropfen und nicht die sog. Außenschicht weist nach S. 28 den größten Wert des Geschwindigkeitsprofils auf
2. der feste Pfropfen ändert entgegen bisherigen Aussagen seinen Durchmesser in Abhängigkeit von der mittleren Fördergeschwindigkeit; sein Durchmesser nimmt z. B. bei Vergrößerung derselben ab
3. sein Durchmesser ist abhängig von der rheologischen Kenngröße des frischen Normalbetons; er vergrößert sich mit zunehmender Fließschubspannung τ_y und/oder mit abnehmendem Wert der plastischen Viskosität $\eta_{pl} = \eta$
4. der feste Pfropfen verschwindet für $\tau_y = 0$, d. h. wenn eine Newtonsche Flüssigkeit vorliegt.

Zur Betrachtung von Pumpbeginn und Verstopfergrenze muß die exakte Lösung für $\bar{v}$ herangezogen werden, da die Bedingung $\tau_y / \tau_w \leq 0{,}5$ nicht mehr zutrifft.

Gl. (28): $\bar{v} = \frac{D}{8\eta}\left[1 - \frac{4}{3}\frac{\tau_y}{\tau_w} + \frac{1}{3}\left(\frac{\tau_y}{\tau_w}\right)^4\right]$

triviale Lösung: $\bar{v} = 0$ bei $D = 0$ und $\eta = \infty$

technische Lösung: $\bar{v} = 0$ bei $\frac{\tau_y}{\tau_w} = \frac{r_p}{R} = 1$ (40)

Beim Pumpenbeginn nimmt der "feste Pfropfen" somit den gesamten Rohrquerschnitt ein. Dieser Fall tritt ebenfalls zwischen den einzelnen Pumphüben durch die Förderpausen bei der Umschaltung der Betonförderkolben und der Schieber auf. Dieses ist die erste Art eines Verstopfers, auch als sog. Mini-Verstopfer bezeichnet. Bei jedem neuen Förderhub von Kolben- bzw. auch Rotorbetonpumpe muß der Beton in der Rohrleitung aus einem solchen Verstopfer freigefahren werden. Hier muß man an die Hersteller von Betonpumpen erneut die Forderung stellen, mit ihren Aggregaten eine kontinuierliche Förderung zu verwirklichen.

Abschließend sei noch festgestellt, daß die Durchflußmenge auch durch bereichsweise Integration mit $dF = 2\pi r\, dr$ wie folgt ermittelt werden kann:

$$Q = \int_{r=r_p}^{R} v_{x(r)}\, dF + \int_{r=r_p}^{r_p} v_{max}\, dF = \int_{r=r_p}^{R} v_{x(r)}\, 2\pi r dr + \int_{r=0}^{r_p} v_{max}\, 2\pi r dr$$

Im übrigen seien der Vollständigkeit halber noch angegeben:

a) <u>die exakte Lösung der Durchflußmenge Q</u>

$$Q = \bar{v}\, F = \bar{v}\, \frac{\pi D^2}{4} \qquad (27a)$$

$$Q_e = \frac{\pi D^3}{32}\left(\tau_w - \frac{4}{3}\tau_y + \frac{1}{3}\frac{\tau_y^4}{\tau_w^3}\right) \quad \text{oder} \qquad (41)$$

$$Q_e = \frac{\pi D^3}{32}\left[\frac{D}{4\,l}\,\Delta p - \frac{4}{3}\tau_y + \frac{1}{3}\frac{\tau_y^4}{\left(\frac{D}{4\,l}\,\Delta p\right)^3}\right] \qquad (41a)$$

b) <u>die Förderleistung P</u> .

$$P = \frac{Q_e \, \Delta p}{450} \quad \text{wobei dann } Q_e \text{ (l/min) und P (PS)} \qquad (42)$$

$$\Delta p \quad (\text{kp/cm}^2)$$

Unter Berücksichtigung von Buckingham ($\tau_y/\tau_w \leq 0{,}5$) ist

$$P_B^* = Q_e \, \Delta p = \bar{v} \, F \, \Delta p = \frac{\bar{v} \, \pi \, D^2}{4} \left(\frac{32 \, \eta \, l}{D^2} \, \bar{v} + \frac{16}{3} \frac{l}{D} \tau_y \right) \qquad (43)$$

$$P_{B1}^* = 8 \pi l \eta \bar{v}^2 + \frac{4}{3} \pi l \, D \, \tau_y \, \bar{v} \qquad \text{oder} \qquad (43a)$$

$$P_{B2}^* = F \left(\frac{32 \, \eta \, l}{D^2} \, \bar{v}^2 + \frac{16}{3} \frac{l}{D} \tau_y \, \bar{v} \right) \qquad \text{oder} \qquad (43b)$$

mit Gl. (31) und Buckingham

$$P_{B3}^* = F \left(\frac{D^2 \, \Delta p^2}{32 \, \eta \, l} - \frac{1}{6} \frac{D \, \tau_y}{\eta} \Delta p \right) . \qquad (43c)$$

Ebenfalls sei noch darauf hingewiesen, daß sich der Druckverlust für eine gerade horizontale Rohrförderung auch unter Berücksichtigung von Buckingham in der Form

$$\Delta p = \lambda \frac{l}{d} \frac{\rho}{2} \bar{v}^2 + C \qquad \text{darstellen läßt;}$$

mit Hilfe der plastischen Reynoldszahl $\qquad Re_{pl} = \frac{\bar{v} \, D}{\nu_{pl}} \qquad (44)$

und des dimensionslosen Rohwiderstandsbeiwertes $\qquad \lambda_{pl} = \frac{64}{Re_{pl}} \qquad (45)$

$$\Delta p = \frac{32 \, \nu \, \rho \, l}{D^2} \, \bar{v} + \frac{16}{3} \frac{l}{D} \, \tau_y = \frac{64 \, \nu}{\bar{v} \, D} \, \frac{l}{D} \frac{\rho}{2} \bar{v}^2 + \frac{16}{3} \frac{l}{D} \, \tau_y$$

$$\Delta p = \lambda_{pl} \frac{l}{D} \frac{\rho}{2} \bar{v}^2 + \frac{16}{3} \frac{l}{D} \, \tau_y \qquad (46)$$

$$\Delta p = \frac{64}{Re_{pl}} \frac{l}{D} \frac{\rho}{2} \bar{v} + \frac{16}{3} \frac{l}{D} \, \tau_y \qquad (46a)$$

2.23 VERGLEICH VON STRÖMUNGSBILDERN UNTER UMRECHNUNG FRÜHERER EXPERIMENTELLER ERGEBNISSE, VORSTELLUNG DER STROMFADENTHEORIE BEIM TRANSPORT VON FRISCHBETON

Den Anwender interessiert die Umsetzung der theoretischen Grundlagen in die Praxis. Aus diesem Grunde seien hier experimentelle Ergebnisse von Weber zur Darstellung von Strömungsbildern über die genannten Formeln umgerechnet. Darüber hinaus werden im versuchstechnischen Teil Original-Strömungsbilder von Frischbeton im Rohr besprochen (s. a. Kap. 4.32 ff).

Vor einer Betrachtung der vorerst theoretisch ermittelten Strömungsbilder sei zusätzlich noch auf einige weitere Formeln und Interpretationen von Skelland [17] hingewiesen. Mit Hilfe der Buckingham'schen Näherung stellt er [17] die Gl. (28) zur näherungsweisen Ermittlung von η_{pl} und τ_y in Form eines Diagramms dar

$$\frac{8\,\bar{v}}{D} = \frac{4\,\bar{v}}{R} = \frac{1}{\eta_{pl}}\left(\tau_w - \frac{4}{3}\tau_y\right) \tag{47}$$

und definiert weiterhin

als plastische Reynoldszahl

$$Re_{pl} = \frac{D\,\bar{v}}{\nu_{pl}} = \frac{D\,\bar{v}\,\rho}{\eta_{pl}} \tag{48}$$

mit ν_{pl} = die effektive plastische kinematische Zähigkeit

und η_{pl} = die effektive plastische dynamische Zähigkeit,

als angenäherte (Buckingham) effektive plastische dynamische Viskosität (s. a. Gl. (33) und (47))

$$\eta_{pl} = \frac{\Delta p\;\; D^2}{32\;\; l\;\; \bar{v}} - \frac{1}{6}\,\frac{D\,\tau_y}{\bar{v}} \tag{49}$$,

als augenscheinliche effektive plastische dynam. Viskosität

$$\mu_{pl} = \frac{1}{6}\,\frac{D\,\tau_y}{\bar{v}} + \eta_{pl} \tag{50}$$

(Für den Anwender bringt der Umgang mit dieser Formel

bei unterschiedlichen Geschwindigkeiten hinsichtlich der Umrechnung auf den Druckverlust Vorstellungsschwierigkeiten. Sie sei daher nur der Vollständigkeit halber angegeben.),

als dimensionslosen Rohrwiderstandsbeiwert $$f = \frac{\Delta p}{\frac{\rho}{2}\bar{v}^2}\,\frac{D}{l}$$ entspr. Gl. (50), (51)

wobei sich dieser Wert gegenüber dem von Gl. (45) unterscheidet, d. h. stets größer ist als λ_{pl},

als Plastizitätszahl $$N_{Pl} = \frac{\tau_y\, D}{\eta_{pl}\,\bar{v}} \qquad (52)$$

und

als Hedströmzahl $$N_{HE} = \frac{\tau_y\, D^2}{\eta_{pl}^2} \qquad (53)$$.

Weber [4] führte Untersuchungen an einem geraden horizontalen Rohr mit $l \mathrel{\hat{=}} \Delta l$ = 12 m und $D = d_i$ = 180 mm durch und gibt für einen speziellen Normalbeton und zwei verschiedene Konsistenzen den gemessenen linearen Zusammenhang zwischen Förderdruckverlust und mittlerer Fördergeschwindigkeit durch jeweils zwei Wertepaare von Geschwindigkeit und Druckverlust an:

Fördergeschwindigkeit $\bar{v}$ (cm/s)	Förderdruckverlust p (kp/cm²)	
10	0,65	0,15
30	0,98	0,41
Powers-Hubzahl Po	24	13
	steifer Beton	weicher Beton

Setzt man entsprechend dem linearen Zusammenhang zwischen Δp und $\bar{v}$ an: $$\Delta p = a\,\bar{v} + b \qquad (54)$$

so ergibt sich für

Po = 24 $$\Delta p_{steif\ 1D} = 0{,}0165\ \frac{kp\ s}{cm^3}\,\bar{v} + 0{,}485\ kp/cm^2 \qquad (55)$$

$$Po = 13 \quad \Delta p_{weich\ 1D} = 0{,}013 \frac{kp\ s}{cm^3} \bar{v} + 0{,}02\ kp/cm^2 \qquad (56)$$

Durch Koeffizientenvergleich der Gl. (55) und (56) mit der Buckingham'schen Lösung für Δp gemäß Gl. (30) bis (33) o d e r Einsetzen der oben gegebenen Druck- und Geschwindigkeitsdaten lassen sich die rheologischen Kenndaten dieser Betone auch nachträglich bestimmen. Als weitere wichtige Formel ist hierbei zur einmaligen Bestimmung des jeweils konstanten τ_y zu nennen:

$$\tau_y = \frac{3}{4} \left(\tau_w - \frac{8 \eta \bar{v}}{D} \right) = \frac{3}{4} \left(\frac{\Delta p}{4} \frac{D}{l} - \frac{8 \eta \bar{v}}{D} \right). \qquad (57)$$

In Bl. 5, 7, 9 und 11 sind Beispielrechnungen für diese beiden Betone ausgeführt, Bl. 6, 8, 10 und 12 zeigen dazugehörig den Schubspannungs- und Geschwindigkeitsverlauf über dem originalen Rohrquerschnitt. Bl. 9 bis 11 zeigen entsprechende Verläufe für Po = 24, jedoch einmal bei vergrößerter Geschwindigkeit und zum anderen bei Verkleinerung des Rohrdurchmessers auf D = 100 mm jedoch gleicher Rohrlänge usw. Die Rechnungsgänge in den Bl. 5, 7, 9 und 11 erklären sich von selbst.

Die Förderung des sehr weichen Frischbetons (Po = 13) nach Bl. 6 kommt, da die Fließschubspannung τ_y sehr klein ist, der laminaren Strömung einer Newtonschen Flüssigkeit für $Re < 2300$ (Hagen-Poiseuillesche Geschwindigkeitsverteilung $\bar{v} = 0{,}5\ v_{max}$) sehr nahe. Dieses geht auch aus dem Geschwindigkeitsverhältnis $v_{max} / \bar{v} = 1{,}951$ hervor. Im Gegensatz zu früheren Veröffentlichungen erkennt man hier aus dem Zusammenhang der Verteilung von Schubspannung und Geschwindigkeit über dem Rohrradius, daß der feste Pfropfen bei der Förderung eines derartigen Betons mit $\bar{v} = 0{,}3$ m/s im Vergleich zum Rohrinnendurchmesser relativ klein ist. Diese Aussage bezieht sich nur auf kontinuierliche Förderung. Weitere Einzelheiten sind aus den errechneten Kenndaten ersichtlich.

Bl. 8 zeigt das Strömungsbild des steiferen Frischbetons

(Po = 24) bei der gleichen kontinuierlichen mittleren Fördergeschwindigkeit $\bar{v}$ = 0,3 m/s und somit gleicher Durchfluß- bzw. Fördermenge. Im Vergleich zu Bl. 6 hat sich die dynamische plastische Viskosität η_{pl} um ca. 27 %, die Fließschubspannung τ_y um rd. 2300 % vergrößert. Dieses ist allein auf die betonspezifischen Eigenschaften zurückzuführen. Beides führt bei konstanten Werten für $\bar{v}$, D, l zu einer um rd. 139 % größeren Wandschubspannung τ_w und damit auch zu einem um rd. 139 % größeren Druckverlust Δp. Entsprechend der Vergrößerung des Verhältnisses von Fließ- zu Wandschubspannung ändert sich der Durchmesser des festen Pfropfens um rd. 914 %.

Folgerung: Ein steiferer Frischbeton weist bei gleicher mittlerer Fördergeschwindigkeit und gleicher Rohrleitung einen vergrößerten festen Pfropfen auf. Er neigt weniger zur Entmischung, da eben ein vergrößerter Anteil im Rohrinneren wie ein Festkörper mit gleicher maximaler Geschwindigkeit gefördert wird und die Geschwindigkeitsdifferenz zum rohräußeren Anteil des Betons kleiner ist.

Maßgebend für die Größe des festen Pfropfens ist das Verhältnis von $\tau_y / \tau_w = r_p/R$. Die Fließschubspannung, die Spannung also, die aufgebracht werden muß, um den frischen Beton vom plastischen in den flüssigen Zustand zu bringen, ist dabei eine betonspezifische Größe, die sich nicht mehr ändert. Wohl spielt der Zeitfaktor der fördertechnischen Verarbeitung für η_{pl} und τ_y eine Rolle. Beide vergrößern sich mit der zeitlichen Veränderung der Konsistenz des Betons während seines Transportes zur Baustelle und der dort eintretenden natürlichen Förderpausen (kleineres Ausbreitmaß, größeres Verdichtungsmaß).

Im Gegensatz zur konstanten Fließschubspannung und Viskosität bei der Förderung ändert sich die Wandschubspannung τ_w bei gleicher Förderlänge und gleichem Rohrdurchmesser in Abhängigkeit von der mittleren Fördergeschwindigkeit $\bar{v}$ (s. a. Gl.(32)).

Dieses geht aus Bl. 9 und 10 hervor. Die Darstellungen gelten für den gleichen Beton wie in Bl. 7 und 8, jedoch ist hier die Fördermenge Q um 100 % vergrößert. Setzt man nunmehr in den folgenden Betrachtungen die Werte der Blätter 7 und 8 gleich 100 %, so ergibt sich:

a) η_{pl}, τ_y, Po, D und l bleiben konstant

b) die Wandschubspannung τ_w und damit der Druckverlust Δp vergrößern sich um rd. 51 %

c) das Verhältnis von Fließschubspannung zu Wandschubspannung verkleinert sich um rd. 34 %

d) dementsprechend verkleinert sich auch der Durchmesser des festen Pfropfens um rd. 34 %.

Folgerung: 1. Bei der Rohrförderung eines gleichen Frischbetons in der gleichen Rohrleitung bewirkt eine Vergrößerung (Verkleinerung) der mittleren Fördergeschwindigkeit $\bar{v}$ eine Verkleinerung (Vergrößerung) des sog. festen Pfropfens.

2. Für $\tau_y/\tau_w \leq 0{,}5$ wächst der Druckverlust Δp linear mit der Fördergeschwindigkeit.

Zur Klärung der Frage, ob Frischbeton besser durch kleiner oder große Rohrquerschnitte zu fördern ist, seien Bl. 11 und 12 herangezogen. Hier wird wiederum mit den Daten der Bl. 7 und 8, gleich 100 % gesetzt, verglichen. Der Rohrinnendurchmesser wurde von D = 180 mm auf D = 100 mm verkleinert, was einer Änderung des Rohrquerschnitts um den Faktor $F_{groß} / F_{klein} = (D_{groß} / D_{klein})^2 = 3{,}24$ entspricht. Die mittlere Fördergeschwindigkeit erhöht sich bei g l e i c h e r Fördermenge a u f 324 %, entsprechend 0,972 m/s.

Bei konstanten Werten von η_{pl}, τ_y, Q und l ist folgendes erkenntlich:

Die Wandschubspannung τ_w vergrößert sich um rd. 244 % und ist gemäß Gl. (32) etwas größer als die Veränderung der Geschwindigkeit von 224 %.

Der Druckverlust Δp vergrößert sich entsprechend Gl. (17) und (33) um rd. 519 %. Dieses läßt sich auch aus dem Verhältnis der Wandschubspannungen unter Berücksichtigung der Verkleinerung des Rohrinnendurchmessers von 100 % auf rd. 56 % ermitteln.

Das Verhältnis von τ_y/τ_w verkleinert sich um rd. 71 %. Die mit der prozentualen Verkleinerung des festen Pfropfens verbundene Erhöhung der Druckenergie läßt sich anhand der Strömungsbilder gut deuten.

Bezogen auf den jeweiligen Rohrinnendurchmesser, gleich 100 % gesetzt, entspricht der Durchmesser des festen Pfropfens bei Bl. 7 und 9 rd. 37 % und bei Bl. 11 und 12 rd. 11 %.

Folgerung:

1. Bei der Rohrförderung mit gleicher Fördermenge Q eines gleichen Frischbetons in einer geraden Rohrleitung (gleiche Länge, jedoch verkleinerter Rohrinnendurchmesser D) erhöht sich der Förderdruckverlust Δp bei z. B. einem Durchmesserverhältnis von $D_{alt}/D_{neu} = 1{,}8$ um $\Delta p_{neu}/\Delta p_{alt} = 6{,}19$ bei vorgegebenem η_{pl} und τ_y. Dieses entspricht einem Ansatz

$$\Delta p_{neu} = \Delta p_{alt} \left(\frac{D_{alt}}{D_{neu}} \right)^4 0{,}589 \quad .$$

2. Die exakte Berechnung der Druckverhältnisse erhält man mit Gl. (32), Gl. (33) und

$$\bar{v}_{neu} = \left(\frac{D_{alt}}{D_{neu}} \right)^2 \bar{v}_{alt} \tag{58}$$

$$\frac{\Delta p_{neu}}{\Delta p_{alt}} = \frac{\tau_{w\,neu}\, D_{alt}}{D_{neu}\, \tau_{w\,alt}} = \left(\frac{D_{alt}}{D_{neu}}\right)^4 \frac{1 + \dfrac{\tau_y\, D_{alt}}{6\eta \bar{v}_{alt}} \left(\dfrac{D_{neu}}{D_{alt}} \right)^3}{1 + \dfrac{\tau_y\, D_{alt}}{6\eta \bar{v}_{alt}}} \tag{59}$$

wobei wiederum zur Vereinfachung $\eta_{pl} = \eta$ gesetzt ist oder

$$\frac{\Delta p_{neu}}{\Delta p_{alt}} = \left(\frac{D_{alt}}{D_{neu}}\right)^4 \frac{1 + \frac{1}{6} N_{Pl\ alt} \left(\frac{D_{neu}}{D_{alt}}\right)^3}{1 + \frac{1}{6} N_{Pl\ alt}} \quad . \tag{59a}$$

Die letzten beiden Formeln gelten für konstantes l, η_{pl} und τ_y sowie für $\bar{v} \neq 0$, $\tau_y / \tau_w \leq 0{,}5$ und beinhalten als Grenzfall die Lösung der Hagen-Poiseuilleschen Rohrströmung ($\tau_y = 0$),

nämlich

$$\frac{\Delta p_{neu}}{\Delta p_{alt}} = \left(\frac{D_{alt}}{D_{neu}}\right)^4 \quad . \tag{60}$$

3. Bei gleicher Fördermenge Q und Verkleinerung des Förderquerschnitts der Rohrleitung verkleinert sich das Verhältnis: Durchmesser des festen Pfropfens/Innendurchmesser des Rohres, das Geschwindigkeitsprofil $v = f_{(r)}$ wird spitzer.

4. Entsprechend Gl. (43) erhöht sich bei einer Verkleinerung des Rohrinnendurchmessers und gleicher Fördermenge die notwendige Maschinenleistung entsprechend dem Verhältnis der Druckverluste.

   Diese Tatsache ist für Maschinen- und Rohrleitungshersteller sowie den Baustellenfachmann gleichermaßen wichtig.

Weitere wesentliche Merkmale der beispielhaft aufgezeigten Strömungsbilder, wie Reynoldszahl, Rohrwiderstandsbeiwert usw. gehen aus den Bl. 5 bis 12 hervor.

Es sei noch erwähnt, daß sich der Rohrwiderstandsbeiwert λ_{pl} mit der Art und der technischen Auslegung der Rohrleitung ändern kann.

Befaßt man sich nun mit der Frage, inwieweit kleine und große Rohrdurchmesser die Förderwilligkeit von Frischbeton beeinflussen, so sind drei Gesichtspunkte zu beachten:

1. Das Strömungsprofil gibt nach Gl. (34) bis Gl. (37) Auskunft über die zu erwartende Neigung zur Entmischung beim Pumpen.

2. Keine der bisher bekannten Betonpumpen fördert so kontinuierlich, daß eine mehr oder weniger starke Veränderung des festen Pfropfens zwischen den einzelnen Pumpstößen vermieden wird, die ihrerseits das Verhalten der Fließfront beeinflußt.

3. Aus Strömungsprofil (R, η_{pl}, τ_y, τ_w), Korngröße und -form der Zuschläge geht die Neigung des zu pumpenden Frischbetons zum Verstopfen der Rohrleitung wie folgt hervor.

Vergleicht man Abb. 1 von Bl. 13 mit Abb. 2, so wird deutlich, daß sämtliche Körner im Bereich des festen Pfropfens die gleiche Translationsgeschwindigkeit haben, jedoch im Bereich $r > r_p$ ein Geschwindigkeitsunterschied zwischen der rohrinnenwandfernen und rohrinnenwandnahen Fläche des idealisierten Rundkorns vorherrscht. Die laminare Strömung des Frischbetons ist in diesem Bereich in der Summe als quasi laminar anzusehen. Die idealisierte Rundkornscheibe bewegt sich angenähert an Abb. 1 mit ihrem Mittelpunkt auf der Stromlinie translatorisch, führt aber gleichzeitig eine Rotation um die Rohrquerachse aus und rollt somit auf einer bestimmten Stromröhre, die relativ als feste Wand angesehen wird, ab. Nun ist die Geschwindigkeitsverteilung im Rohr rotationssymmetrisch, wodurch eine Drehung um andere räumliche Achsen, jedoch immer gegen die Rohrinnenwand hin, möglich ist.

Sehr leicht ist anhand von Abb. 2 vorstellbar, warum natürliche Zuschläge mit einer von der Kugelform abweichenden Kornform schwieriger zu fördern sind. Wie man sieht, dreht in Abb. 2 das obere Korn im Vergleich zum unteren in umgekehrter Richtung. Längliche Zuschlagkörner werden mit ihrer Längsachse, anfänglich in Rohrachse liegend, nach außen gedreht und führen schlimmstenfalls zu einer Verkeilung im Rohrquerschnitt. Dieses ist die zweite Art eines Verstopfers (s. a. experim. Teil S. 82 ff).

Allerdings wird Zementleim und Feinstmörtel bei der Rotation aufgrund der Oberflächenstruktur, der Haftbedingung, der Reibung und der Viskosität mitgeschleppt, so daß auch aus diesen Gründen zum Rohraußendurchmesser hin ein Feinstmörtel- oder Zementleimpolster gebildet wird. Dieses erlaubt in sehr vielen Fällen, bei Erhöhung des notwendigen Arbeitsdruckes der Betonpumpen, ein Fördern (hierzu vergl. man auch Bl. 85 und 86).

Darüber hinaus ist eine gegenseitige Beeinflussung der einzelnen Zuschlagkörner vorstellbar. Bei Betrachtung des Mitten-Längsschnittes eines Förderrohres, wie in Abb. 2, bewegen sich sämtliche Körner auf einer Seite zwischen Pfropfen und Rohrinnenwand in einer Drehrichtung (als ebenes Problem dargestellt). Der rotatorische Einfluß zweier nahezu gleicher benachbarter Körner aufeinander hebt sich dabei fast auf. Dieses äußert sich in einer augenscheinlichen Vergrößerung des festen Pfropfens und damit geringeren Veränderung der Fließfront (Kap. 4.32), um so mehr, je geringer die Zementleimschichtdicke ist.

Einen Frischbeton mit rundlichen Zuschlagkörnern kann man somit bei gleichem Rohrinnendurchmesser auch noch mit größerer Geschwindigkeit fördern. Vorteilhaft kann diese größere Fördergeschwindigkeit neben einer vielleicht gewünschten Erhöhung der Fördermenge auch noch beim Pumpen durch eine Rohrleitung mit vielen Krümmern sein. Der feste Pfropfen ist bekanntlich bei geringerer Geschwindigkeit größer und führt damit in Krümmern zu größeren Umlenkkräften, die sich in größeren Druckverlusten äußern.

Die Förderung von frischem Normalbeton durch Rohre ist durch 2 Extreme begrenzt:

1. durch die Entmischungs- und Verkeilungsgefahr bei zu weichem Beton sowie durch zu hohe Fördergeschwindigkeit
2. durch die Vergrößerung des Pfropfens zwischen den

einzelnen Pumpstößen (Mini-Verstopfer) und/oder zu großen Förderwiderstand bzw. Druckverluste beim Fördern eines Betons mit zu großem festen Pfropfen bei zu großer Plastizitätszahl, Gl. (52), vor allem durch die Krümmer der Rohrleitung.

Hierzu sei eine weitere Form der Gl. (38) für $\tau_y \neq 0$ ergänzt:

bei $\frac{\tau_y}{\tau_w} \leq 0{,}5$: $$r_p = \frac{1}{\frac{8\,\eta\,\bar{v}}{\tau_y\,D} + \frac{4}{3}}\,R = \frac{1}{8\,N_{pl}^{-1} + \frac{4}{3}}\,R \quad . \qquad (38a)$$

Betontechnologisch gesehen, sollte Frischbeton durch Rohrleitungen mit wenigen Krümmern gefördert werden. Dieses wurde auch schon von einigen Autoren [4; 5], jedoch nur aufgrund praktischer Erfahrung, gefordert. In einem solchen Fall kann dann der Rohrleitungsdurchmesser groß gewählt und die Fördergeschwindigkeit erniedrigt werden. Die Entmischungsgefahr des Betons ist dabei erheblich vermindert. Vergleicht man bei gleicher Fördermenge die Förderung durch Rohrleitungen großer und kleiner Nennweite, so erkennt man, daß für das Fördern durch Rohre großer Nennweite eine geringere Antriebsleistung der Betonpumpe benötigt wird (Bl. 5 bis 12 und Bl. 92 sowie Gl. (43, 44, 59)).

Betrachtet man poröse Zuschläge, so sei hier vorerst nur angedeutet, daß man Leichtbetone mit unterschiedlicher Geschwindigkeit pumpen muß. Hier muß bei Verwendung nicht vorgesättigter Leichtzuschläge z. B. zwischen dem zeitlichen "Diffusionsvorgang" von Anmachwasser usw. in die Körner hinein und der Pumpleistung der Betonpumpe optimiert werden. Dieser Fall wird in späteren Kapiteln betrachtet (Kap. 4.213 ff und 5.31).

Abschließend seien die spez. Druckverluste Δp_{spz} pro m gerader Förderrohrleitung der 4 Beispiele zusammengefaßt angegeben:

	Beispiel			
	I	II	III	IV
Δp_{spez} $(\frac{kp}{cm^2\ m})$	0,0342	0,0817	0,123	0,506
	Bl. 5,6	Bl. 7,8	Bl.9,10	Bl.11,12

3. VERSUCHSPLAN

Zur Verwirklichung der Zielvorstellung (Kap. 1.2) ist einerseits die Theorie über das Pumpen von Normalbeton im geringen Umfang experimentell zu ergänzen und andererseits überhaupt erst die Grundlage für eine vergleichbare Theorie über das Pumpen von Leichtbeton mit porösen Zuschlägen durch experimentelle vergleichende Untersuchungen und durch versuchstechnische Klärung von Einzelphänomenen zu schaffen.

Das Pumpen von frischem, rheologisch gesehen plastischem Normalbeton ist im Kap. 2 allgemein gültig und theoretisch umfassend behandelt. Die Theorie berücksichtigt, korrigiert und ergänzt die bisherigen Erkenntnisse und ordnet diesen Beton seinem rheologischen Verhalten nach den zeitunabhängigen Nicht-Newtonschen Substanzen und innerhalb dieser den Bingham-Substanzen zu. Grundlegende Voraussetzungen für die Beurteilung der Pumpwilligkeit und der Druckverluste dieser Betone bei der Rohrförderung auch im Hinblick auf beliebige Rohrleitungskenndaten anhand aufzustellender Nomogramme sind gegeben. Ergänzend sind lediglich einige Erkenntnisse zu belegen, die das Fließverhalten des Betons betreffen. Fragen der Entmischung, der Wandhaftung und Folgen der Änderung rheologischer Kennwerte und der Fördergeschwindigkeit werden anhand von Strömungsbildern, d. h. sog. eingefrorenen Fließfronten im Beton, behandelt. Die Zuordnung dieses Betons zu den homogenen, nicht absetzbaren Mischungen wird durch Sinkversuche einzelner Zuschlagkörner im Zementleim und Mörtel nochmals abgeschätzt.

Das Pumpen von frischem Leichtbeton mit porösen Zuschlägen ist unter Beachtung der für Normalbeton insgesamt und für Leichtbeton im Sonderfall gewonnenen Erkenntnisse allein nicht möglich. Demnach sind hierzu vorerst einmal allgemeine Untersuchungen beim Pumpen verschiedener Leichtbetone im Vergleich zu einem als Bezugsgröße erklärten Normalbeton notwendig. Hier erkannte und andere Einzelphänomene sind sodann am Leichtzuschlag selbst im Detail zu untersuchen. Erst hiernach können erste theoretische Ansätze über die Rohrförderung von Leichtbeton an sich und über die Behandlung der Leichtzuschläge im besonderen sowie Angaben über deren praktische Anwendbarkeit gemacht werden.

So gesehen sind im Versuchsplan 3 Hauptgruppen zu berücksichtigen und in einer Reihenfolge zu behandeln, deren Priorität durch das Ziel gesetzt ist.

VG 1: Vergleichende Untersuchung über das Pumpen von Normal- und Leichtbeton

VG 2: Einzeluntersuchungen an porösen Leichtzuschlägen mit Hilfe einer Laboreinrichtung und einer Förderrohr-Versuchsanlage

VG 3: Strömungsverhalten von Normalbeton in Rohrleitungen sowie Sinkversuche von Einzelkörnern seines Zuschlags im Zementleim und Mörtel verschiedener Konsistenz

Bedingt durch den für derartige Untersuchungen notwendigen großen Zeit- und Kostenaufwand mußte eine Anzahl von Einflußgrößen konstant gehalten werden. Für die 3 Versuchsgruppen gilt folgende Vorgehensweise:

zu VG 1: konstant gehalten werden

als Größen der Rohrleitungen: Durchmesser, Länge, Anzahl der Krümmer u. der geraden Rohre und der Verlauf der Förderleitung,

als Größen der Betonpumpe: der Typ der Pumpe (Rotorbetonpumpe BPF 50), die Einstellung der Leerlaufdrehzahl, das Vakuum im Rotorgehäuse, das Spaltmaß der Gummirollen des Rotors, das Betonniveau im Fülltrichter,

als Größen des Betons: die Sieblinie des Zuschlags, der wirksame W/Z-Wert, die Zusammensetzung der Mischung in gleicher Weise mit trockenen Zuschlägen, der Stoffraumanteil an Zement, die Zementqualität;

variabel gehalten werden

als Größen des Betons: Kornart, Korngruppe, Sorte und Kornrohdichte der porösen Leichtzuschläge, deren Stoffraumanteil sowie der des Natursandes, die Zugabe von Wasser, das von den Zuschlägen aufgesaugt wird und damit die Konsistenz der Ausgangsmischung, die Zugabe von Betonzusätzen,

als Größen des Verfahrens und der Betonpumpe: die zusätzliche Luftzufuhr in den Ansaugkanal der Pumpe im Bereich des Fülltrichters, die Fördermenge der Pumpe, das einmalige oder Dauerpumpen sowie das Pumpen an der Verstopfergrenze;

zu VG 2: konstant gehalten werden

als Größen von Vorrichtung und Verfahren: die Füllmenge der Einzelproben für jede Materialsorte, die Zeitdauer der Druckbelastung gleich derjenigen der Druckentlastung bei Laborversuchen, die Belastung wasser- bzw. zementleimumgebener Zuschläge mit 40 lang- und kurzzeitigen Druckstößen gleicher Zeitdauer,

als Größen der Zuschläge: die Verwendung stets trockener, vor Versuchsbeginn hydrophobierter Zuschläge, die Reindichte der Zuschläge;

variabel gehalten werden

als Beanspruchungsgrößen: der äußere Belastungsdruck der von Flüssigkeit umgebenen Zuschläge (1, 2, 3, 5, 7 ata), die Belastungszeit (32 s, 1 min, 2 min) und die Entlastungszeit (32 s, 1 min, 2 min) sowie betr. die Laboreinrichtung die Anzahl der Belastungen (1 und 10mal), das Wasser (ohne und mit Verdichtungsmittel) und betr. die Förderrohr-Versuchsanlage Umgebungsmedien (Wasser, Zementleim),

als Größen des porösen Leichtzuschlags: die Sorte, Korngruppe und Kornart (Liapor 6 - 8/16 - Blähton, Korlin B - 5/10 - Blähton, Berwilit - 16/25 - Blähschiefer);

zu VG 3: konstant gehalten werden

als Größen des Betons: die Prüfung eines Normalbetons und damit das Mischungsverhältnis, die Sieblinie des Zuschlags, Art und Festigkeitsklasse des Zements, die Anfangskonsistenz der unterschiedlich gefärbten Betonmischungen, die Konsistenz des Frischbetons bei Versuchen $\Delta p = f_{(\bar{v})}$,

als Größen von Rohrleitung, Betonpumpe und Verfahren: die Rohrleitung hinsichtlich Durchmesser, Länge und Verlauf, der Typ der Pumpe (Stetter Kolbenbetonpumpe BP 60 A - S), Art und Weise der wechselweisen Einfüllung gefärbter, frischer Betonzylinder in ein bestimmtes Anfangsrohr zu Beginn der Strömungsversuche, die Förderweite sämtlicher gefärbten Proben bei Fließfrontuntersuchungen,

bei Sinkversuchen: die Abmessungen und die Lage des Prüfrohres sowie die Mischzeiten;

variabel gehalten werden

als Größen des Betons: die Konsistenz des Frischbetons bei Fließfrontversuchen, als Größe des Verfahrens die Fördergeschwindigkeit des Betons in der Rohrleitung,

als Größen des Zementleims bzw. des Mörtels bei Sinkversuchen: der W/Z-Wert und damit die Konsistenz, wobei von dem W/Z-Wert und den Massenanteilen des Mörtels ausgegangen wird, die einem Standard-Pumpbeton entsprechen.

Zielgrößen sind:

VG 1

1. die Unterschiede in den Arbeitsabläufen beim Pumpen von Normal- und Leichtbeton mit porösen Zuschlägen
2. die Abhängigkeit des Pumpens von Leichtbeton (Druckverluste in der Rohrleitung, Fördervolumen, Füllfaktor, Änderung der Frischbetonrohdichten, der rheologischen Eigenschaften usw.), von Zusatzluft im Ansaugkanal der Betonpumpe und von bestimmten Betonzusätzen
3. die Abhängigkeit der Kenngrößen der Arbeitsabläufe usw. vom Einsatz runder, kugeliger bzw. länglicher, schiefriger bzw. splittriger poröser Leichtzuschläge bestimmter Art und Sorte

VG 2

1. die Abhängigkeit der Wasseraufnahme und Wasserabgabe über ein Medium druckbeaufschlagter und -entlasteter poröser Leichtzuschläge von äußerem Belastungsdruck, von der Belastungsdauer

   Parameter Medium: Wasser, verdicktes Wasser, Zementleim, Art des Zuschlags, Art der Beaufschlagung (einfach, mehrfach)

2. Abschätzung der bei der Wasseraufnahme und Wasserabgabe der porösen Zuschläge unter einfacher und mehrfacher Belastung (Arbeitsweise einer Betonpumpe) wirksamen Mechanismen im porösen Zuschlag
3. Abschätzung Wasseraufnahme und Wasserabgabe der porösen Zuschläge in Abhängigkeit von Länge, Durchmesser und Verlauf der Rohrleitung sowie von der Art des Pumpens
4. Abhängigkeit des Pumperfolges von einer Vorbehandlung der porösen Zuschläge eines Leichtbetons

VG 3

1. Verhalten der Fließfront im Normalbeton in Abhängigkeit von der Fördergeschwindigkeit bei veränderlichen Konsistenzen und somit veränderlichen rheologischen Kenngrößen
2. Entmischung eines frischen Normalbetons im Verlauf der Rohrförderung in Abhängigkeit von der Fördergeschwindigkeit
3. mittlerer spez. Druckverlust bei der Rohrförderung in Abhängigkeit von der mittleren Fördergeschwindigkeit, Scheinrohrlängenverhältnis Krümmer/ gerade Rohrleitung
4. Sinkgeschwindigkeit eines Einzelkorns in Abhängigkeit vom W/Z-Wert beim Zementleim und Mörtel, Abschätzung der Betrachtungsweise eines Normalbetons als homogene, nicht absetzbare oder als heterogene, absetzbare Mischung.

Versuchseinrichtung, Versuchsapparatur bzw. -maschine, Meßeinrichtung, Versuchsaufbau und Versuchsdurchführung dieser drei Hauptversuchsgruppen sind derart unterschiedlich, daß sie nicht vereinheitlicht in einem Kapitel darzustellen sind. Sie werden daher in Untertiteln der Hauptversuchsgruppen behandelt.

4. VERSUCHE UND ERGEBNISSE

4.1 VERGLEICHENDE UNTERSUCHUNGEN ÜBER PUMPEN VON NORMAL- UND LEICHTBETON

4.11 VERSUCHSMASCHINE UND VERSUCHSEINRICHTUNG

Die Versuche wurden mit einer Rotorbetonpumpe, Typ BPF 50/Ma AL 120 D 13 Fl, der Fa. Wibau-Challenge GmbH., Gelnhausen, durchgeführt. Die Betonpumpe, Bl. 14, arbeitet nach dem Squeeze-Crete-Verfahren und ist durch nachfolgende Daten gekennzeichnet:

Abmessungen	Gesamtbreite 2460 mm Gesamthöhe 3480 mm Gesamtlänge 9000 mm Einfüllhöhe des Fülltrichters 1400 mm
Fahrzeug	Antriebsleistung des Fahrzeugmotors 126 PS
Rotorbetonpumpe	Nennförderleistung 50 m^3/h Förderhöhe bis 70 m Förderweite bis 200 m Rohrleitungsdurchmesser 100 mm Volumen des Aufgabetrichters 350 l kleinste Saughöhe zwischen 'Rolleneintritt' Pumpschlauch und Ansaugöffnung des Fülltrichters bezogen auf Schlauchmitte 160 mm größte Saughöhe s. o. 1160 mm
Antrieb	der Fahrzeugmotor treibt über einen Nebenabtrieb die zweistufige Förderpumpe für die hydraulische Kraftübertragung zum Rotorantrieb und zum Rührwerk an; eine weitere Pumpe bedient den Ausleger und den damit verbundenen schnell laufenden Axialkolbenmotor für das Drehwerk; ein langsam laufender Radialkolbenmotor treibt über ein reibungsschlüssiges Planetengetriebe die Betonpumpe, ein schnell laufender Axialkolbenmotor das Rührwerk an.
Wassertank	Inhalt 250 l
Ausleger	Scheitelhöhe 20 m; Schwenkbereich unendlich größter Anstellwinkel 100° Stützweite der beiden Stützbeine 3700 mm Auslegerreichweite horizontal ab Mitte Ausleger 16 m tiefster Auslegerpunkt 16 m Antriebsmoment des Schwenkmotors 11 mkp 3 hydraulisch bewegte Gelenke.

Darüber hinaus besteht bei dieser Betonpumpe die Möglichkeit, Luft über eine Rohrleitung mehr oder weniger gedrosselt in den Ansaugkanal am Einfülltrichter und damit in den Beton einzuführen (s. a. Bl. 14, Abb. 4 und 5). Die Rotorbetonpumpe kann mittels Vorgelege in zwei Drehzahlbereichen kontinuierlich verstellbar schnell und langsam angetrieben werden.

4.12 MESSEINRICHTUNG, GEMESSENE WERTE

Aufgrund der gestellten Aufgabe wurde bewußt auf die Erfassung von Daten, wie z. B. Brennstoffverbrauch und Antriebsleistung des Antriebsmotors usw., verzichtet. Um sämtliche mechanischen Meßdaten zeitsynchron erfassen zu können, mußten dennoch gleichzeitig 2 Schreiber betrieben werden. Im allgemeinen wurden dabei folgende Meßwerte der Meßwertaufnehmer über Trägerfrequenz-Meßverstärker verstärkt direkt oder mit zusätzlicher Hilfe einer Telemetrie-Anlage auf die Schreiber übertragen:

Schreiber Oszillomink/Siemens: auf Kanal

1 Betondruck Einlauf B1
2 Betondruck Vorlauf B2
3 Betondruck Rücklauf B3
4 Drehimpulse Hydraulik-Abtrieb I_{Hyd}
5 Hydraulikdruck Radialkolbenmotor
6 Weg des Rotorschlauchs s
7 Stellung von Rotor und Gummirollen weiß ⎍ und schwarz ⎍⎍⎍ S_{rt}, S_{ro} 4 Impulse pro Rotorumdrehung, bestimmte Marken zur besonderen Kennzeichnung der Schriebe
8 Drehimpulse der Gummirolle I_{ro}

Schreiber Philips PT1026R104: auf Kanal

1 Geschwindigkeit des Rotors v
2 Stellung von Rotor und Gummirollen $S_{rt,\ ro}$, 4 Impulse pro Umdrehung (Synchronisation beider Schriebe), bestimmte Marken zur besonderen Kennzeichnung
3 Drehimpulse des Rührwerks $I_{Rü}$

Die einzelnen Anordnungen gehen aus dem Blockschaltbild Bl. 15 hervor. Zur Messung des Drehgeschwindigkeitsverhaltens wurde an den Rotor, achsparallel zur Antriebswelle des Rotors, zusätzlich eine kettenumlegte Scheibe angeflanscht (Bl. 14). Die Drehschnelle bzw. Drehgeschwindigkeit des Rotors wurde hiervon über ein weiteres Zahnritzel auf einen Tachogenerator übertragen. Zusätzlich liefert diese Anordnung 1 Impuls (kleine Spitzen Kanal 7) pro 90°-Umdrehung des Rotors. Ein auf der verlängerten Antriebswelle des Rotors aufgestecktes Zahnrad wurde meßtechnisch so abgegriffen, daß 20 Impulse auf Kanal 4

(Oszillomink) 1 Umdrehung des Hydraulikmotor-Abtriebs bzw. des hydraulischen Rotorantriebs entsprechen. 26 Impulse des Kanals 8 (Oszillomink) entsprechen 1 Umdrehung der Gummirolle.

Die im Ansaugkanal der Rotorbetonpumpe dem Beton zugeführte Luft in m^3/h wurde mit Hilfe eines Rotameters, Type G 1-1000-1849 mit Schwebekörper C.Nr. 189 805/65 aus Leichtmetall, ermittelt (s. a. Bl. 14).

4.13 VERSUCHSAUFBAU UND VERSUCHSDURCHFÜHRUNG

Durch Vorversuche wurden Rohrleitungsverlauf und Maschineneinstelldaten optimiert. Als ausreichende Vergleichsbasis für die Förderung von Normal- und Leichtbeton ergab sich eine Versuchsanordnung nach Bl. 14 und Bl. 16. Der in Bl. 16 dargestellte Rohrleitungsverlauf wurde für fast alle Untersuchungen gewählt.

Als überaus wichtig erwies sich schon in den Vorversuchen eine strikte Trennung der Einflüsse von Beton, von denen der Rohrleitung (Art, Verlegung, dynamische Arbeitsweise) und der Betonpumpe auf die Rohrförderung des Betons.

Festzustellen war der Einfluß der Maschinenparameter, wie zeitlicher und auf die Rotorstellung bezogener örtlicher Druckverlauf des Hydrauliksystems, wie Drehzahl der Rührwelle des Mischers, des Rotors, der Rotor-Antriebswelle (Hydraulikmotor) und der Gummirollen des Rotors, wie Schlauchweg des Förderschlauchs in der Pumpe, Rotorgeschwindigkeit und Drehzahländerung, theoretisches und praktisches Füllvolumen des Rotorschlauchs, zugegebene Luftmenge, Fördermenge und Pumpenwirkungsgrad. Weiterhin wurden der zeitliche und örtlich bezogene Verlauf der Betondrücke Einlauf B1, Vorlauf B2, Rücklauf B 3 untersucht.

Bei sämtlichen Versuchen wurde durch Rohre mit NW 100 gepumpt. Durch gleichen Förderquerschnitt von Betonpumpe und Rohrleitung wurden zusätzliche Druckverluste und eine eventuelle zusätzliche negative Beeinflussung des Leichtbetons beim Pumpen vermieden.

4.14 BETONTECHNOLOGISCHE DATEN

Der geförderte Normalbeton entsprach der Testmischung für mehrere im Institut durchgeführte Untersuchungen an Betonpumpen. Dieser Beton, dessen Rezeptur aus Bl. 17 hervorgeht, diente fördertechnisch und betontechnologisch gesehen als Bezugsgröße für die zu pumpenden Leichtbetone. Bei letzteren wurden solche mit verschiedenen Rohdichteklassen unter Variation der Art des Leichtzuschlags sowie des Mischungsverhältnisses ausgewählt. Die Untersuchung der Arten des Leichtzuschlags wurde auf die Materialien Blähschiefer, wie Berwilit, und Blähton, wie Liapor und Korlin, beschränkt.

Einschlägige Normen, wie DIN 1045 und die Richtlinien der vorläufigen Merkblätter I bis III für Stahlleichtbeton, wurden bei dem Entwurf der Ausgangsmischungen beachtet (s. a. Bl. 17 bis 21). Der Normalbeton wurde nach Massenanteilen, der Leichtbeton nach Stoffraumanteilen zusammengesetzt.

Die in den Blättern 18 bis 21 dargestellten Leichtbeton-Mischungen beruhen im allgemeinen auf Erfahrungen der Leichtzuschlaglieferanten und der mit Bauprojekten befaßten Baufachfirmen. Es wurden vornehmlich solche Mischungen gefördert, die angeblich an Baustellen schon versuchsweise mit zum Teil wechselndem Erfolg gepumpt worden sind. Von der Frischbetonrohdichte wurde die Einteilung so vorgenommen, daß möglichst lückenlos von der Rohrförderung eines Normalbetons auf die eines Leichtbetons übergeführt wurde.

Es wurde auf sorgfältiges Herstellen und Verarbeiten des Frischbetons geachtet. Die Leichtbeton-Mischungen wurden allgemein mit trockenen Zuschlägen hergestellt, dann der Wassergehalt der Mischung so eingestellt, daß neben der Gewährleistung des wirkenden Wasserzementwertes auch zumindest die Wassermenge, die die Leichtzuschläge in 30 min. aufsaugen, berücksichtigt war. Teilweise abweichend von den allgemeinen Richtlinien, wurde die Konsistenz der Ausgangsmischung geändert; in diesen Fällen wurde sie aufgrund von Erfahrungen beim Pumpen von Leichtbeton nur soweit geändert, daß ein Pumpen möglich war.

Es wurde entsprechend praktischen Erfahrungen und Empfehlungen mit Zementgehalten von mind. 350 kg/m^3 verdichtetem Frischbeton und einem wirkenden Wasserzementwert von W/Z = 0,5 gearbeitet. Berücksichtigt wurde weiterhin, daß ein gefügedichter Leichtbeton noch ca. 3 Vol.-% Luftporen enthält. Allgemein wurden Leichtbetone mit etwas größeren Natursand-Gehalten als 15 Stoffraum-% gepumpt. Die abweichenden Mischungszusammensetzungen beruhen auf Angaben von Leichtzuschlaglieferanten und -verarbeitern. Die Kornzusammensetzung des Zuschlaggemisches entsprach in etwa der Sieblinie B nach DIN 1045. Eine Ausnahme stellt der Leichtbeton einer vom Zuschlaglieferanten empfohlenen Zusammensetzung mit Leichtzuschlag Korlin B, Körnung 5/10, dar.

Kornrohdichten, Dichten und die Wasseraufnahme der Leichtzuschläge wurden im einzelnen bestimmt. Die Dichten lassen sich wie folgt angeben: Liapor ρ= 2,56 g/cm^3
Berwilit ρ= 2,53 g/cm^3 Korlin B ρ= 2,58 g/cm^3

Die ersten Untersuchungen waren so ausgerichtet, daß analog zum Normalbeton eine Rohrförderung möglich wurde. Ein weiterer Teil der Untersuchungen, bei dem die Ausgangsmischung gar nicht oder nur geringfügig geändert oder die Maschineneinstellung extrem waren, befaßte sich mit Verstopfern beim Pumpen.

Die Frischbetonrohdichten wie auch sämtliche anderen Werte der Bl. 17 bis 21 beziehen sich auf die Ausgangsmischungen. Anhand der einzelnen Versuchsergebnisse werden Abweichungen hiervon diskutiert.

4.15 VERSUCHSERGEBNISSE

Bei der vergleichenden Untersuchung über das Förderverhalten von Normal- und Leichtbeton soll zunächst das Verhalten beim Dauerpumpen bzw. bei gleichbleibender Förderung betrachtet werden. Sehr aussagekräftig ist dabei ein prozentualer Vergleich einzelner Größen, wie z. B. der Betondrücke B1 bis B3, (s. a. Bl. 33 bis 36).

4.151 ARBEITSABLÄUFE, MAXIMALE UND MITTLERE BETONDRÜCKE ÜBER DEM ROHRLEITUNGSVERLAUF

Diesbezügliche Betrachtungen beziehen sich vor allem auf den Vergleich von Normalbeton der Ausgangsmischung gem. Bl. 17 und Leichtbeton gem. Bl. 18. Unterschiede, die sich strömungstechnisch infolge der Kornform der Leichtzuschläge ergeben, wurden durch Wahl eines Blähton-Leichtzuschlags mit runder Kornform vorerst eliminiert. Betrachtungen hinsichtlich der Förderbarkeit von Betonen mit unrunden Leichtzuschlägen werden vor allem in den Kapiteln 4.154 und 4.3 ff angestellt.

Es sind 3 Gruppen von Arbeitsablaufdiagrammen zu betrachten:

a) zeitbezogene Diagramme, wie z. B. Bl. 22 und 23
b) ortsbezogene Diagramme in Abhängigkeit vom Drehwinkel des Rotors in Polarkoordinaten, wie z. B. Bl. 25
c) ortsbezogene Diagramme in Abhängigkeit vom Drehwinkel des Rotors in kartesischen Koordinaten, wie z. B. Bl. 31 - 34.

Der Rotor der Betonpumpe dreht sich bei einer Umdrehung nicht vollständig gleichmäßig. Dieses hängt von den augenblicklichen Gegebenheiten beim Ein- und Austauchen der Gummirollen, die den Pumpschlauch zusammenquetschen, von der Art der Füllung des Pumpschlauches sowie von Art und Zustand des Frischbetons im Verlauf der weiteren Rohrleitung ab. Diese sog. Bedarfskennung des Betons und der Rohrleitung beeinflußt die sog. Lieferkennung der jeweiligen Betonpumpe, so daß in äquidistanten, einander folgenden Zeitabständen unterschiedliche Drehwinkel bei der Rotorbetonpumpe oder Wege des Förderkolbens bei der Kolbenbetonpumpe zurückgelegt werden. Durch entsprechende Integration lassen sich die Kurvenverläufe nach b) aus denjenigen von a) gewinnen. Die Kurven nach c) stellen die Abwicklung der Kurven nach b) auf eine Gerade dar. So lassen sich die Pumphübe einer Rotorbetonpumpe mit denen einer Kolbenbetonpumpe vergleichen.

Der zeitliche Arbeitsablauf sei anhand von Bl. 22, 23 näher erklärt.

In Bl. 22 entspricht die Differenz der großen Impulse in Spur 7 $I_{sro} - I_{wro}$ einem Rotordrehwinkel von $\alpha_{rt} = 180^{o}$ und gleichzeitig der Zeitdauer (s. a. Spur 0) für eine halbe Rotorumdrehung. Hierbei bedeuten:

I_{sro} schwarze Gummirolle in senkrechter oberer Lage (Beginn des Pumpens durch die weiße Rolle - s. a. Bl. 25)

I_{wro} weiße Rolle in senkrechter oberer Lage (Beginn des Pumpens durch die schwarze Gummirolle)

Die kleineren Impulse der Spur 7 entsprechen jeweils 90° Drehung des Rotors. Zur zeitlichen Synchronisation sind alle diese Impulse im Diagramm des Bl. 23 eingeprägt. Die Fläche unter der Kurve der in mm Schriebhöhe dargestellten Rotorgeschwindigkeit v_{rt} entspricht dem vom Rotor zurückgelegten Drehweg oder Drehwinkel.

Teilt man den Abstand zwischen zwei großen Impulsen in Bl. 22 und 23 in eine Anzahl äquidistanter Längen (Zeiten), so kann man der jeweiligen Zeitdauer einen Drehwinkel des Rotors zuordnen. Besonders günstig läßt sich dieses bei Bl. 22, 23 berechnen. Bei Annäherung des Geschwindigkeitsverlaufs über der Zeit durch 2 Geraden braucht man nicht graphisch vorzugehen, sondern kann durch Integration folgende Zusammenhänge berechnen:

Gesamtfläche pro Pumphub unter der Kurve $v_{rt} = f_{(t)}$ $$A_{rh} \hat{=} \varphi_{Ix} + \varphi_{IIy} = 180^\circ \qquad (61)$$

Funktion der Winkelgeschwindigkeit $$\dot{\varphi} = at + b \qquad (62)$$

Funktion des Drehwinkels $$\varphi = \frac{a}{b} t^2 + bt + c \qquad (63)$$

Bereich I nach Bl. 23:

Randbedingungen in mm-Einheiten des Meßschriebs

$t_1 = 0;\ \dot{\varphi}_1 = 8{,}1$ und $\varphi_1 = 0$
$t_2 = 2{,}2;\ \dot{\varphi}_2 = 10{,}2$

liefern

$$\dot{\varphi}_I = 0{,}955\ t + 8{,}1 \qquad (62a)$$
$$\varphi_I = \frac{0{,}955}{2} t^2 + 8{,}1t \qquad (63a)$$

Bereich II:

Randbedingungen in mm-Einheiten des Meßschriebs

$t_1 = 0;\ \dot{\varphi}_1 = 10{,}2$ und $\varphi_1 = 0$
$t_2 = 16{,}34;\ \dot{\varphi}_2 = 8{,}1$

liefern

$$\dot{\varphi}_{II} = -0{,}1285\ t + 10{,}2 \qquad (62b)$$
$$\varphi_{II} = -\frac{0{,}1285}{2} t^2 + 10{,}2\ t \qquad (63b)$$

Die Summe der Flächen von φ_I an der Bereichsgrenze 2,2 und von φ_{II} an der Bereichsgrenze von 16,34 entspricht einem Rotordrehwinkel von 180°.

Der Einfluß der Kenndaten von Betonpumpe und Rohrleitung auf die Förderung des frischen Normalbetons ist anhand des zeitlichen Ablaufs der Betondrücke B1, B2, B3 gut zu beurteilen. Wie auch bei Kolbenpumpen üblich (Bl. 87), sind bei der Rotorbetonpumpe Beginn des Förderhubes und Beginn der Förderung (B1) zeitlich verschoben. Betrachtet man weiterhin z.B. den Förderhub 56, so sind die Anstiegsflanken von B2 und B3 zueinander und auch gegenüber der von B1 zeitlich verschoben. Dieses ist im wesentlichen bedingt durch den Einfluß der Rohrleitung und durch das Förderverhalten von Beton in der Rohrleitung selbst.

Die Vorgänge beim Pumpen von Normalbeton werden anhand von Bl. 22, 23, 24, 25 sowie speziell für den Pumphub 56 erklärt. Den Meßschrieben ist für die einzelnen Rotorelemente zu entnehmen:

Drehzahl des Rotors	$n_{rt} = 41{,}78$ U/min
Drehzahl der Hydraulikwelle des Rotors	$n_{Hyd} = 206{,}82$ U/min
Drehzahl der Gummirolle	$n_{ro} = 151{,}06$ U/min
Gesamtübersetzung	$i_g = \frac{n_{Hyd}}{n_{rt}} = 4{,}950$
Drehzahlverhältnis	$i_2 = \frac{n_{Hyd}}{n_{ro}} = 1{,}369$
Drehzahlverhältnis	$i_3 = \frac{n_{ro}}{n_{rt}} = 3{,}616$

Die Übersetzungsverhältnisse können sich nach mehrfachem Dauerpumpen ändern. Durch Abnutzung im Bereich des nicht formschlüssigen, sondern kraftschlüssigen Planetengetriebes, das der Rotor mit den Gummirollen und dem Rollenbett darstellt, tritt Schlupf auf. Er kann, maschinentechnisch gesehen, die Förderverhältnisse ändern. Die Kontrolle der Übersetzungsverhältnisse erlaubt vorbeugende Wartung der Maschine.

Aus Bl. 23 und vor allem Bl. 25 ist deutlich zu erkennen, daß die prozentual aufgetragene Geschwindigkeit des Rotors v_p am geringsten ist, wenn die untere Rolle des Rotors in senkrechter unterer Lage in Eingriff geht. Hierfür ist jedoch die noch im Eingriff befindliche obere Rolle verantwortlich. Im Winkelbereich 0 bis 3 sinken sowohl Hydraulik- als auch Betondrücke, obwohl die untere Rolle schon im Eingriff ist. Die obere, aus dem Pumpschlauch austauchende Rolle kennzeichnet im wesentlichen den Abfall des Hydraulikdrucks in diesem Bereich.

Die eintauchende Rolle verschiebt den Beton im Pumpschlauch des Rotors sehr leicht. Ähnlich dem Schieberwechsel bei einer Kolbenpumpe hinterläßt die austauchende Rolle im Pumpschlauch für kurze Zeitdauer einen Förderfreiraum, der von der nächsten Rolle überbrückt wird. Außerdem ist dieser Zustand dadurch begründet, daß sich der Pumpschlauch nicht voll auf den Ursprungsquerschnitt zurückstellt. Wie auch bei Kolbenpumpen ist das Fördervolumen eines Pumphubes kleiner als das Produkt aus Hublänge und Querschnitt des Beton-Förderzylinders. Diese Tatsache wird ebenfalls durch die starke Phasenverschiebung der Betondrücke B1 und B2 zum Hydraulikdruck erhärtet.

Speziell beim Pumpen von Beton mit Hilfe der Rotorbetonpumpe ist die Füllung des Pumpschlauches einmal durch die Saughöhe der sich im Eingriff befindenden, pumpenden Rolle bedingt; diese Saughöhe schwankt gem. Seite 48 zwischen ca. 160 und ca. 1160 mm. Zum anderen ist zu beachten, daß die Rückstellung des Pumpschlauches nach dem Überrollen durch die fördernde Rolle des Rotors bei Normal- und Leichtbeton unterschiedlich ist. Bei Normalbeton ist die Adhäsion zwischen Beton und Pumpschlauch und speziell zwischen Rest-Zementleim und zusammengedrücktem Pumpschlauch relativ groß. Außerdem ist die Kohäsion des Normalbetons mit Luft in nur wenigen Zementleimporen und ohne Kornporen sehr groß. Der Pumpschlauch richtet sich unter dem im Rotorgehäuse herrschenden Vakuum von selbst nur langsam bzw. erst durch den Förderdruck der danach in den Pumpschlauch eintretenden Rolle auf. Bei Leichtbeton sind sowohl mehr Zementleim- als auch Kornporen mit Luft gefüllt. Durch die dann geringere Kohäsion und Adhäsion des Betons im Pumpschlauch richtet sich dieser wieder leichter auf, wodurch die Schlauchfüllung sogar verbessert werden kann.

Die prinzipielle Füllung des Pumpschlauches ist nach Bl. 26 vorstellbar. Der Pumpschlauch ist während der gesamten Untersuchung unten am Rotoreinlauf befestigt und oben am Rotorauslauf, also nahe der Meßstelle für B1 bzw. nahe dem Einlauf in die Rohrleitung frei beweglich angeordnet. Beim Pumpen tritt der Schlauch aus dem Rotor aus, seine Bewegung wird dann durch einen äußeren Anschlag begrenzt. Diese Endlage wird als Nullage für den horizontalen Weg angenommen. Während der größten Dauer eines Pumphubes wird der Pumpschlauch aus dem Rotor gegen den äußeren Endanschlag herausgedrückt. Nach Eintauchen der nächsten Rolle wird er dann etwa bis Pkt. 7 maximal in den Rotor hinein zurückgestellt. An dieser Position ist er dann soweit mit Beton gefüllt, daß er sich danach bis Pkt. 10 wiederum gegen den äußeren Anschlag bewegt.

Die Hydraulikenergie zwischen Position 3 und 6 wird im wesentlichen zur Rückstellung des Pumpschlauches, zur Deckung der fast stoßhaften Bewegungsänderung im Augenblick des Eintritts der Rolle und zum Abscheren einzelner Betonabschnitte im Schlauch zu dessen vollständiger Ausfüllung benötigt (vergl. auch Bl. 26). Diese Vorgänge treten bei Kolbenpumpen durch die Schieber usw. bedingt, zwar in anderer Form, jedoch ähnlich auf.

Zwischen Position 2 und 3 hat der Rotor seine größte Drehgeschwindigkeit. Obwohl bei Position 3 die nächste Rolle schon ca. 28° im Eingriff ist, steigt erst jetzt der Hydraulikdruck wieder an. Zwischen Position 5 und 6 steigt der Betondruck am Einlauf in die Rohrleitung kurzfristig steil an. Erst ab hier beginnt die durch die eingetretene Rolle eingeleitete Förderung.

Die hier gezeigten Maschineneinflüsse sind somit unabhängig vom Typ der Betonpumpe (Rotor, Kolben) bei allen Untersuchungen von der Gesamtaussage derartiger Diagramme zu trennen. Nur dadurch sind dann die weiteren Einflüsse von der Rohrleitung und vor allem vom Beton selbst zu verdeutlichen.

Die Druckfortpflanzungsgeschwindigkeit der Hydraulikimpulse in der Rohrleitung, z. B. an den zeitlichen Abständen zwischen den Anstiegsflanken der Drücke p_{Hyd} und B1, B2, B3 nach Bl. 22 zu erkennen, ist für die Beurteilung der Arbeitsweise der Betonpumpe und der Bewegung der Rohrleitungen während des Pumpens zu verwenden. Der jeweils eintretende Druckabfall und dessen Fortpflanzungsgeschwindigkeit sind vor allem Maße für die betoneigenen Zustandsgrößen.

Zwischen den Positionen 6 und 10 erfolgt einerseits eine Förderung von Beton, im Bereich B1 am Druckanstieg zu erkennen, andererseits wird der Pumpschlauch wieder aus dem Rotorgehäuse herausgedrückt. Gleichzeitig fällt der Betondruck von B2 noch bis Position 10, der von B3 noch bis Position 14, um dann jeweils mit steiler Anstiegsflanke, s. a. Bl. 22, wieder auf ein bestimmtes Niveau zu gelangen. Dieses Niveau bedeutet jeweils einen Wiederbeginn der Förderung, die an dieser Stelle zwischenzeitlich nahezu zum Stillstand gekommen ist. Wie aus Bl. 14 zu erkennen, war die Rohrleitung nicht festverankert verlegt. Umlenkkräfte in der Rohrleitung bewirken eine Bewegung derselben. Erst nachdem ihre Bewegung beendet ist, wird dann an diesen Stellen der Beton relativ zur Rohrleitung durch diese gefördert. Die Kräfte zur Bewegung der Rohrleitung bedeuten einen zusätzlichen Druckverlust, der hier von p_{Hyd} bzw. B1 gedeckt werden muß. Die steilen Anstiegsflanken von B2 und B3 kennzeichnen den Übergang des zu fördernden Betons von der Haft- zur Gleitreibung im Rohr.

Etwa bei Position 18 erreichen alle Förderdrücke ihr Maximum. Der hiernach eintretende Druckabfall ist bezüglich seines Verlaufs betontechnologisch und zudem maschinen- und rohrleitungstechnisch bedingt.

Auf die Änderung betontechnologsicher Daten, wie Ausbreitmaß usw., wird in den Kapiteln 4.152 ff eingegangen.

Vergleicht man das Pumpen von Normalbeton mit dem von Leichtbeton bei gleichartiger Betrachtungsweise, so findet man Unterscheidungsmerkmale schon in den Arbeitsabläufen.

Hierzu wird beispielhaft auf die Arbeitsabläufe der Bl. 27, 28, 29, 30 zurückgegriffen. Dem zu fördernden Leichtbeton der Ausgangsmischung nach Bl. 18 wurden dabei 150 g Natrosol/m^3 Frischbeton als Zusatzmittel beigegeben. Dieses wasserlösliche Cellulosederivat ergibt, mit dem Anmachwasser des Betons vermengt, eine sog. pseudoplastische Lösung. Die Viskosität eines derartig verdickten Wassers bzw. Zementleims hängt von den eingeleiteten Scherkräften ab. Durch diese Wirkungsweise dringt im Verlauf der Rohrförderung weniger Zugabewasser des Betons in die Kornporen der verwendeten Leichtzuschläge ein (Kap. 4.2 ff). Trotz derartiger positiver Beeinflussungen des Pumpens von Leichtbeton durch Rohrleitungen kann dieses oder ein ähnliches Betonzusatzmittel nicht sämtliche Schwierigkeiten beim Pumpen beheben.

In den folgenden Kapiteln detaillierter behandelt, sei noch angefügt, daß dieser Leichtbeton im Gegensatz zum Normalbeton nur mit einem höheren Ausbreitmaß, nämlich von a = 53 cm vor dem Pumpen, zu pumpen war. Darüber hinaus wurde dem Beton beim Ansaugen zur positiven Beeinflussung des Ansaugvorgangs der Pumpe und der teilweisen Verhinderung von Wassereintritt in die porösen Zuschläge beim Pumpen eine bestimmmte Menge Luft zugeführt. Durch ein 45 μm feines Filter drangen bei einem konstanten Druckabfall von 3 kp/cm^2 nur 80 cm^3 Wasser (20° C)/s cm^2, jedoch 2350 cm^3 Luft (0° C)/s cm^2 Filterfläche. Dieser im wesentlichen durch den Viskositätsunterschied bzw. hinsichtlich seines Strömungsverhaltens durch die Reynoldszahl gekennzeichnete Vorgang kann analog auf die porösen Körner der Zuschläge als Filter übertragen werden.

Die Messungen wurden bei etwa gleicher Drehzahl des Rotors, 42,5 U/min beim Pumpen von LB und 41,78 U/min beim Pumpen von NB, durchgeführt. - Vergleicht man die Bl. 22 und 27, so fällt einerseits auf, daß der Druckanstieg von B1 in Bl. 27 nicht so gezackt verläuft wie bei Bl. 22. Andererseits weist der Hydraulikdruck bei Bl. 27, prozentual zum jeweiligen Maximaldruck des Förderhubes gesehen, sowohl einen steileren

Anstieg als auch einen höheren Wert auf. Die Ursachen hierfür sind:

a) das aufgrund von Zusatzluft und Kornporen andersartige Adhäsions- und Kohäsionsverhalten von Pumpschlauch und Normal- bzw. Leichtbeton,

b) eine etwas höhere Wiedereintrittsgeschwindigkeit der neuen Rolle des Rotors in den Pumpschlauch,

c) andersgeartete Relativbewegungen von Leichtbeton mit Zusatzluft im Pumpschlauch.

Dieses geht besonders aus dem Vergleich der nunmehr in kartesischen Koordinaten dargestellten Bl. 31 und 32 sowie 33 und 34 hervor. Die Darstellungen auf diesen Blättern vermitteln einen besseren quantitativen Eindruck des Anstiegs der Kurven sowie der Flächeninhalte derselben. Dagegen ist der mehr qualitative Eindruck der Bl. 25 und 30 vor allem maschinentechnisch sehr anschaulich.

Während die Rotorgeschwindigkeit beim Pumpen von Normalbeton, nach Bl. 23 durch 2 Geraden anzunähern, für einen gewissen Bereich einigermaßen stetig verläuft, weist sie beim Pumpen von Leichtbeton (Bl. 27) größere Schwankungen auf. Bei Pos. 6, Bl. 30, korrespondieren erniedrigte Rotorgeschwindigkeit, Maximum des Hydraulikdrucks und maximale Rückstellung des Pumpenschlauches in das Rotorgehäuse hinein. Außerdem verläuft der Druckanstieg des Betondrucks B1 kaum phasenverschoben gegenüber dem des Hydraulikdrucks.

Folgende Daten ergeben sich aus überschlägigen Berechnungen:

a) Rollendifferenzwinkel	180°
b) Winkel zur Volumenberechnung des Pumpschlauches bei eingetauchten Gummirollen	ca. 150°
c) theor. Volumen eines Pumphubes bei eingetauchten Gummirollen und NW 100	ca. 10,28 dm^3/Hub
d) Schlauchvolumen pro 10° Schlauchquerschnitt NW 100	ca. 0,685 dm^3
e) mittleres angesaugtes Luftvolumen	ca. 5000 dm^3/h

f)	Pumphübe des Rotors	85 Hübe/min
g)	angesaugte Luft pro Pumphub entsprechen einem Rotordrehwinkel im Ansaugzustand von	ca. 14,3°
h)	auf max. 19 kp/cm² komprimierte Luft pro Pumphub entsprechend einem Rotordrehwinkel im komprimierten Zustand von	ca. 0,72°
i)	angesaugtes Frischbetonvolumen pro Hub	ca. 6,26 dm³
k)	gemessenes Frischbetonvolumen pro Hub beim Pumpen bzw. nach Druckbeaufschlagung	ca. 5,92 dm³

Der Wert k) ergibt sich dabei durch Auffangen des gepumpten Betons unter Erfassung der notwendigen Pumphübe und Bestimmung der Frischbetonrohdichte nach dem Pumpen anhand der Probe. Daraus kann man unter Berücksichtigung der Frischbetonrohdichte vor dem Pumpen das angesaugte Frischbetonvolumen berechnen.

Der Pumpschlauch wird bei diesem Leichtbeton im Ansaugzustand nur mit ca. 6,3 dm^3 Beton und ca. 1 dm^3 Luft gefüllt. Dieses Gesamtvolumen verringert sich bei Position 4 auf ca. 6,5 dm^3 bei einem Betondruck von B1 = 4 kp/cm^2. Der Pumpschlauch ist dann um ca. 3,78 dm^3, entsprechend 55° Rotordrehwinkel, unterfüllt. Erst nach etwa diesem Drehwinkel beginnt bei dem gewählten Beispiel die effektive Förderung der Rotorpumpe in die Rohrleitung.

Zwischen den Positionen 6 und 13, Bl. 30, entsprechend einem Rotordifferenzwinkel von $62{,}8^o$, tritt eine erhebliche Druckschwankung auf. Dieses ist zum einen durch die Änderung des Bewegungszustandes des im Pumpschlauch befindlichen Leichtbetons vom Stillstand zur Förderung hin zu begründen. Zum anderen ist die teilweise Verminderung des Hydraulikdrucks bei stetig weiter steigendem Betondruck B1 darauf zurückzuführen, daß sich der Pumpschlauch aufgrund der niedrigeren Adhäsion und Kohäsion bei der Leichtbetonförderung leichter aufstellt. Weiterhin ändern sich die Verschiebungskräfte für den Pumpschlauch.

Ganz wesentlich ist jedoch die Tatsache, daß hier der Leichtbeton aufgrund der zugegebenen Luft und ihrer mit den Kornporen in Verbindung zu sehenden dynamischen Wirkungsweise ohne vollständigen Stillstand der Betonsäule in der Rohrleitung gefördert wird. Die z. T. in die Kornporen der Leichtzuschläge hineingepreßte Luft dehnt sich bei Entlastung infolge Hubwechsels wieder aus und sorgt für eine, wenn auch schleichende Bewegung des Betons im Förderrohr (nähere Erläuterungen hierzu in Kap. 4.2 ff).

Undichtigkeiten der Rohrleitung, Verminderung des Füllungsgrades beim Einsaugen von Beton mit zu großer Menge an Zusatzluft sowie thermodynamische Vorgänge nach Kapitel 4.2 bei Beaufschlagung der porösen Zuschläge mit Luft und deren Entlastung bewirken eine Verbesserung der Förderbarkeit von Leichtbeton durch Zugabe von Luft nur über eine bestimmte Förderstrecke.

Der äußere Betonring nach Bl. 26 besteht wohl auch hier. Er schert wie beim Pumpen von Normalbeton ab, gleitet nach innen und richtet den Pumpschlauch wieder auf. Die eingesaugte Luft wirkt einerseits reibungsvermindernd, andererseits auch in Verbindung mit den Kornporen als Dämpfer und ergibt einen weniger gezackten Verlauf des Hydraulikdrucks.

Die auf Seite 58 und 59 angedeuteten Probleme der Druckfortpflanzung sind besonders gut anhand der mittelwertbezogenen Arbeitsablaufdiagramme für Normalbeton (Bl. 33) und für Leichtbeton (Bl. 34) zu verdeutlichen. Aus der Vielfalt der vorgenommenen Untersuchungen können im Rahmen dieser Arbeit nur diese repräsentativen Beispiele besprochen werden.

Die aufgetragenen Kurven sind auf den jeweiligen Mittelwert der einzelnen Meßgrößen, wie z. B. auf den des Betondrucks B1m ≙ 100 %, bezogen. Anhand der vorhergehenden Blätter wurden die Unterschiede im Kurvenverlauf der Rotorgeschwindigkeit schon behandelt. Wesentlich deutlicher geht aus Bl. 34

hervor, daß nach actio und reactio einem niedrigen Verschiebewiderstand im Pumpschlauch, also einem Minimum des Hydraulikdrucks, jeweils ein Maximum der Rotorgeschwindigkeit entspricht. Dieses gilt in umgekehrter Weise, wiederum durch Liefer- und Bedarfskennung gekennzeichnet, für ein jeweiliges Maximum des Hydraulikdrucks.

Betrachtet man die Drücke p_{Hyd}, B1, B2, B3 nach Bl. 33 und 34, so bildet sich der von der Maschine ausgehende Förderdruck p_{Hyd} mehr oder weniger phasenverschoben vor allem auf den Betondruck B1 ab. Der Förderhub des Rotors ohne Förderung in die Rohrleitung bildet sich verstärkt durch den Förderzustand der Rohrleitung und den Förderzustand des zwischen den Meßstellen zu fördernden Betons auf die Drücke B1, B2 und B3 ab (s. vergrößerte Minima in Bl. 33).

Hier wird ersichtlich, und das ist nicht nur für die Rotor-, sondern auch für die Kolbenbetonpumpe gleichermaßen wichtig, daß man durch verbesserte Auslegung der Betonpumpen und Vermeidung von Relativbewegungen der Rohrleitung beim Pumpen zu einer kontinuierlichen Rohrförderung von Beton kommen muß. Hierauf wird im Kapitel 5.3 näher eingegangen. Zurückgreifend auf die beim Pumpen von Normal- und Leichtbeton gemachten Erfahrungen und auf die theoretischen Ausführungen, kommt jeder Stillstand des Betons in der Rohrleitung während des Pumpens einem sog. Mini-Verstopfer gleich. Er wäre im Gegensatz zu dem baustellenbedingten Förderstillstand durchaus vermeidbar. Diese Forderung muß gerade jedoch für das Pumpen von Leichtbeton wegen der negativen Beeinflussung des Pumpens durch den druckbeaufschlagten Leichtbeton selbst gestellt werden. (Veränderung rheologischer Kennwerte durch Aufnahme und teilweise Abgabe von Wasser im Verlauf der Förderung s. a. Kap. 4.2 ff).

Bei den durchgeführten Versuchen mit Leichtbeton (s. a. Bl. 34) wurde auch aus diesem Grunde meistens unter Zugabe von Zusatzluft gefördert. Wie aus Bl. 34 ersichtlich, verflacht das

Minimum von B2 und B3 im Vergleich zu B1 und Bl. 33. Dieses ist durch die dynamische Wirkungsweise der eingebrachten Zusatzluft an sich sowie auch durch die kombinierte Wirkungsweise mit den Kornporen der Leichtzuschläge als eine Art Speicher zu verstehen. In diesem Zusammenhang sei jedoch warnend darauf hingewiesen, daß die der Mischung zugegebene Zusatzluft nicht über ein bestimmtes Maß hinaus gehen darf. Andernfalls sinken Füllungsgrad und Fördermenge an Beton beträchtlich, und es kommt außerdem zu sehr unangenehmen Pumpschwingungen (s. a. Kap. 4.152).

Besonders wichtige Erkenntnisse bezüglich des Pumpens von Normal- und Leichtbeton ergeben sich aus Bl. 35 und 36. So beträgt der durchschnittliche maximale Hydraulikdruck p_{Hyd} (Bl. 35, Zeile 17) beim Pumpen von Normalbeton gemäß Bl. 17 mit Verzögerer ohne Zusatzluft 100 kp/cm^2, derjenige von Leichtbeton gemäß Bl. 18 mit Betonzusatzmittel und ca. 5,0 m^3/h Zusatzluft bei etwa gleicher Rotordrehzahl ca. 94 kp/cm^2. Bei Vergrößerung der Zusatzluft auf ca. 10,5 cm^3/h und leicht erhöhter Rotordrehzahl sinkt der Hydraulikdruck $p_{Hyd\ max}$ (Zeile 17) vor allem aufgrund der Verminderung der Ansaugmenge von Beton auf ca. 74 kp/cm^2.

Sehr aufschlußreich für die Vorgänge beim Pumpen ist die absolute und relative prozentuale Betrachtung der mittleren Betondrücke über dem Rohrleitungsverlauf B1, B2, B3 in Bl. 36. Vergleicht man die Durchschnittswerte von V1/56/57 (Pumpen von Normalbeton) mit V6/573/117, dem Dauerfördern von Leichtbeton mit Zusatzluft, so fällt auf, daß die mittleren Betondrücke B1m beim Pumpen von Normal- und Leichtbeton nahezu gleich sind. Nur beim Anfahren, direkt nach dem Stillstand gemessen, liegen die Werte bei B1m für die Förderung von Leichtbeton mit 18,75 kp/cm^2 nach der Kennzeichnung V6/565/9 höher. Setzt man die Betondrücke B1m jeweils gleich 100 % und bezieht hierauf entsprechend V1/56/57 und V6/573/117 die Drücke B2m und B3m, so ergibt sich

Fall A: während der Förderdruck B1m beim Fördern von Normalbeton auf 41,77 % sinkt, fällt er beim Pumpen von Leichtbeton durch die gleiche Rohrleitung nur auf 60,39 %;

Fall B: danach fällt der Förderdruck B2m beim Pumpen von Normalbeton, betreffend B3m, auf 16,3 % und beim Fördern von Leichtbeton auf 14,74 %.

Der geringere Druckabfall zwischen B1m und B2m von rd. 40 % beim Leichtbeton gegenüber rd. 58 % beim Normalbeton im Fall A ist im wesentlichen auf die Betonkonsistenz und auch auf die beim Leichtbeton mit vorhandene Zusatzluft zurückzuführen. Diese verbessert die Schmier-, Gleit- bzw. rheologischen Eigenschaften des Betons im Rohr beträchtlich. Darüber hinaus strömt sie im ersten Förderbereich zwischen Meßstelle B1 und B2 beim Leichtbeton aufgrund ihres geringen Reibungswiderstandes vor dem Anmachwasser der Mischung in die Kornporen. So verkleinert sich der in diesem Meßbereich fließtechnisch wirkende W/Z-Wert vorerst nicht, die rheologischen Kenngrößen des Betons sind noch als hinreichend konstant anzusehen.

Demgegenüber ändern sich die Verhältnisse im Fall B vollkommen. Für Normalbeton beträgt der Druckabfall von B2m nach B3m nunmehr nur rd. 25 %, für Leichtbeton jedoch rd. 46 %. Hier ist nun vorstellbar, daß einmal im Verlauf der Förderung Zusatzluft an den Kupplungen der Rohrleitung entwichen ist und zum andern, daß aufgrund später näher zu untersuchender thermodynamischer Prozesse im porösen Zuschlag, nach der teilweise eingeströmten Luft noch Anmachwasser in die porösen Zuschlagkörner einströmt. Die dabei eintretende Verkleinerung des fließtechnisch wirkenden W/Z-Wertes der Mischung führt zu vergrößerten Druckverlusten. Es ist zu vermuten, daß in diesem Fall eine instationäre Rohrströmung und nicht mehr eine stationäre Rohrströmung wie beim Pumpen von Normalbeton vorliegt.

Die Permeabilität der Leichtzuschlagkörner bzw. deren äußerer Oberfläche hängt vorerst pauschal gesehen von 4 Faktoren ab:

a) von der absoluten Größe des Betondrucks
b) von der zeitlichen Einwirkdauer desselben
c) vom Aufbau der Mischung und der Viskosität der Diffusionsmedien wie Luft, Wasser, Zementleim
d) von den durch das Gefüge des Korns einschließlich der Dichtheit der Oberfläche bedingten Strömungswiderständen in Korn hinein.

Sofern man die Förderquerschnitte der Rohrleitung nicht vergrößern will, kommt es somit entscheidend darauf an, daß man Leichtbeton mit optimaler Fördergeschwindigkeit pumpt. Man bedenke, daß sich die dargestellten Veränderungen des Druckabfalls beim Leichtbeton bei den gegebenen Förderdaten und der Versuchsrohrleitung in rd. 25 s ergaben.

<u>Als ein Ergebnis ist festzustellen</u>, daß durch Einbringen von Zusatzluft in bestimmten Grenzen in den Leichtbeton der eintretende starke Druckabfall mehr zum Austritt des Betons aus der Rohrleitung hin verlagert werden kann. Ähnliches gilt auch nach Bl. 36, V6/565/9 für ein Anfahren nach dem Stillstand. Allerdings muß für eine einwandfrei reproduzierbare konstante Luftzufuhr, z. B. in den Ansaugkanal der Betonpumpe im Fülltrichter, gesorgt werden.

4.152 FÖRDERVOLUMEN, FÜLLFAKTOR, WIRKUNGSGRADE UND ÄNDERUNG DER FRISCHBETONROHDICHTEN

Vor allem abhängig von der Konsistenz der zu fördernden Betone, aber auch maschinen- und verfahrenstechnisch bedingt, unterscheiden sich das theoretische und das effektive Fördervolumen sowohl bei Kolben- als auch bei Rotorbetonpumpen sehr stark (Bl. 35, Zeile 6 - 8). Eine wesentliche Verbesserung ist maschinell gesehen sowohl durch geeignete Auslegung als auch durch optimal im Ansaugbereich der Betonpumpe arbeitende, beispielsweise hydro-mechanische Förderhilfen, Kap. 5.3, zu erreichen. Die Wichtigkeit von Füllhilfen, auch im Hinblick auf ein kontinuierliches Pumpen, wird deutlich, wenn man die max. notwendigen Ansauggeschwindigkeiten von Rotorbetonpumpen (ca. 2,5 m/s) und Kolbenbetonpumpen (ca. 0,4 bis 1,1 m/s je nach Type) betrachtet.

Wie mehrfach angedeutet, muß das Verhältnis Förderstillstand/Förderung entsprechend Totzeit/Arbeitszeit beim Dauerpumpen verkleinert werden. Sowohl strömungstechnisch als auch vom Förderhub her gesehen, kann eine ungünstige Konstellation, wie die Lage des sog. Mini-Verstopfers (in der Totzeit), im Krümmer zum Dauerverstopfer führen.

Nur bei stetigem Dauerlauf einer Betonpumpe und bei Betrachtung der reinen Betonförderleistung als Produkt aus Betondruck und Betonfördermenge pro Zeiteinheit kann der Verlauf des Betondrucks über der Zeit als ein Maß für den Füllungsgrad der einzelnen Pumphübe angesehen werden. Dieses gilt nicht bei einer Arbeitsweise an der Verstopfergrenze.

Es wird empfohlen, daß Hersteller von Betonpumpen zukünftig bei Darstellungen eines Arbeitsablaufes einer Pumpe (Betondruck am Anfang der Förderleitung, z. B. NW 100, über der Zeit) für einen Pumphub zusätzlich die Daten der Rohrleitung und vor allem die betontechnologischen Daten des dabei geförderten Betons mit angeben. Darüber hinaus ist es wünschenswert, daß die wesentlichen Maschinendaten in Verbindung mit einem allgemein gültigen Norm-Pumpversuch genannt werden. Dieser setzt sich aus 2 Teilen zusammen. Zum einen müssen die betontechnologischen Kenngrößen des hierbei vorgegebenen zu fördernden Normalbetons (wie u. a. Rezeptur, Art, Kornform und Sieblinie der Zuschläge, Art, Mahlfeinheit, Festigkeitsklasse des Zements und Frischbetonrohdichte) verbindlich festgelegt und seine den Pumpvorgang bestimmenden rheologischen Kenngrößen (die plastische Viskosität und die Fließschubspannung τ_y) mittels des auf S. 112 angegebenen Standard-Pumpversuches erfaßt sein. Zum anderen sollte dieser Standard-Pumpversuch gleichzeitig dahingehend zum Norm-Pumpversuch erweitert werden, daß eine mittlere und eine möglichst große Durchflußmenge bei verlängerter Rohrleitung NW 100 (mit vorgegebener Anzahl von Krümmern eines bestimmten Krümmungsradius und geraden Röhren, vorgegebenem Rohrleitungsverlauf, vorgegebener Förderhöhe und Förderweite) mit zwei Arbeitsablaufdiagrammen und mit den für die verschiedenen Durchflußmengen erforderlichen Einstell- und Kenndaten der Betonpumpe in Beziehung gebracht und beurteilt werden können.

Die effektiven Fördervolumina bei der Förderung von Normal- und Leichtbeton, wie z. B. für die Werte nach Bl. 35, Zeile 3, wurden unter Berücksichtigung der jeweiligen Frischbetonrohdichte beim Pumpen durch Probenentnahme sowie zeitliche Fixierung der Pumphübe bestimmt.

Die Frischbetonrohdichte des gepumpten Normalbetons vor und nach dem Pumpen durch die Rohrleitung ist nahezu gleich. Das effektive Ansaugvolumen aller Betonpumpen ist drehzahl- bzw. geschwindigkeitsabhängig. Bedenkt man z. B. im vorliegenden Fall der Rotorpumpe, daß bei einer Drehzahl von 41,7 U/min die mittlere, auf einen wirksamen Abrolldurchmesser von 1103 mm bezogene Drehgeschwindigkeit 2,41 m/s beträgt, so ist das leicht vorstellbar. Trotz eines Vakuums von 0,9 kp/cm^2 richtet sich ein Schlauch mit dieser Geschwindigkeit, auch aufgrund der geschilderten inneren Ad- und Kohäsionsvorgänge, von selbst nicht so schnell wieder auf. Bei Kolbenpumpen gilt, wenn auch vermindert, ähnliches hinsichtlich des effektiven Ansaugvolumens, z. B. bedingt durch Schieber-Totraum und Falschluft im Schieberbereich. Dafür weisen Kolbenbetonpumpen bis zum Eintritt des Betons in die zylindrische Rohrleitung größere Druckverluste als Rotorbetonpumpen auf.

Die durchschnittliche Ansaug- bzw. Fördermenge beim vorliegenden Pumpversuch mit Normalbeton betrug 12,88 kg pro Hub. Dieses entsprach bei einer gemessenen Frischbetonrohdichte nach dem Pumpen von 2,37 kg/dm³ einem effektiven Fördervolumen von 5,44 dm³ pro Pumphub. Das Ausbreitmaß der Mischung vor Beginn des Pumpens von a = 48,5 cm änderte sich im Verlauf eines Dauerpumpens von 20 min und betrug dann a = 40 cm (s. a. Bl. 35 und 36). Wie aus Bl. 17 nach Auswaschen von Betonproben und Trocknen bei 105°C hervorgeht, ändern sich die Sieblinien aufgrund von Kornabrieb nur geringfügig. Allerdings fällt der k-Wert und steigt der Wasseranspruch für gleiche Konsistenz; dadurch ergibt sich z. T. das geringe Ausbreitmaß. Dieses soll nur einen rohen Anhaltspunkt darstellen.

Beim Pumpen von Leichtbeton hingegen stieg die Frischbetonrohdichte infolge des Pumpens durch die 27,16 m lange Rohrleitung, Bl. 16, beträchtlich. Geht man von der Annahme aus, daß im gefügedichten Beton die gleiche Menge Luft entsprechend 28 dm³ Zementleimporen beibehalten wurde, so läßt sich bei einer Frischbetonrohdichte vor dem Pumpversuch von 1778 kg/m³ und 1875 kg/m³ Frischbeton nach dem Pumpen folgendes abschätzen:

Die Frischbetonrohdichte vor dem Versuch unterscheidet sich gegenüber der Ausgangsmischung von Bl. 18. Bedingt durch den längeren Zeitraum zwischen Mischen und Pumpen steift der Beton durch weitere Wasseraufnahme der Leichtzuschläge an. In diesem Fall muß die Konsistenz am Mischer durch eine zusätzliche Wasserzugabe weicher eingestellt werden. Die für die Konsistenzvorgabe erforderliche zusätzliche Wassermenge, die den wirkenden Wasserzementwert nicht beeinflußt, betrug 18 Liter pro Mischung.

Nach der folgenden Formel berechnet sich die vor dem Pumpen vorhandene Betonrohdichte zu:

$$\rho_f = \frac{Z + \Sigma K + W_G}{\frac{Z}{\rho_z} + \sum \frac{K}{\rho_k} + \frac{W_G - W_S}{\rho_w} + L} \qquad (64)$$

$$\rho_{fo} = \frac{398\ kg + (127 + 439 + 541)\ kg + (199 + 48 + 26)\ kg}{126\ dm^3 + (93 + 348 + 206)\ dm^3 + 199\ dm^3 + 28\ dm^3}$$

$$\underline{\underline{\rho_{fo}}} = \underline{\underline{1{,}78\ kg/dm^3}}$$

Wenn man die Kornzerkleinerung vernachlässigt und gleichbleibenden Luftporengehalt des Betons während des Pumpens voraussetzt, kann man aus der Frischbetonrohdichte nach dem Pumpen das vom Korn aufgenommene Wasser näherungsweise bestimmen.

$$W_{Sn} = \frac{Z}{\rho_z} + \sum\frac{K}{\rho_k} + \frac{W_G}{\rho_w} + L - \frac{Z + \Sigma K + W_G}{\rho_{fn}} \qquad (65)$$

$$W_{Sn} = 126\ dm^3 + 647\ dm^3 + 273\ dm^3 + 28\ dm^3 - \frac{1778\ kg}{1{,}875\ kg}\ dm^3$$

$$\underline{\underline{W_{Sn}}} = 1074\ dm^3 - 948\ dm^3 = \underline{\underline{126\ dm^3}}$$

Während des Pumpens durch die Versuchsrohrleitung nach Bl. 16 wurde der Gehalt an Sättigungswasser pro m^3 Beton von 74 kg auf 126 kg erhöht. Unter den getroffenen Annahmen kann gesagt werden, daß im vorliegenden Fall die Menge von 1778 kg mit einem Ursprungsvolumen von 1000 dm^3 um 5,2 % auf 948 dm^3 zusammengepreßt wurde. Rechnet man unter Berücksichtigung des im Beton nunmehr vorhandenen wirksamen Wassers von 273 kg - 126 kg = 147 kg nach der Stoffraumberechnung, so ergeben sich (s. a. Bl. 18):

wirksamer W/Z-Wert 0,37; Sättigung W/Z-Wert = 0,32
Frischbetonrohdichte ohne Sättigungswasser ρ_{ftr} = 1,74 kg/dm^3
Summe der Mengenteile ohne Sättigungswasser MS = 4,151
Zementbedarf pro m^3 Frischbeton 419 kg/m^3
wirksames Anmachwasser pro m^3 Frischbeton 155 kg/m^3
Sättigungswasser pro m^3 Frischbeton 134 kg/m^3
Reindichte von Liapor ρ= 2,56 g/cm^3

Porigkeit des Leichtzuschlages $p_k = \frac{\rho - \rho_k}{\rho}\ 100$ Vol.-% (66)

	p_k (Vol.-%)	Stoffraumbedarf (dm³)	Porenvolumen (dm³)	(dm³)	Vol.-%
Liaporsand	46,4	93	43	220	≙ 100
Liapor 6	50,8	348	177		

Hier füllen 126 kg Wasser 57,3 % der Gesamtkornporen bzw. 28,6 % des Gesamtvolumens der porösen Leichtzuschläge aus.

Man betrachte weiterhin abschätzungsweise den Wasseranspruch für übliche Zuschlaggemische bei einem Größtkorn von 16 mm in Abhängigkeit von der Körnungsziffer k nach Wesche/Weber / 16 /. Bei k = 3,47 der Ausgangsmischung genügen 199 kg wirkendes Anmachwasser pro m^3 Frischbeton für eine Konsistenz K3 entsprechend einem Ausbreitmaß von a = 53 cm bzw. einem Verdichtungsmaß von v = 1,06. Dann steht jedoch fest, daß 155 kg wirkendes Wasser pro m^3 Frischbeton nach dem Pumpen nicht ausreichen dürften, um bei einem k $\approx$ 3,32 trotz 150 g Natrosol/m^3 noch ein Ausbreitmaß von a = 48 cm bzw. ein Verdichtungsmaß v = 1,08 cm zu erreichen. Es ist mit Änderungen des Mischungsvolumens bei gleicher Menge aufgrund

a) der weiteren Wasseraufnahme der Leichtzuschläge oder
b) des Kornabriebs und der partiellen Kornrohdichte und
c) der Verringerung der Zementleimporigkeit

zu rechnen. Dann erhöht sich evtl. gegenüber der Abschätzung das wirkende Anmachwasser der Mischung und vermindert sich das von den Leichtzuschlägen aufgenommene Wasser etwas.

Diese prinzipiellen Überlegungen werden auch durch die Untersuchungen mit den anderen Leichtbetonmischungen, s. a. Bl. 19 bis 21 und Kap. 4.153, erhärtet. Weiterhin sind jedoch vor allem Einzeluntersuchungen an Leichtzuschlägen, wie z. B. gem. Kap. 4.2, zur Klärung des Fragenkomplexes notwendig.

Aus Bl. 35 ist ersichtlich, daß sich der Füllungsgrad des Pumpschlauches beim Pumpen von Leichtbeton und optimaler Menge an

Zusatzluft bei etwa gleicher Rotordrehzahl verbessert und sich dann bei erheblicher Steigerung der zugesetzten Luft wieder stark verkleinert. Hierfür sind einerseits die beschriebenen Vorgänge der Ad- und Kohäsion verantwortlich. Andererseits wird beim Ansaugen zuerst mehr Luft, dann nach dem Injektionsprinzip ein Gemisch von Luft und Beton angesaugt, dessen Ansaug- bzw. Reibungswiderstand an der Rohr- bzw. Pumpschlauchwand geringer ist. Beim nachfolgenden Pumpen wird hieraus ein homogenes Gemisch. Wird bei Vergrößerung des Ansaugquerschnitts für Luft (Verminderung des Ansaugwiderstandes) die Luftmenge pro Hub vergrößert, so muß die pro Pumphub angesaugte Betonmenge sinken (analog zum Stromdurchfluß bei parallel geschalteten unterschiedlichen elektrischen Widerständen).

Aus dem Datenvergleich, Bl. 35, gehen für die geförderten Betone die auf die jeweils gemessenen max. Drücke bezogenen Wirkungsgrade hervor. Die Wirkungsgrade η_P errechnen sich nach

$$\eta_P = \frac{P_{Beton\ 1}}{P_{Hydraulik}} = \frac{Q_{B1}\ p_{B1}\ 450^{-1}}{Q_{Hyd}\ p_{Hyd}\ 450^{-1}} = \frac{n_{PH}\ q_{H\ eff}\ B_1}{n_{Hyd}\ q_{Hyd}\ p_{Hyd}} \qquad (67)$$

Vergleicht man $\eta_{max\ P}$ und η_m für das Dauerpumpen von Normalbeton und Leichtbeton, so stimmt die Ermittlung nach Maximalwerten in etwa mit der nach Mittelwerten überein. Für ein normales Dauerpumpen können, wie später nochmals bestätigt wird, die Vorgänge schon im kurzen Überschlag ausreichend anhand der Betrachtung der Maximalwerte untersucht werden. Auf maschinentechnische und betontechnologische Verbesserung der Wirkungsgrade beim Pumpen für Kolben- und Rotorbetonpumpen wird in Kap. 5.31 eingegangen.

Im Gegensatz zum Pumpen von Normalbeton wurde beim Pumpen von Leichtbeton anhand der aufgezeichneten Meßschriebe einmal ein größerer Restdruck zwischen den Förderhüben festgestellt. Zum anderen trat nach Abstellen der Pumpe an den Druckmeßdosen eine erneute geringe kurzfristige Druckerhöhung ein. Sehr oft trat ebenfalls nach dem Abstellen der Pumpe noch kurze Zeit Beton bzw. Wasser selbst aus der nach oben geneigten Rohrleitung aus. Dieses läßt auf Druckentlastung der Leichtzuschlagkörner und deren teilweise erfolgende Wasserentlastung schließen. Einzeluntersuchungen am Korn werden diese dynamischen Vorgänge bestätigen.(Kap. 4.2).

4.153 STETIGE FÖRDERUNG VON NORMAL- UND LEICHTBETON

Ergänzend zu den vorhergehend beschriebenen Vorgängen und im Rückgriff auf die theoretischen Ausführungen sowie auf praktische Erfahrung beim Pumpen ist hier kurz zusammenzufassen:

1. Allgemein gültig ist zu sagen, daß sich Frischbetone mit Zuschlägen in Kugelform bzw. aus runden Körnern am besten pumpen lassen. Die Aussagen von G. Rapp [7] werden bestätigt.

2. Der Leichtbeton ändert sich, wie anhand der Frischbetonrohdichte abgeleitet, im Verlauf der Förderung sehr stark. Dieses ergibt sich zusätzlich zu den für Normalbeton belegten Strömungsvorgängen und Verläufen von Förderdrücken.

3. Einerseits läßt sich anhand der dynamischen Viskosität von Luft und Wasser gegenüber Zementleim abschätzen, daß vornehmlich nur Luft und Wasser in die offenen Kornporen der Leichtzuschläge eindringen können.
   ($\eta_L : \eta_W : \eta_{ZL} \approx 1 : 55 : 16\,000$).

4. Andererseits können durch teilweisen Kornabrieb und teilweise Kornzerstörung größere Poren freigelegt werden, so daß beim Pumpen mehr Zementleim in die Leichtzuschläge gepreßt wird.

5. Die Veränderung des Leichtbetons beim Pumpen in der Rohrleitung ist aufgrund der durchgeführten Versuche von fol-

genden Daten abhängend zu beschreiben:

Man gehe von der Rohrförderung eines Leichtbetons mit sehr gering gesättigten (Eigenfeuchte) porösen Leichtzuschlägen aus und betrachte eine bereits vollständig mit Leichtbeton gefüllte Rorleitung. Der nach Verlassen der Betonpumpe in die Rohrleitung eintretende Beton soll für einen Augenblick als eine zeitunabhängige Nicht-Newtonsche Substanz und wie Normalbeton als eine Bingham-Substanz angesehen werden.

Der auf den am Eintritt in der Rohrleitung befindlichen Beton wirkende Förderdruck ist nach Gl. (33) durch die plastische Viskosität, die Fließschubspannung, die mittlere Fördergeschwindigkeit des Betons (absolute Geschwindigkeit) und durch die sich aus dem Rohrleitungsverlauf ergebende Scheinrohrlänge bestimmt. Eine unrunde Kornform der Zuschläge führt zu zusätzlicher Erhöhung des Förderdruckes. Aufgrund dieses hier wirkenden Druckes dringen Luft und Wasser aus dem die porösen Körner umgebenden Mörtel bzw. Zementleim in dieselben ein (s. a. S. 7 und Kap. 4.213 bis 4.23). Die Luft- bzw. Wasseraufnahme des porösen Zuschlags wird neben der Druckdifferenz zwischen Kornäußerem und Korninnerem (relativer Druck) durch den Strömungswiderstand bestimmt, den einzelne zum Kornäußeren offene Poren vor allem dem eindringenden Wasser entgegensetzen. Die relativ zum Vorgang der Rohrförderung auftretende mittlere Strömungsgeschwindigkeit von Wasser aus dem Zementleim in die Kornporen verkleinert sich mit der Verringerung der Druckdifferenz (außen - innen) und des einzelnen Strömungsquerschnittes der Poren sowie mit Vergrößerung der Strömungslänge der Poren und der dynamischen Viskosität des Wassers. Durch Betonzusatzmittel, die dem Anmachwasser ein pseudoplastisches Verhalten geben, wird die relative Strömungsgeschwindigkeit (ins Korn) des so veränderten Wassers entsprechend dem jeweils vorliegenden degressiven Verlauf seiner Fließkurve (s. a. Bl. 4, Abb. 3 und 4) zusätzlich verkleinert. Der relative Druck wird u. a. von der Kornporigkeit sowie der vorliegenden Wasser- bzw. Luftsättigung der Kornporen bestimmt.

Die Veränderung des Betons wird so gesehen von dem Förderdruck auf den in die Rohrleitung eintretenden Betonabschnitt in Verbindung mit der Dauer der Förderung, der Menge des Zementleims (oder allgemein der Zusammensetzung des Leichtbetons) und von der Arbeitsweise der Betonpumpe (Arbeitszeit/Totzeit-Verhältnis bei hubweisem Pumpen) bewirkt. Sie äußert sich in einer Verkleinerung des fließtechnisch wirkenden W/Z-Wertes der Mischung (Erhöhung der rheologischen Kenndaten des Zementleims), in einer Erhöhung der plastischen Viskosität und der Fließschubspannung des gepumpten Leichtbetons sowie in einer z. T. irreversiblen Vergrößerung der Frischbetonrohdichte.

6. Beim gleichen geringen Durchmesser der Förderrohrleitung (NW 100) wurde beim Pumpen mehrerer Leichtbeton-Mischungen mit runden Zuschlägen festgestellt, daß größere Pumperfolge durch Fördern mit erhöhter Anzahl Pumphübe/min möglich sind. Dieses scheint einerseits mit der Trägheit der Veränderung des sog. festen Pfropfens zusammenzuhängen. In den zumeist maschinentechnisch bedingten Förderpausen zwischen den Pumphüben sinkt bekanntlich die Fördergeschwindigkeit und vergrößert sich der feste Pfropfen des Betons, also der Anteil in der Mitte der Rohrleitung, der die gleiche Fördergeschwindigkeit besitzt. Bei zu geringer Anzahl Förderimpulse und ungleichmäßiger Förderung wird demnach der Umlenkungswiderstand bei relativ geringer Nennweite der Rohrleitung zu groß. Andererseits ist die Abhängigkeit der in die Kornporen eindringenden Wassermenge von Förderdruck und Verweildauer in der Rohrleitung mit ihren Folgewirkungen noch zu untersuchen (Kap. 4.213 und 5.31).

7. Die Betonpumpen müssen einerseits ansaug- und fördertechnisch zu einem echten kontinuierlichen Pumpen hin verbessert werden. Hierdurch tritt einmal keine nachteilige

starke Veränderung des festen Pfropfens usw. auf. Zum anderen ist es entsprechend Gl. (59, 59 a) speziell für die Förderung von Leichtbeton wesentlich günstiger mit kleinerer Fördergeschwindigkeit durch Rohrleitungen mit größerem Rohrquerschnitt zu fördern. Hierbei muß der erheblich kleinere Druckgradient zwischen Förderdruck im Beton und Druck im porigen Leichtzuschlag trotz insgesamt längerer Verweildauer in der Rohrleitung eine größere Verarmung des Betons an rheologisch wirksamem Wasser verhindern. Es ergeben sich dann insgesamt keine erhebliche Verkleinerung des wirkenden W/Z-Wertes sowie keine Gesperrewirkungen und auch keine Erhöhung von plastischer Viskosität sowie Fließschubspannung des geförderten Betons (vergl. hierzu auch Betrachtungen in Kap. 5.2 und 5.31).

8. Partielle Verbesserungen beim Fördern lassen sich durch Zugabe von Zusatzluft und Betonzusatzmitteln, wie Natrosol, zum Leichtbeton erzielen. Ein Pumpen von Leichtbeton allein nur aufgrund dieser Maßnahmen stets zu ermöglichen, erscheint zweifelhaft, wie in den Kapiteln 4.22, 5.2 und 5.31 im einzelnen beschrieben.

4.154 BESONDERHEITEN BEIM PUMPEN VON LEICHTBETON, FÖRDERHILFEN UND PUMPEN AN DER VERSTOPFERGRENZE

Die vorhergehenden, beispielhaften Ausführungen sollen hier ergänzt und durch Betrachtung einiger Sonderfälle erweitert werden. Maschinentechnische Einflüsse und solche der Rohrleitung, wie z. B. deren Bewegung auf das Pumpen, wurden größtenteils behandelt (Kap. 4.151 sowie Bl. 25, 30 - 34, 38, 39). Hier wird vor allem auf betontechnologische Fragen anhand absoluter und relativer Vergleiche der Betondrücke im Verlauf der Rohrleitung eingegangen. Schon anhand des einzelnen Arbeitsablaufs für einen Pumphub konnten Unterschiede beim Pumpen von Normal- und Leichtbeton festgestellt werden.

Födertechnisch und betontechnologisch gesehen, liegt das Pumpen von Leichtbeton der Ausgangsmischung entsprechend Bl. 18 nach dem Förderstillstand gem. Bl. 36 zwischen der Dauerförderung von Normal- und Leichtbeton der gleichen Art. Nach Bl. 36 - V6/565/9 betragen der absolute Betondruck B1m = 18,75 kp/cm^2, der prozentuale Druckabfall (s. a. Seite 66 und 67) im Fall A rd. 50 %, im Fall B rd. 39 %. Der insgesamt höhere Druck ist aus dem Restdruck im Leichtzuschlagkorn, der radialen Pressung an den Meßstellen B1 und B2 sowie aus den Anfahrwiderständen (Haft- und Gleitreibung, großer sog. fester Pfropfen) zu begründen. Im Fall A tritt auch bedingt durch den Restdruck und erneuten Druck beim Wiederanfahren wenig Wasser aus den Zuschlägen in diesem Bereich aus. Der fließtechnisch wirkende W/Z ist stark erniedrigt.

Im Fall B ist der Korn- gegenüber dem Rohrinnendruck in der Leitung relativ klein, d. h. es liegen ein geringfügig größerer, rheologisch wirkender W/Z, dementsprechend auch geringere Fließschubspannung und plastische Viskosität vor. Der u. a. für das Eindringen von Wasser in die Zuschläge verantwortliche Förderdruck ist durch langsames Hochfahren der Pumpe zu Beginn der Förderung gering. Auf sämtliche Einzeldarstellungen und Diagramme analog Bl. 22 ff wird im Rahmen dieser Arbeit bis auf Bl. 37 verzichtet.

Einen weiteren Sonderfall stellt das schon erwähnte Pumpen mit größerer Menge an Zusatzluft nach Bl. 35 und 38 dar. Aus Bl. 38 gehen der mittlere Hydraulikdruck sowie die entsprechenden Betondrücke hervor. Absolut gesehen, liegen alle 4 Mittelwerte bei diesem Versuch mit einer Zusatzluft von ca. 10,5 m^3/h nicht nur weit unter denen des Anpumpens nach dem Stillstand, Bl. 37, sondern unterschreiten die entsprechenden Werte für ein Dauerpumpen der gleichen Mischung mit nur ca. 5,0 m^3/h Zusatzluft, Bl. 34, erheblich. Auch die Betondrücke B2 und B3 nach Bl. 38 verlaufen gegenüber B1 stark phasenverschoben und ebenfalls im Verlauf gedämpft. Dieses beruht auf der dynamischen Wechselwirkung von Zusatzluft und Kornporen des Leichtzuschlags sowie auch der Zusatzluft selbst. Zusatzluft beim Fördern von Beton verändert mithin, in gewissen Grenzen zugegeben, dessen Eigenschaften und dynamische Wirkungsweise beim Pumpen. Der Versuch V7 mit einer gegenüber Versuch 6 ca. doppelten Menge an Zusatzluft weist im Bereich B1 - B2 (Fall A) einen Druckabfall von rd. 45 % (bezogen auf den mittleren Druck B1m) und im Bereich B2 - B3 (Fall B) einen Druckabfall von rd. 42 % auf. Dieses bestätigt die auf S. 66 gemachten Aussagen. Nach Bl. 35 sinkt die Fördermenge pro Pumphub auf 4,34 dm^3/Hub (Zeile 3).

Anhand von Bl. 39 bis 42 ist unbelastetes Anpumpen, d. h. bei leerer Rohrleitung gem. Bl. 16, ohne (V1) sowie mit Zusatzluft (V5) zu vergleichen. Die für die einzelnen Pumphübe ermittelten maximalen Meßwerte, s. a. Bl. 41 und 42, zeigen, daß ein Leichtbeton der Ausgangsmischung, Bl. 18, bei gleicher Maschineneinstellung ohne Zusatzluft gepumpt, nach kurzer Pumpdauer zum Verstopfer in der Rohrleitung führt. Hingegen kann Leichtbeton unter Beigabe von Zusatzluft gepumpt werden. Da beide Pumpversuche (V1 und V5) mit derselben Mischung sowie 150 g Natrosol/m^3 Frischbeton gefahren wurden, geht hieraus hervor, daß ein Betonzusatzmittel ohne Zusatzluft noch keine Pumpfähigkeit des Leichtbetons garantiert. Hier ist allerdings, wie schon erwähnt, die Menge an Zusatzmittel als für den Pumperfolg wesentlich anzusehen. (Neuerdings vom Hersteller empfohlen: 300 - 400 g/m^3).

Aus den genannten Blättern lassen sich weitere, die Förderung beeinflussende Merkmale ablesen. So ergibt sich beim Anpumpen ohne Zusatzluft bei Betrachtung des Hydraulikdruckverlaufs oLH1 nach Bl. 42, daß sich nach etwa 20 Pumphüben ein Verstopfer im Pumpschlauch der Betonpumpe abzeichnet. Wegen eines defekten Kabels konnte der Verlauf von B2 danach nicht weiterverfolgt werden. (Anhand des Verlaufs des Betondruckes B3, der nach Bl. 39 ungefähr ab Pumphub 25 fällt, wird die Aussage bestätigt.) Der Betondruck B1 steigt weiter an,während der

Weg des Pumpschlauches bis Pumphub 35, wie aus Bl. 39 und 42 ersichtlich, stark fällt. Das wiederum bedeutet eine zunehmend geringere Rückstellung des bei jedem Pumphub aus dem Rotorgehäuse wechselweise herausgedrückten Pumpschlauches. Es kommt zum Verstopfer im Pumpschlauch und in der Rohrleitung zwischen Meßstelle B1 und der von B2.

Bei der vergleichenden Darstellung in Bl. 42 ist zu beachten, daß die hier angegebenen Nummern der Pumphübe auf den jeweils ersten merkbaren Druck der Meßdose B1 (1* - 5, Bl. 39) normiert wurden. Der Sprung beim Pumpen ohne Luft, Pumpstoß 29 Bl. 42, ist auf ein kurzzeitiges Abschalten der Pumpe wegen der Verstopfergefahr zurückzuführen. Speziell an dem pro Pumpstoß mit (m) und ohne (o) Zusatzluft auftretenden Betondruck B3 wird ersichtlich, daß eine merkliche Anzeige aufgrund der pro Pumphub hinzugegebenen Zusatzluft schon nach wenigen Pumpstößen vorhanden ist (größeres Fördervolumen bzw. Ausdehnung der Zusatzluft). Auch gehen die Minima der Betondrücke aufgrund der Wirkung von Zusatzluft, man vergleiche Bl. 39 u. 40, weniger auf Null zurück. Hierdurch wird, wie erwähnt, nach dem Speicherprinzip ein vollkommener Stillstand der Betonsäule in der Rohrleitung zwischen den Pumphüben vermieden, d. h. ein sog. Schleichgang aufrechterhalten. Allerdings ist hierdurch auch ein teilweiser Rückfluß von Beton in den Pumpschlauch beim Austauchen der gerade im Eingriff befindlichen Förderrolle möglich.

Anhand von Bl. 41 sind die auf Seite 66 bis 68 gemachten Ausführungen, vor allem für die Förderung von Leichtbeton geltend, bestätigt. Der auf die normierten Pumpstöße 7 bis 18, 11 bis 18 und 14 bis 18 bezogene prozentuale Vergleich der Druckmaxima kommt dem Vergleich nach Bl. 36 sehr nahe. Beim Dauerpumpen wie auch beim Anpumpen von Leichtbeton ohne Zusatzluft tritt eine Schmier- und Gleitmittelverarmung schon am Anfang des Förderweges in der Rohrleitung auf.

Als weiteres wurde eine andere Art des Leichtzuschlags gewählt und dann ein Leichtbeton LB-2-Korlin nach Bl. 19 gepumpt. Die hier angegebene Ausgangsmischung entsprach einer Empfehlung des Leichtzuschlaglieferanten. Korlin B 5/10 hat gegenüber Liapor 6 z. B. eine geringere Kornrohdichte und weiterhin gegenüber diesem eine zwar gut abgerundete, jedoch im allgemeinen längliche Kornform. Ein Korlin A 5/10, dessen Kornrohdichte, zwischen 1,1 und 1,3 kg/dm^3 liegend, dem Liapor 6 der Mischung nach Bl. 19 entspricht, wurde bewußt nicht eingesetzt.

Die Mischung sollte einerseits nur aus 2 Zuschlagarten bestehen, aus einer Korngruppe Leichtzuschlag und Natursand, und zum anderen sollte ein Beton mit einer dem Bl. 18 entsprechenden Frischbetonrohdichte vor dem Pumpen hergestellt und gepumpt werden. Die Ausgangsmischungen betreffend, stellt die Sieblinie Sand-Korlin eine Ausfallkörnung dar, die im Bereich der Siebweite 0,25 - 2 mm relativ günstig nahe der Sieblinie B und bei der Siebweite 4 - 16 mm in etwa bei der Sieblinie A liegt. Hieraus leitet sich gegenüber der 'Liapor-Mischung' ein geringerer Zementleimbedarf ab. Die Verminderungen betrugen: an Zement 62,3 kg/m^3, an Zementleim 93,0 kg/m^3, an Mehlkorngehalt 59,18 kg/m^3. Das Ausbreitmaß der Ausgangsmischung ergab sich zu 50,0 cm. Mit einer Konsistenzvorgabe durch eine weitere Wasserzugabe von 25 l, auf die Mischungsgröße bezogen, wurde ein Ausbreitmaß von a = 51,5 cm direkt vor dem Pumpen erreicht. Die rechnerische Frischbetonrohdichte betrug damit bei 2,8 % LP ρ_f = 1,67 kg/dm^3, die vor dem Versuch ermittelte betrug durchschnittlich 1,65 kg/dm^3. Auch beim Pumpen dieser Mischung änderte sich die Frischbetonrohdichte und betrug direkt nach dem Pumpen durchschnittlich 1,80 kg/dm^3.

Beim Pumpen von Normalbeton wurden bei einem effektiven Fördervolumen von 5,44 dm^3 pro Pumphub für die Füllung der gesamten Rohrleitung von Lg_{III} = 26,95 m ca. 38,9 Pumpstöße, für Leichtbeton mit Liapor bei $q_{H\ eff}$ = 5,92 dm^3/Hub ca. 35,8 Pumpstöße benötigt. Korlin wurde mit einem $q_{H\ eff}$ = 4,44 dm^3 gefördert.

Die Änderung der Frischbetonrohdichte von Leichtbeton mit weitgehend ungesättigten porösen Zuschlägen beim Pumpen, die für LB-1-Liapor rd. 6 % betrug, war auch für LB-2-Korlin mit rd. 9 % beträchtlich. Sie kann als ein kennzeichnendes Merkmal dieser Förderweise angesehen werden. Die Untersuchungen von LB-2-Korlin bestätigen den geschilderten Einfluß der Zusatzluft beim Pumpen.

Anhand der Bl. 43 bis 45 läßt sich ein Anpumpen mit und ohne Natrosol als Betonzusatzmittel bei gleicher Zugabe an Zusatzluft vergleichen. Nach Bl. 43 führte ein Pumpen mit Zusatzluft ohne ein derartiges Betonzusatzmittel, das, ähnlich wirkend, auch von anderen Firmen hergestellt wird (z. B. unter dem Handelsnamen Cab-o-sil), schon zum Verstopfer, bevor die Mischung die Meßdose B3 in der Rohrleitung (Bl. 16) erreicht hatte. Unter Zusatz eines derartigen Mittels war nach Bl. 44 ein Pumpen möglich. Nach Bl. 45 sind sowohl die Druckverluste zwischen B1 und B2 als auch die durchschnittlichen absoluten Maximaldrücke p_{Hyd}, B1 und B2, bezogen auf die gleichen Pumphübe beim Pumpen ohne Zusatzmittel, wesentlich größer. Diese positiven Wirkungen werden im Kap. 4.2 ff anhand von Einzeluntersuchungen am Leichtzuschlag selbst bestätigt. Aus dem Vergleich der prozentualen Drücke des Hubes Nr. 15 geht hervor, daß der Verstopfer bei V2 im Bereich 'B1 - Rotorschlauch' eintrat (Bl. 45, obere Abb.).

Der <u>Einfluß der Kornform</u> auf die Rohrförderung kann gerade mit Hilfe der Rotorbetonpumpe beim Fördern der Mischung LB-2 mit Korlin, Bl. 46, und z. B. der Mischung LB-1 mit Liapor, Bl. 27, verdeutlicht werden. Hierzu ist zunächst nochmals festzuhalten, daß das gemessene Fördervolumen pro Hub bei LB-1 5,92 dm^3 und LB-2 4,44 dm^3 beträgt. Letzteres ist schon anhand von Bl. 46 am Verlauf von Weg-Rotorschlauch (Erklärung s. a. S. 57) und Hydraulikdruck im Vergleich zu Bl. 27 zu erkennen. Bei Korlin-Beton weist der Weg einen horizontalen Sattel auf, wonach der Schlauch aufgrund geringerer Füllung überrollt und nicht sofort wieder aus dem Rotorgehäuse gegen einen Festanschlag hinausgedrückt wird. Dabei ergeben geringerer Materialfluß des Korlin-Betons beim Ansaugen und somit geringere Füllung des Rotorpumpschlauches einen niedrigeren Hydraulikdruck (vergl. Bl. 27, 36 mit Bl. 46/48), obwohl die Betondrücke bei beiden Betonen von etwa gleicher Größenordnung sind.

Zwecks Äußerung über den Einfluß der Kornform muß man neben diesen Fakten noch zwei weitere betrachten. Erstens ergibt sich beim Eintritt der nächsten Rolle in den Pumpschlauch nach Bl. 46 beim Hydraulikdruck eine mehr oder weniger starke, z. T. über den Maximalwert vor Ende eines jeden Pumphubes reichende, markante Spitze. Zweitens fällt vor allem der Betondruck B1 in Bl. 46 zwischen den einzelnen Pumphüben trotz der geringeren Füllung nicht so stark ab. Beides ist auf die längliche Kornform des Korlins zurückzuführen. Die markante Spitze ist durch die Orientierung der einzelnen Körner beim Eintritt der Rolle in den Pumpschlauch bedingt. Sie ist nach Bl. 26 dadurch gekennzeichnet, daß die Körner der Rolle des Rotors förderwillig oder förderhinderlich gegenüberstehen. Der zweite Effekt ergibt sich daraus, daß ein Teil des Liapor-Betons beim Hubwechsel aufgrund der vorgespannten Zusatzluft und der kugeligen Kornform seiner Leichtzuschläge wieder in den Pumpschlauch zurückgedrückt wird (Bl. 27, B1), welches hingegen bei Korlin-Beton aufgrund der Gesperrewirkung des Zuschlags (Ventilwirkung) nicht so stark gegeben ist (Bl. 46, B1 und Bl. 26). Dieses erklärt weiterhin, weshalb der Hydraulikdruck beim Liapor-Beton, wie zuvor beschrieben, sowohl absolut als auch bezüglich seines Mittelwertes größer ist als beim Korlin-Beton.

Sämtliche anderen aus Bl. 46 bis 48 gewonnenen Aussagen decken sich mit den bisherigen Erkenntnissen. Durch die Orientierung der Körner und durch Rotation hervorrufende Strömungskräfte kann beim Pumpen von Leichtbeton die geschilderte Wirkung eines Rückschlagventils auch gegen die Strömungsrichtung eintreten. Diese erzeugt dann den Verstopfer in der Rohrleitung.

Ebenfalls gefördert wurde die Mischung LB-3 (Bl. 20) mit Liapor als Leichtzuschlag und teilweisem Austausch von Zement durch Elektrofilterasche (EFA-Füller). Sie entstand aus LB-1 nach Bl. 18. Bezogen auf Zement, ist der W/Z-Wert des Anmachwassers größer als 0,5, demgegenüber beträgt das Verhältnis des Anmachwassers zur Summe von Zement und Füller 0,46. Es wurde mit dem bauaufsichtlich zugelassenen EFA-Füller Typ RM gearbeitet. Es war zu untersuchen, inwieweit durch diese Steinkohlen-Elektrofilterasche eine bessere Verarbeitbarkeit bzw. Pumpbarkeit erreicht wird. Die rechnerische Frischbetonrohdichte vor dem Versuch änderte sich durch weitere Wasserzugabe von 22 l, bezogen auf die Mischungsgröße, auf 1,79 kg/dm^3. Es wurden durchschnittliche Frischbetonrohdichten vor dem Pumpversuch von 1,73 kg/dm^3 und nach dem Versuch von 1,86 kg/dm^3 ermittelt. Die durch das Pumpen hervorgerufene Änderung betrug rd. 8 %.

Das aufgrund der Fördermengenmessung sowie der Frischbetonrohdichte nach dem Pumpen bestimmte effektive Fördervolumen pro Pumphub betrug $q_{H\ eff}$ = 8,41 dm^3/Hub. Dieses Fördervolumen ergab sich bei einer Rotordrehzahl von n_{rt} = 32,24 U/min (n_{PH} = 65,48 Pumphübe/min). Vergleicht man mit V6 nach Bl. 35, d. h. mit dem Dauerpumpen von Liapor ohne Füller, so steigt das effektive Fördervolumen bei annähernd gleicher Zufuhr an Zusatzluft etwa im umgekehrten Verhältnis zu den Rotordrehzahlen. Eine Verbesserung der Ansaugverhältnisse bildet sich in einer gleichmäßigen Förderung ab. Bei leicht erhöhtem mittleren Hydraulikdruck sinkt z. B. der Betondruck B1m um ca. 30%.

Normiert man den Betondruck B1m (s. a. Bl. 36 V6/565/9) linear auf die obige Rotordrehzahl, so läßt sich abschätzen, daß durch die Zugabe dieser Menge EFA-Füller eine Erniedrigung des Druckes B1m um ca. 10 % möglich ist. Außerdem ist nach Bl. 20 festzustellen, daß durch Zugabe von Steinkohlen-Elektrofilterasche zur Leichtbetonmischung mit geringerem Wassergehalt gearbeitet werden kann. Die geschilderten positiven Einflüsse von EFA-Füller verhindern dennoch nicht die Anhebung der

Frischbetonrohdichte beim Pumpen mit all ihren negativen Begleiterscheinungen. Auf die Darstellung von Diagrammen zu diesem Komplex der Sonderfälle wird im Rahmen dieser Arbeit verzichtet.

Beim Pumpen des Leichtbetons LB-4 mit Berwilit, einem Blähschiefer, ergaben sich erwartungsgemäß im Vergleich zur Förderung von Leichtbeton mit Rundkorn als Leichtzuschlag ebenfalls Schwierigkeiten. Die Ausgangsmischung nach Bl. 21 hatte ein Ausbreitmaß von 38 cm, das durch entsprechende Konsistenzvorgabe vor dem Pumpen erhöht wurde. Ein nach dem Mischen durch zu weiche Mischung nicht meßbares Ausbreitmaß stellte sich nach dem Pumpen auf 49 cm ein. Dabei veränderte sich die Kornrohdichte von 1,57 kg/dm^3 auf 1,62 kg/dm^3. Ein Dauerpumpen konnte bei diesem Versuch nicht erreicht werden. Es traten laufend Verstopfer, vornehmlich im Pumpschlauch selbst, aber auch im Bereich zwischen den Betondruckmeßdosen B1 und B2 auf. Auch andere Pumpversuche mit anderer Mischungseinstellung, mit und ohne Zusatzluft und Betonzusatzmittel waren erfolglos. Als Gründe hierfür sind wohl die relativ niedrige Frischbeton- bzw. Kornrohdichte, das Auftriebsverhalten des Leichtzuschlags der Mischung beim Pumpen, der etwas zu geringe Mehlkorngehalt der Mischung sowie die Kornform selbst anzusehen. Bei einem anderen Pumpversuch änderte sich das Ausbreitmaß vor dem Pumpen a_v = 56 cm auf a_n = 41 cm nach dem Pumpen. Nach dem Abstellen der Pumpe trat ein leichtes Rückströmen von Wasser aus den Leichtzuschlägen ein. Das mag der Grund dafür sein, daß die Frischbetonrohdichte nach dem Pumpen nicht, wie ursprünglich angenommen, wesentlich größer ausfiel.

4.2 EINZELUNTERSUCHUNGEN AN PORÖSEN LEICHTZUSCHLÄGEN

Die Förderung von Frischbeton durch Rohre wurde bezüglich der Gesamtheit ihrer Wirkungsweise theoretisch betrachtet und hinsichtlich des Unterschiedes zwischen dem Pumpen von Normal- und Leichtbeton anhand von Pumpversuchen praktisch untersucht.

Nunmehr sollen Einzelphänomene an porösen Leichtzuschlägen behandelt werden. Im Hinblick auf die beim Pumpen eintretende Verarmung des die porösen Leichtzuschläge umgebenden Mörtels bzw. Zementleims an Wasser und die damit am Leichtbeton unter Pumpdruck auftretenden rheologischen Veränderungen werden vor allem die Wasseraufnahme und -abgabe der porösen Zuschlagkörner unter wechselnder Druckbeanspruchung im Detail geprüft. Die zunehmende Wasseraufnahme derselben bei mehreren hintereinander folgenden Pumphüben verbunden mit einer verminderten Wasserabgabe bei der Druckentlastung zwischen den Pumphüben, die überwiegend durch das Verhalten von Luft in den für sie dynamisch offenen Kornporen verursacht wird, macht in vielen Fällen eine Rohrförderung von Leichtbeton unmöglich. Erkenntnis und Beeinflussung der am porösen Leichtzuschlag auftretenden Vorgänge sollen zur Änderung bzw. Neugestaltung von Förderweisen für derartige Leichtbetone führen. Einzelne Zielgrößen sind Kap. 3 zu entnehmen.

4.21 WASSERAUFNAHME UND WASSERABGABE VERSCHIEDENER ARTEN VON PORÖSEN LEICHTZUSCHLÄGEN BEI EINFACHER BEAUFSCHLAGUNG MIT LUFT

4.211 MESSANORDNUNG ZUR LABORMÄSSIGEN PRÜFUNG

Das Wasseraufnahme- und -abgabevermögen der verschiedenen porösen Leichtzuschläge wurde mit Hilfe der in Bl. 49 dargestellten Meßanordnung geprüft. Hierzu war ein Wasservorratsbehälter über je einen Dreiwegehahn mit insgesamt 4 Meßgefäßen von 2480, 2450, 2450 und 2440 cm^3 Inhalt verbunden. Die genannten Dreiwegehähne wurden bei der Druckentlastung der im Gefäß befindlichen porösen Zuschläge benutzt. Das dabei aus den Proben wieder ausgetretene Wasser wurde im Meßzylinder aufgefangen. Zur Überwachung des jeweiligen Druckes waren Manometer vorhanden. Die Be- und Entlastungszeit wurde mittels Stoppuhr überwacht.

4.212 VERSUCHSDURCHFÜHRUNG UND MESSGRÖSSEN

Aus je 8 Meßproben wurden Durchschnittswerte ermittelt. Die 4 Meßgefäße wurden demnach zweimal mit porösen Leichtzuschlägen locker und gleichmäßig geschüttet gefüllt. Jede Probe, nach Kornart 1,1 bis 1,6 kg, war bei 105°C getrocknet und abgekühlt und direkt vor dem Einfüllen in die Meßgefäße mit ca. 30 g Petroleum hydrophobiert worden. Hierdurch wird eine Wasseraufnahme unter normalen Druck- und Temperaturverhältnissen verhindert. Die Meßproben wurden zum Feststellen des Trockengewichts gewogen und danach im Meßgefäß verschlossen. Dann wurden die Meßgefäße unter Entlüftung drucklos mit Wasser beaufschlagt. Speziell für die mehrfachen Druckbe- und -entlastungen an den jeweiligen Proben wurde auf einwandfreie Füllung des Wasservorratsbehälters geachtet.

Mit Hilfe von Druckluft wurde weiteres Wasser in die Meßgefäße und damit in die Proben gedrückt. Nach Druckbeaufschlagung der Meßproben über die vorgegebenen Zeitspannen wurden die Verteiler und die Dreiwegehähne zur Entlastung umgeschaltet und auch der Vorratsbehälter jeweils druckentlastet. Das sich nunmehr in den 4 Meßzylindern (Nr.3 Bl.49) befindliche Überschußwasser Δv_{Rohr} wurde bestimmt. Das jeweilige Meßgefäß, das mit den zu Meßzylinder und Wasservorratsbehälter führenden Schlauchleitungen über Schnellverschlüsse verbunden war, wurde abgekuppelt und wie vor Beginn des Versuches im verschlossenen Zustand gewogen. Die Differenz der Massen - von Meßgefäß, Wasser und Probe im Meßgefäß - vor und nach der Druckbelastung ergab die in den Körnern der Leichtzuschläge verbliebene Wassermasse $\bar{m}_W$ (Gl. (70)) bzw. das auf das Kornporenvolumen bezogene Wasservolumen $w = \Delta v_{Korn}$. Dieses konnte mit einer Genauigkeit von rd. 0,2 % bezogen auf das Kornporenvolumen bestimmt werden. Gemessenes Überschußwasser Δv_{Rohr} und im Korn verbliebenes Wasser Δv_{Korn} ergaben das unter Druckbelastung und Zeitdauer in den Zuschlag eingedrungene Wasser (Kap.4.213).

Die Prüfungen wurden durchgeführt an Blähton und Blähschiefer.

Die dabei aus 96 Proben ermittelten Kornrohdichten deckten sich mit den Angaben der Hersteller. Als Leichtzuschläge wurden untersucht:

Name und Sorte	Kornart	Korngruppe mm	Dichte g/cm^3	Kornrohdichte g/cm^3	Kornporosität Vol.-%
Korlin B 5/10	Blähton	5/10	2,58	1,067	58,6
Berwilit 16/25	Blähschiefer	16/25	2,53	1,012	60,0
Liapor 6	Blähton	8/16	2,56	1,280	50,0

4.213 ERGEBNISSE - WASSERAUFNAHME

Den Rechengang zur Ermittlung der unter bestimmter Beaufschlagung in die Zuschlagkörner eingedrungenen und in diesen nach Entlastung verbliebenen Wassermenge für insgesamt 8 Proben zeigt Bl. 50 am Beispiel der Untersuchung des Blähtons Korlin B, Körnung 5/10 mm. In Bl. 51 sind die für 4 verschiedene Drücke und 3 verschiedene Be- und Entlastungszeiten so erhaltenen Mittelwerte für Korlin B 5/10 unter Angabe der jeweiligen proz. Variationskoeffizienten dargestellt. Im einzelnen gelten folgende Formeln:

für das Kornvolumen $$V_{KR} = v_{MG} - V_W \qquad (68)$$

für die Kornrohdichte (trocken) $$\rho_K = m_{tr}/V_{KR} \, . \qquad (69)$$

Aus der Gesamtmasse m_{ges} der im jeweiligen Behälter befindlichen Stoffmengen von Korn, Sättigungswasser im Korn und des vor dem Druckversuch zugegebenen Wassers (V_W oder m_W) erhält man nach Abzug dieser Wassermasse und der Masse der Leichtzuschläge im trockenen Zustand das restliche nach dem Druckversuch im Korn verbliebene Wasser

$$\bar{m}_W = m_{ges} - m_{tr} - m_W \, . \qquad (70)$$

Das Kornreinvolumen ermittelt sich mit der mittels Pyknometer bestimmten Dichte zu

$$V_R = m_{tr}/\rho \tag{71}$$

und daraus ergibt sich das gesamte Kornporenvolumen

$$V_P = V_{KR} - V_R \quad . \tag{72}$$

Aus später näher zu erläuternden Gründen wird das nach der Druckentlastung im Korn verbliebene Wasser auf das Kornporenvolumen bezogen (s. a. Anmerkung S. 93), und es ergeben sich

$$\Delta v_{Korn} = w = \frac{\bar{V}_W}{V_P} \, 100 \, \% \tag{73}$$

und

$$w_{mittel} = \bar{w} = \frac{1}{n} \sum_{i=1}^{n} w_i \tag{74}$$

mit der Standardabweichung

$$s = \sqrt{\frac{1}{n-1} \cdot \sum_{i=1}^{n} (w_i - \bar{w})^2} \quad . \tag{75}$$

Das gesamte unter Druck in die Kornporen der Zuschläge eingedrungene Wasser ergibt sich unter Berücksichtigung des nach der Druckentlastung sofort aus dem Korn wieder herausgeflossenen Wassers V_{WA} zu $V_{WD} = V_{WA} + \bar{V}_W$, bezogen auf das (76)
Kornporenvolumen

$$w_D = \frac{V_{WD}}{V_P} \, 100 \, \% \tag{77}$$

$$w_{Dmittel} = \bar{w}_D = \frac{1}{n} \sum_{i=1}^{n} w_{Di} \tag{78}$$

$$s_g = \sqrt{\frac{1}{n-1} \sum_{i=1}^{n} (w_{Di} - \bar{w}_D)^2} \quad . \tag{79}$$

Die proz. Variationskoeffizienten lauten:

$$v_8 = v \;\; 100 \, \% = \frac{s_8}{\bar{w}} \, 100 \, \%; \quad v_{g8} = v_g \;\; 100 \, \% = \frac{s_{g8}}{\bar{w}_D} \, 100 \, \% \quad . \tag{75a, 79a}$$

Bezieht man das gesamte unter Druck in die Kornporen der Zuschläge eingedrungene Wasser auf das Kornrohvolumen $_{KR}$, so erhält man v_{WD-KR}. Nach dem Boyle-Mariotteschen Gesetz läßt sich bei bekanntem absoluten Druck eine isotherme Volumenänderung berechnen zu

$$p_1 V_1 = p_2 V_2 = p_2 (V_1 - \Delta V) = R T_1 = \text{konst.} \tag{80}$$

$$\Delta V = V_1 - V_2 = V_1 \left(1 - \frac{p_1}{p_2} \right) \tag{81}$$

oder auf Normalatmosphäre bezogen

$$V_{WDTH} \doteq \Delta V = V_P \left(1 - \frac{1 \text{ ata}}{p} \right) \quad , \tag{82}$$

wobei V_P das Porenvolumen und p der äußere Druck bedeuten, unter den das Kornporenvolumen gesetzt wurde.

Vergleicht man V_{WD} mit V_{WDTH} anhand Bl. 50 und 51, so steht, wie im Kap. 1.1, S.7 dargelegt, fest, daß sich die Aussagen von G. Rapp nur auf eine lange Einwirkdauer des äußeren Drucks auf das das Korn umgebende Wasser beziehen. Bei kürzerer Einwirkdauer des Drucks unterscheidet sich der kornäußere vom korninneren Druck erheblich und dementsprechend auch der bei der Rohrförderung wirkende Förderdruck vom Korninnendruck der porösen Leichtzuschläge, wie aus nachfolgenden Darstellungen hervorgeht.

Nach Bl. 51 beträgt das Verhältnis des tatsächlichen in Abhängigkeit von Druck und Zeit in die Kornporen eingedrungenen Wassers V_{WD} (gemessen) zum theoretischen V_{WDTH} ($p_i = p_a$ gesetzt)

V_{WD}/V_{WDTH} für Korlin B 5/10

	32 s	1 min	2 min
2 ata	0,47	0,50	0,51
3 ata	0,49	0,53	0,61
5 ata	0,57	0,66	0,73
7 ata	0,66	0,70	0,80

Hieraus wird nun klar ersichtlich, daß das Eindringen von Wasser in die Kornporen der Leichtzuschläge sowohl eine Funktion des Drucks als auch eine Funktion der Zeit darstellt. Das theoretische, bei bestimmtem Druck nach dem Boyle-Mariotteschen Gesetz (p V = konst.) im Korn befindliche Wasservolumen V_{WDTH} ist stets wesentlich größer als das tatsächliche unter Außendruck und bestimmter Zeit ins Korn eingedrungene gesamte Wasservolumen V_{WD}. Dieses entspricht auch den auf S. 67 schon genannten Fakten.

Die obige Tabelle läßt auf einen thermodynamisch funktionellen Zusammenhang zwischen V_{WD} und dem tatsächlichen Korninnendruck schließen. Hierzu betrachte man den Zustand eines Einzelkorns im Meßgefäß (Bl. 52). Näherungsweise kann man annehmen, daß das hydrophobierte Korn im drucklosen Zustand I allseits von einem Wassermantel umgeben ist. Vernachlässigt man vorläufig das Problem des Auftriebs und das viskositätsmäßige andere Verhalten von Luft sowie die Löslichkeit von Luft im Wasser mit steigendem Druck, so kann man die Wasseraufnahme des porösen Zuschlagkorns abschätzen.

In Anlehnung an typische Betriebsabläufe von Hydrospeichern ist anzunehmen, daß das unter dem äußeren Druck p_a ins Korn eindringende Wasser die im Korn befindliche Luft zunehmend zusammenpreßt und einen wachsenden Innendruck p_i erzeugt. Bei konstantem äußeren Preßdruck und wachsendem Korninnendruck dringt zeitlich gesehen zunehmend weniger Wasser in das Korn ein (s. a. Bl. 73, 74, 75). Diesen degressiven Verlauf der Wasseraufnahme über der Zeit bei konstantem Kornaußendruck kann man als ein langsames Aufladen eines Speichers (z. B. in mehr als 10 s) betrachten. Die beim Zusammenpressen der im Korn befindlichen Luft von einem Ausgangsvolumen V_o auf ein Volumen V_1 entstehende Wärme kann über Wasser und Korn ausgeglichen werden. Das langsame Aufladen folgt nahezu einer Isotherme.

Schon aus einer einfachen Wärmebilanz läßt sich unter Berücksichtigung der Verhältnisse von spez. Wärme Wasser/Luft ≈ 4 und von Dichte Wasser/Luft ≈ 770 ableiten, daß eine größere Temperaturdifferenz eines größeren Luftvolumens schon durch ein relativ kleines Wasservolumen bei unwesentlicher Temperaturdifferenz ausgeglichen wird. Ein großer Wärmestrom wird aufgrund günstiger Wärmeübergangszahlen und großer Wärmeaustauschflächen (durch Porenstruktur bedingt) möglich, so daß der erforderliche Wärmeaustausch in Sekundenbruchteilen stattfinden wird. Endgültig wäre der Nachweis der isothermen Kompression nur durch Temperatur- und Druckmessung im Einzelkorn unter erheblichem Meßaufwand möglich.

Für die in das Korn eingedrungene Gesamtwassermenge läßt sich gem. Gl. (77) und (80) bis (82), jedoch nunmehr prozentual gerechnet, angeben:

$$v_{ges} \triangleq w_D = w_{pat} = v_o - v_1 = v_o \left(1 - \frac{p_o}{p_1}\right) , \qquad (83)$$

wobei p_o und p_1 jetzt Korninnendrücke sind und v_o (= 100 Vol.-%) dem Kornporenvolumen entspricht. Der sich durch das eindringende Wasser w_D vergrößernde Korninnendruck beträgt

$$p_i = p_1 = \frac{p_o\, v_o}{v_1} = \frac{p_o\, v_o}{v_o - \Delta v} = \frac{p_o\, v_P}{v_P - w_D} = \frac{p_o\, v_P}{v_P - w_{pat}} \qquad (84)$$

mit $v_1 = v_o - \Delta v = v_P - w_D = v_P - w_{pat}$ (85)

als prozentuales Luftvolumen des Korns im verdichteten Zustand.

In Bl. 53 sind wesentliche Mittelwerte der Prüfung an Korlin für unterschiedliche Drücke und Be- sowie Entlastungsdauern, zusammenfassend aus Bl. 51 herausgezogen, unter gleichzeitiger Angabe von v_1 und $p_i = p_1$ dargestellt. Die Diagramme in Bl. 54, 55 und 56 stellen diesen Zusammenhang anschaulicher dar. So nimmt Korlin B 5/10 bei einer Belastung mit einem Kornaußendruck von 7 ata und 2 min Belastungsdauer rd. 68 % des

Kornporenvolumens an Wasser auf (Bl. 53, 54) und hält nach Entlastung der gleichen Dauer noch rd. 19 % des Kornporenvolumens an Wasser zurück (Bl. 53, 55).

Durch Rückrechnung des Innendrucks, der bei Belastung im Korn tatsächlich geherrscht haben muß, und entsprechender Auftragung ergibt sich die prozentual aufgenommene Wassermenge unter äußerem Druck, über alle Belastungsdauern ermittelt, als eine einzige Kurve $w_{pat} = f_{(pi)}$ (hier als Diagramm weggelassen).

Derartige Untersuchungen wurden ebenfalls an einem Blähschiefer, Berwilit 16/25 nach Bl. 59 bis 63, und an einem anderen Blähton, Liapor 6 nach Bl. 66 bis 70, durchgeführt. Allen ist das gleiche, oben beschriebene thermodynamische Verhalten zuzuordnen. Porenstruktur und Strömungswiderstand beeinflussen den Abstand der einzelnen Staffelungen der Belastungsgruppen auf den $w_{pat} = f_{(pi)}$-Kurven. Dieses ergibt auch ein Vergleich der Kurven von Korlin B 5/10, Berwilit 16/25 und Liapor 6 8/16 nach Bl. 55, 62, 70. Die absolute Größe der Kornporosität ist deshalb hierfür nicht allein maßgebend, was aus den diesbezüglichen Kenndaten für die untersuchten Zuschläge hervorgeht. Für die Belastung der porösen Zuschläge mit Druckwasser ist aufgrund der Vernachlässigungen, Abschätzungen und gefundenen Werte somit ein thermodynamischer Vorgang ähnlich der Wirkungsweise eines isotherm aufgeladenen Gasdruckspeichers in der Hydraulik anzunehmen.

Unter Fortsetzung der Betrachtungsweise von S. 60 sei noch angefügt, daß durch ein 8 m feines Filter bei gleichen Ausgangswerten nur 20 cm^3 Wasser/s cm^2, jedoch immer noch 450 cm^3 Luft/s cm^2 Filterfläche gehen. Es scheint gerechtfertigt, alle Poren des Korns für Luft als dynamisch offen anzusehen.

Das Verhältnis von V_{WD} / V_{WDTH} ergibt sich für

		32 s	1 min	2 min
Berwilit 16/25				
	2 ata	0,57	0,64	0,67
	3 ata	0,61	0,69	0,76
	5 ata	0,72	0,74	0,81
	7 ata	0,70	0,74	0,84
Liapor 6 8/16		32 s	1 min	2 min
	2 ata	0,48	0,57	0,63
	3 ata	0,65	0,74	0,81
	5 ata	0,79	0,83	0,86
	7 ata	0,83	0,70	0,89

Es fällt auf, daß die tatsächliche Wasseraufnahme von Liapor 6, Körnung 8/16, ab 3 ata der theoretischen am nächsten kommt. Trotz dieser höheren Wasseraufnahme unter Druck war Liapor-Leichtbeton wegen seiner kugeligen Kornform besser zu fördern. Eine Wasseraufnahme der Leichtzuschläge bei gefördertem Beton bedeutet einen kleineren fließtechnisch wirkenden W/Z-Wert, eine Veränderung der rheologischen Kenngrößen, wie die plastische Viskosität und vor allem die Fließschubspannung, und damit einen erheblich größeren Druckverlust bei der Rohrförderung. In diesem Zusammenhang sei noch eine einfache Labor-Prüfeinrichtung beschrieben, die aus einem äußeren Druckgefäß aus Stahl und einem inneren Druckgefäß aus Sintermetall (Filterfeinheit 3 μm) mit einem Druckluftanschluß besteht. Füllt man in letzteres Zementleim und setzt es eine Zeitlang unter Druckluft, so tritt aus dem Zementleim durch die Filterfläche hindurch nahezu klares Wasser. Ein ähnlicher Vorgang muß z. T. auch bei von Zementleim umgebenen porösen Leichtzuschlägen unter Druckbelastung auftreten (s. a. Bl. 79).

Durch die Bl. 73, 74 und 75 werden diese Zusammenhänge nochmals verdeutlicht. Die Diagramme sind für mögliche Förderweisen von entscheidender Bedeutung (s. a. Kap. 5.31). Es ist weiterhin festzustellen, daß ein degressiver Verlauf von w_{pat} über dem Kornaußen- und Korninnendruck vorhanden ist. Dieser Verlauf nach den Blättern 54, 61, 68 auch zeitlich ähnlich nach Bl. 73 bis 75 ist beim Pumpen über längere Rohrleitungsstecken usw. zu bemerken (Druck und Verweildauer).

Ergänzend sei das Vorhandensein der bei der Kompression in den Kornporen enthaltenen Luft in einem p,V-Diagramm beschrieben. Der Betrag der technischen Verdichtungsarbeit hängt wesentlich vom Verlauf der Kompressionslinie ab. Nach E. Schmidt [20] gilt für die isotherme Verdichtung (s. a. Gl. (80)):

$$L = L_{0/1} = \int_0^1 p dV = p_o V_o \ln \frac{p_o}{p_1} = p_o V_o \ln \frac{V_1}{V_o} \quad . \tag{86}$$

Während der Verdichtung muß eine der Verdichtungsarbeit äquivalente Wärmemenge Q = L abgeführt werden. Diese wird bei den Untersuchungen von Wasser und Leichtzuschlag selbst übernommen. Wie schon auf S. 92 u. a. angedeutet, ist der endgültige Nachweis einer isothermen Kompression erst durch eine thermodynamisch exakte Messung der im Wasser und im Leichtzuschlag auftretenden sehr kleinen Temperaturdifferenz (bei 'wärmedichtem' Meßgefäß) und eine Berechnung der äquivalenten Wärmemenge möglich. Mit den versuchstechnisch gegebenen und ermittelten Werten (s. a. Bl. 51, 59 und 66) läßt sich näherungsweise abschätzen, daß die Temperaturdifferenz wesentlich kleiner als 1 Grad ist, womit erhebliche meßtechnische Probleme vorliegen.

4.214 ERGEBNISSE - WASSERABGABE UND RESTWASSER THERMODYNAMISCHE MODELLE UND SPEICHERVERMÖGEN

Aus Bl. 51, 69 und 66 ist zu entnehmen, daß nicht alles, in Abhängigkeit von Druck und Zeit in die Kornporen eingedrungene Wasser V_{WD} bzw. w_D nach der Entlastung (gleiche Zeitdauer) in diesen verbleibt. Die in den Kornporen nach einmaliger Druckbe- und -entlastung verbliebene Wassermenge $\bar{G}_W$ oder w unterscheidet sich wesentlich von V_{WD} bzw. w_D. Die thermodynamische Betrachtungsweise nach Kap. 4.213 unter den dort genannten Randbedingungen fortgesetzt, heißt eine Einordnung der bei der Entlastung eintretenden Zustandsänderung als Isotherme, Adiabate oder Polytrope.

Nach Bl. 52 ff ist die isotherme Kompression eine zeitlich relativ langsam ablaufende Zustandsänderung, sie setzt einen vollkommenen Wärmeaustausch mit der Umgebung voraus. Es muß hier Kompressionswärme durch Wasser und Leichtzuschlag abgeführt werden. Die Druckentlastung des Korns im Laborversuch dagegen erfolgt gegen Normalatmosphäre. Es liegt gegenüber dem sich bei der Entlastung vermindernden 'Antriebsdruck p_i des Korninneren' kein stark wachsender Kornaußendruck vor, da das Volumen der Kornporen im Vergleich zum äußeren Entlastungsraum sehr klein ist. Die Entlastung erfolgt demnach zwar degressiv über der Zeit verlaufend, jedoch am Anfang sehr schnell. Es müßte in kurzer Zeit bei isothermer Entspannung Wärme zugeführt werden. Bei Zustandsänderungen in so kurzer Zeit (ca. 1 bis 2 s) wird meistens jedoch jeder Wärmeaustausch mit der Umgebung verhindert. Da keine Wärme von außen, von der Umgebung, zugeführt wird, muß die geleistete Arbeit bei der Entspannung von der inneren Energie bestritten werden. Dann liegt keine isotherme, sondern eine adiabate Entspannung vor. Bei der adiabaten Expansion sinkt die Temperatur im Korninnern, d. h. die eingeschlossene Luft kühlt ab und nimmt ein kleineres Volumen als das des gesamten Kornporenraumes, also $V_o = V_P$, bei Atmosphärendruck ein. Folglich verbleibt Restwasser, das sog. Δv_{Korn}, im porösen Leichtzuschlag. In Wirklichkeit ist die adiabate Zustandsänderung hier nicht völlig zu erreichen. Es kann angenommen werden, daß die vorliegende Entspannung von Luft im Korninnern weder isotherm noch vollkommen adiabat, sondern nach der Formel

$$p_1 \, V_1^n = p_2 \, V_2^n = \text{konst.} \qquad (87)$$

zwischen der Isotherme (n = 1) und der Adiabate ($n = \varkappa = 1{,}4$ für Luft) liegend und somit polytrop verläuft (s. Vernachlässigungen S. 91).

Das unter Druck in bestimmter Zeit in das Korn eindringende Wasser V_{WD} bzw. w_D wurde experimentell ermittelt. Damit war der dann vorhandene volumenmäßige Zustand V_1 der Luft im Korn und der innere Druck $p_i = p_1$ isotherm zu berechnen. Weiterhin wurde das im Korn nach der Druckentlastung verbleibende Restwasser $\bar{G}_W$ bzw., wiederum prozentual ausgedrückt, $w \hat{=} \Delta v_{Korn}$ ermittelt. Es gelten:

für das Luftvolumen nach der polytropen Entspannung

$$V_2 = \left(\frac{p_1}{p_2} \right)^{\frac{1}{n}} V_1 \quad , \qquad (87a)$$

für das nach der Entspannung aus dem Korn herausgeflossene Wasser

$$\Delta V_{Rohr} = V_{WA} = V_2 - V_1 = V_1 \left(\frac{p_1}{p_2}^{\frac{1}{n}} - 1 \right) \qquad (88)$$

oder mit $v_1 = v_o - w_{pat}$ $\qquad \Delta v_{Rohr} = v_2 - v_o + w_{pat}$,

für das im Korn verbliebene Wasser

$$\Delta v_{Korn} = w = v_o - v_2 = v_o - \Delta v_{Rohr} - v_o + w_{pat}$$

$$= w_{pat} - \Delta v_{Rohr} \quad \text{oder mit } w_{pat} = w_D$$

$$w = w_D - \Delta v_{Rohr} \, . \qquad (89)$$

Für gegebene Werte v_1, p_1, $p_2 = p_o = 1$ ata und Δv_{Rohr} läßt sich der Polytropenexponent n berechnen zu

$$n = \frac{\ln \left(\frac{p_1}{p_2}\right)}{\ln \left(\frac{\Delta v_{Rohr}}{v_1} + 1\right)} = \frac{\ln \left(\frac{p_1}{1 \text{ ata}}\right)}{\ln \left(\frac{w_D - w}{v_o - w_D} + 1\right)} \quad , \qquad (90)$$

ebenso kann man dabei vom Kornporenvolumen $v_P = v_o = 100$ Vol.-% und vom prozentual eingedrungenen gesamten Wasser w_D sowie dem im Korn verbliebenen Wasser $w = \Delta v_{Korn}$ ausgehen. Auf diese

Weise kann man für jeden Meßpunkt (Wertepaare w_D, w und Gl. (84) für p_1) einen einzelnen Polytropenexponenten ausrechnen. Diese gehen aus Bl. 57, 64 und 71 hervor.

Nach dem Gausschen Prinzip der kleinsten Quadrate kann man eine Kurve so durch die Meßpunkte in Bl. 56, 63 und 70 legen, daß die Summe der Quadrate aller Abstände dieser Punkte von der Kurve möglichst klein wird. Hierfür gelten folgende Ansätze:

für die polytrope Expansion

$$p_1 = p_2 \, (v_2/v_1)^n \quad , \tag{87b}$$

wobei $v_1 = v_o - w_D$ und $v_2 = v_o - w$ ist,

für eine Regressionsgerade allgemein

$$y = ax + b \quad . \tag{91}$$

Durch Umformen von Gl. (87b) ergibt sich

$$\ln p_1 = n \ln (v_2/v_1) + \ln p_2 \quad , \tag{87c}$$

wobei $y = \ln p_1$, $a = n$, $x = \ln (v_2/v_1)$ und $b = \ln p_2$ gesetzt werden kann.

Das Gaussche Prinzip der kleinsten Quadrate bedeutet die partielle Ableitung der Funktion

$$Q_{(a,b)} = \sum_{i=1}^{z} (y_i - ax_i - b)^2 \quad \text{nach a und b.} \tag{92}$$

Geht man zuerst von der Annahme aus, daß der Korninnendruck p_1 nach der Entlastungszeit auf $p_2 = p_o = 1$ ata abfällt, so ist $b = \ln p_2 = 0$. Die partielle Ableitung von Gl. (92) liefert direkt den Polytropenexponenten:

$$a = \frac{\sum_{i=1}^{z} y_i\ x_i}{\sum_{i=1}^{z} x_i^2} \quad \text{bzw.} \quad n_r = \frac{\sum_{i=1}^{z} (\ln p_{1i})\ (\ln (v_{2i}/v_{1i}))}{\sum_{i=1}^{z} (\ln (v_{2i}/v_{1i}))^2} \qquad (92a)$$

Nach Gl. (92a) ergeben sich folgende Regressionskoeffizienten dieser 1. Version ($p_2 = p_o = 1$ ata) für:

Korlin B 5/10	$n_r = 1{,}21$	Kurve A in Bl. 58
Berwilit 16/25	$n_r = 1{,}24$	Kurve A in Bl. 65
Liapor 6-8/18	$n_r = 1{,}28$	Kurve A in Bl. 72.

Geht man bei einer 2. Version davon aus, daß $b = \ln p_2$ = konstant $\neq 1$ ata ist, so ergibt sich mit Hilfe der partiellen Ableitungen der Gl. (92) nach a und b:

$$a = \frac{z \sum_{i=1}^{z} x_i\ y_i - \left(\sum_{i=1}^{z} x_i\right)\left(\sum_{i=1}^{z} y_i\right)}{z \sum_{i=1}^{z} x_i^2 - \left(\sum_{i=1}^{z} x_i\right)^2} \quad \text{und führt zu } n_r \text{ sowie} \qquad (92b)$$

$$b = \frac{\left(\sum_{i=1}^{z} y_i\right)\left(\sum_{i=1}^{z} x_i^2\right) - \left(\sum_{i=1}^{z} y_i\ x_i\right)\left(\sum_{i=1}^{z} x_i\right)}{z \sum_{i=1}^{z} x_i^2 - \left(\sum_{i=1}^{z} x_i\right)^2}, \quad \text{welches} \qquad (92c)$$

zu $\ln p_2$ bzw. $p_2 = e^{\ln p_2} = e^b$ führt.

Setzt man für y, a, x und b die vorseitig beschriebenen Ausdrücke, so erhält man:

	Korlin B 5/10	Berwilit 16/25	Liapor 6
n_r	1,30	1,20	1,17
p_2	0,95 ata	1,03 ata	1,09 ata
Kurve B	Bl. 58	Bl. 65	Bl. 72

Die Regressionskurven A und B von Bl. 58, 65 und 72 sind nach folgender Gleichung zu berechnen:

$$w = v_o - \frac{p_o - V_o}{p} \, e^{\frac{\ln (p/p_2)}{n_r}} \quad . \qquad (93)$$

Man kann nach den vorhergehenden Ausführungen annehmen, daß der Korninnendruck p_1 nach der Entlastung auf einen Druck p_2 zurückfällt, der nahe dem Wert des Atmosphärendrucks $p_o = 1$ ata ist. Im Fall Korlin B 5/10 ist $p_2 < p_o$. Dieses läßt sich durch eine elastische Rückfederung der Körner ähnlich der Wirkungsweise eines Schwammes erklären.

In den Bl. 55, 56, 62, 63, 69 und 70 sind die im Korn verbliebenen Restwassermengen ohne die polytrope Näherungskruve einmal über dem ersten veranlassenden Kornaußendruck und sodann über dem am Ende der ersten Druckbelastung im Korn nach Kapitel 4.213 vorliegenden Innendruck $p_i = p_1$ aufgetragen.

Es ist nunmehr klar, warum stets auf das Porenvolumen und nicht auf das Kornrohvolumen bzw. auf das Korngewicht bezogen wurde. In den Bl. 51, 59 und 66 sind zusätzlich unter v_{WD-KR} die gemessenen Werte des gesamten in die Kornporen eingedrungenen Wassers, die sich auf das Kornrohvolumen V_{KR} beziehen, zu finden.

4.22 ERGEBNISSE - MEHRFACHE DRUCKBEAUFSCHLAGUNG U. -ENTLASTUNG WASSERUMGEBENER ZUSCHLAGKÖRNER (LABORVERSUCHSANLAGE)

Es ist speziell beim Pumpen von Frischbeton mit einzelnen Pumphüben, demnach mehreren Be- und Entlastungen, interessant, wie das im Zementleim befindliche Wasser bzw. der Zementleim selbst auf die Füllung der Kornporen reagiert. In Vereinfachung der Versuchsbedingungen wurden vorerst nur mehrfache Druckbe- und -entlastungen mit Wasser durchgeführt (Laboreinrichtung).

Entsprechend den Ausführungen der vorhergehenden Kapitel muß eine derartige mehrfache, wechselweise Beanspruchung zu vergrößerter Wasseraufnahme bzw. Restwassermenge der porösen Leichtzuschläge führen.

Anhand von Bl. 76 ist an einzelnen Beispielen sowohl für Berwilit als auch für Liapor, also Blähschiefer und Blähton, nachgewiesen, daß bei gleichem Druck und gleicher Belastungszeit bei 10 Belastungsspielen mehr Wasser von den Körnern aufgenommen wird und vor allem mehr Restwasser in diesen selbst verbleibt als bei einem Belastungsspiel. Hierzu betrachte man die Zeilen w_D und $\Delta v_{Korn} = w$. Bezogen auf den einzelnen Belastungswechsel (100 %) liegt der Restwassergehalt nach 10 Wechseln je nach Kornart zwischen ca. 140 und 230 %.

Mit einer intermittierenden Druckwasser-Beaufschlagung ist somit eine Sättigung der Zuschlagkörner mit Wasser möglich. Parallel zur thermischen Sättigung bzw. der Sättigung mittels Vakuum nach Kap. 1.1, S. 8 ff bietet sich hier eine weitere Methode an. Sie erlaubt eine kurzfristige ausreichende Sättigung der porösen Zuschläge, ist wirtschaftlich in den Aufbereitungsprozeß von Betonmischern zu integrieren und ermöglicht dann bei ausreichender Wassersättigung ein Pumpen von Leichtbeton.

In Bl. 76 sind außerdem Prüfungen mehrfacher und einfacher Druckbe- und -entlastungen an porösen Leichtzuschlägen dargestellt, bei denen dem Wasser das erwähnte Betonzusatzmittel (man vergleiche S. 60 und 82) in unterschiedlichen Mengen zugegeben wurde. Die Änderung der Verhältnisse durch Zugabe eines wasserlöslichen Cellulosederivats zum Druckwasser wird deutlich. Eine Druckbeaufschlagung und -entlastung bei Verwendung dieser sich pseudoplastisch verhaltenden Wasserlösung ergibt bei 0,083 M.-% Natrosol bezogen auf Wasser, z. B. bei Berwilit, eine Verminderung des gesamten eindringenden Wassers w_D von 65,12 Vol.-% auf 34,76 Vol.-% und vermindert die im Korn verbleibende Restwassermenge $w = \Delta v_{Korn}$ von 18,25 Vol.-% auf 12,86 Vol.-%. Auch die Erhöhung der Natrosolzugabe auf 0,25 M.-% bringt eine weitere, jedoch gering gesteigerte Verbesserung.

Ähnlich ändern sich die Verhältnisse bei Beaufschlagung von Leichtbeton mit derartigen Lösungen. Aufgrund der mit einem solchen Mittel erreichten Erhöhung der Viskosität dringt weniger Wasser unter Druck in die Kornporen der Leichtzuschläge ein. Angewandt auf die Rohrförderung von Beton, ergibt sich hier gegenüber der vorhergehenden Möglichkeit eine andere Methode zum erfolgreichen Pumpen von Leichtbeton. Inwieweit ein mit Natrosol oder einem ähnlichen Betonzusatzmittel versetzter Beton chemisch-physikalische Schäden aufweist, ist noch zu prüfen.

Alternativ ergibt sich neben den Möglichkeiten, Leichtbeton mit weitgehend gesättigten porösen Zuschlägen oder mit pseudoplastisch wirkenden Betonzusätzen zur Verminderung des Wassereintritts zu pumpen, eine weitere, welche auf einer vollkommenen Abdichtung der Körner, z. B. mittels eines glasurartigen Überzugs, basiert.

4.23 INTERMITTIERENDE STOSSBELASTUNG AUF GEMISCHE VON PORÖSEN LEICHTZUSCHLÄGEN UND WASSER SOWIE VON ZUSCHLÄGEN UND ZEMENTLEIM (GROSSVERSUCHSANLAGE)

Hier sollen Verhaltensweisen, wie sie beim Pumpen von Leichtbeton auftreten, simuliert werden. Theoretische Aussagen werden mit praktischen Ergebnissen verglichen.

Zunächst lege man zur Abschätzung des hier auftretenden Verhaltens die thermodynamischen Modelle der vorhergehenden Kapitel mit den genannten Randbedingungen und Vernachlässigungen für aufeinander folgende, intermittierende Druckbelastungen zugrunde. Dieses ist beispielhaft in Bl. 77 für eine wechselweise Folge von isothermer Verdichtung und polytroper Entspannung (n = 1,25) dargestellt, wobei von unterschiedlichen Zwischenzuständen im Innern des Kornporenraumes nach Reihe A bis C ausgegangen wird. Hiernach hätten sowohl die Gesamtwasseraufnahme wie auch das im Korn verbleibende Restwasser einen degressiven Verlauf über der Anzahl der Belastungshübe. Ähnliche Tendenzen sind den experimentellen Ergebnissen nach Bl. 73 bis 75 bzw. Kap. 4.22 zu entnehmen.

Die in Bl. 77 dargestellten Folgen wechselnder Be- und Entlastungen gemeinsam auf Luft und Wasser bedeuten bei der isothermen Verdichtung der Luft jeweils eine Abgabe der Kompressionswärme von Luft an Wasser und bei der polytropen Expansion derselben eine Übernahme von Wärme aus dem Wasser zur Expansion. Hierbei ist der 2. Hauptsatz der Wärmelehre zu beachten [20]: "Wärme kann nie von selbst von einem Körper niederer Temperatur auf einen Körper höherer Temperatur übergehen". Anhand der Reihe A, Bl. 77, Pkte 0, 1, 2, 3, kann man unter Berücksichtigung von z. B. 25°C Lufttemperatur im Korn und 12°C Temperatur des eindringenden Wassers abschätzen, daß die isotherme Kompression (0 → 1) der Luft möglich und die polytrope Expansion (1 → 2) noch möglich ist, womit das thermodynamische Modell bei einfacher Belastung stimmt. Ausgehend von der Lufttemperatur in Punkt 2, $T_2 = (p_2/p_1)^{\frac{n-1}{n}} \; T_1 = 248$ K oder - 25°C, verstößt die bei erneuter isothermer Kompression (2 → 3) erforderliche Wärmeabgabe an Wasser gegen diesen zweiten Hauptsatz. Zudem liegen die Sättigungsgehalte der Kornporen mit Wasser, z. B. der Reihe A bei 9-facher Be- und Entlastung Pkt 18 mit 93 Vol.-%, weit über den in Bl. 76 für Liapor und Berwilit bei 10-facher Be- und Entlastung (5 ata, 32 s und 2 min) ermittelten Gehalten an Restwasser. Allerdings steht aufgrund der labormäßigen Untersuchung (Bl. 76) eindeutig fest, daß sich die effektive Wasseraufnahme der porösen Leichtzuschläge bei mehrfacher Beaufschlagung gegenüber der einfachen stark vergrößert.

Die tatsächlichen, bei direkt hintereinander folgenden Belastungsspielen auftretenden Vorgänge im Korninneren sind nur unter erheblichem Mehraufwand für stark verfeinerte Meßmethoden im Rahmen der Technischen Thermodynamik, der Physikalischen Chemie sowie der Strömungslehre bzw. Rheologie zu erfassen. Für Mehrfachbelastungen treffen die Vernachlässigungen von S. 91 nicht mehr zu. Physikalisch-chemisch gesehen, ist die Löslichkeit von Luft in Wasser zu berücksichtigen. Sie nimmt bekanntlich mit steigender Temperatur ab (1 Liter Wasser nimmt bei 10°C 23 cm³, bei 30°C 15 cm³ Luft auf) und mit steigendem Druck nach dem sogenannten Henryschen Gesetz zu (7.2 (7)).

Mit einer Förderrohr-Versuchsanlage (Bl. 78) wurden Wasseraufnahmen der porösen Leichtzuschläge je nach Zuschlagart im Mittel zwischen 54 bis 74 % des Kornporenvolumens erzielt. Dabei wurden Mengen von 11 kg hydrophobiertem Blähschiefer bzw. von 13 kg Blähton in eine senkrechte, unten mittels Meßdose fest- und oben mit Förderkolben verschiebbar verschlossene Rohrleitung NW 100 mit einer maximalen Innenlänge (Förderkolben am oberen Anschlag) von 3,2 m eingebracht (s. a. S.105). Unter Entlüftung der Rohrleitung wurden die Zwischenräume zwischen den eingeschütteten Körnern (Haufwerksporen) drucklos mit Wasser gefüllt. Nach Verschluß der Zuläufe wurde die Wasser-Kornsäule im Rohr durch hydraulische Betätigung des Förderkolbens intermittierend belastet. Während des Belastungshubs drückt der Kolben Wasser in die Kornporen hinein, das bei der Entlastung nicht vollends wieder aus dem Korn zurückfließt. Durch entsprechend eingebaute Rückschlagventile ermöglicht, wird die Differenzmenge des Wassers beim jeweiligen Rückhub des Förderkolbens (Entlastung der Materialsäule) mittels Waage kontrolliert und aus einem Wasservorratsbehälter ergänzt.

Am Anfang des jeweiligen Vorwärts- bzw. Belastungshubs wurde die Rohrleitung z. T. für Bruchteile einer Sekunde entlüftet. Es wurde bei der Prüfung von Korlin B 5/10 für eine gleiche Anzahl von Doppelhüben festgestellt:

Restwasser im Korn

a) nicht entlüftet	$w = \Delta v_{Korn} = 37$ Vol.-%
b) von Hand entlüftet	$\Delta v_{Korn} = 47$ Vol.-%
c) am Förderkolben automatisch entlüftet	$\Delta v_{Korn} = 60$ Vol.-%

Demnach ist anzunehmen, daß in die porösen Zuschläge einmal Wasser hinein- und Luft teilweise herausgepreßt wird oder zum anderen bei der Entlastung im Wasser unter Druck gelöste Luft z. T. mit demselben aus den Zuschlägen wieder herauskommt und das Wasser dann sofort von Luft entgast. Weitere Versuchsbedingungen und Ergebnisse sind den Bl. 78 und 79 zu entnehmen. Der in der senkrechten Rohrleitung nach unten zunehmende Wasserdruck, der bei maximaler Innenlänge der Rohrleitung rd. 0,3 kp/cm^2 betrug, wurde in Anbetracht der Belastungsdrücke von 20,5 kp/cm^2 und 26,7 kp/cm^2 (Bl. 79) vernachlässigt.

Auch die Be- und Entlastung eines Gemisches von porösen Zuschlägen und Zementleim unter kurzfristiger Entlüftung bei jedem Hub brachte eine Wasseraufnahme der Zuschläge unter sehr starkem Ansteifen des Zementleims. Dieses wurde durch Auswaschen und zweimaliges Wiegen der Zuschläge nach oberflächenhaftem Trocknen und 24stündigem Trocknen bei 105°C ermittelt. Zementleim schien in die Zuschläge nicht eingedrungen zu sein. Die Wasseraufnahme vom Leichtzuschlag Liapor 6, der entsprechend Bl. 18 mit Zementleim gemischt wurde, betrug auf das Kornporenvolumen bezogen 47 Vol.-%. Das entspricht in etwa einer Änderung des W/Z-Wertes von 0,5 auf 0,3. Die Rohdichten änderten sich wie folgt:

rechnerisch $\rho_{fr} = 1{,}55\ kg/dm^3$ (0 Vol.-% LP)

vor Versuch $\rho_{fo} = 1{,}56\ kg/dm^3$

nach Versuch $\rho_{fn} = 1{,}75\ kg/dm^3$

Entlüftungsvorgänge, wie hier simuliert, treten beim Pumpen von Leichtbeton an den Kupplungen zwischen den Rohrleitungsstücken durchaus auf. Schon Weber [4] berichtet über Beobachtungen aus der Praxis, wonach der Luftporengehalt während der Förderung durch Rohrleitungen bei 100 m Förderweite um ca. 1 - 2 Vol.-% absinkt und empfiehlt eine Berücksichtigung dieses Effekts bei der Auslegung der Mischung.

4.3 STRÖMUNGSVERHALTEN VON BETON IN ROHRLEITUNGEN

4.31 VERSUCHSAUFBAU, MESSEINRICHTUNG, VERSUCHSDURCHFÜHRUNG

Zur weiteren Klärung des tatsächlichen Strömungs- bzw. Förderverhaltens von frischem Normalbeton in Rohrleitungen wurden erstmals Strömungsbilder hergestellt. Anhand ihrer visuellen und statistischen Aussagen, pro Versuchspunkt mehrfach ermittelt, werden die theoretischen Ausführungen über das Verhalten von Frischbeton als Bingham-Substanz praktisch untermauert. Das Pumpen von Leichtbeton mit porösen Zuschlägen wird später als Sonderfall behandelt werden.

Zu diesem Zweck wurde gemäß Versuchsanordnung von Bl. 80 und

81 frischer plastischer Normalbeton NB-1, Bl. 17, mit verschiedenen Fördergeschwindigkeiten gepumpt. Die variierten Fördergeschwindigkeiten wurden mit Hilfe einer besonderen Meßeinrichtung (Bl. 80, 81 und 87) bei jedem Pumpvorgang erfaßt. Es wurden Fließfronten des Betons im Rohr durch unterschiedliche Einfärbung sichtbar gemacht. Nach dem ersten Anpumpen wurde die Rohrleitung vom Rohr Nr. 1 bis zur Meßdose B2 entleert und dann für jeden Fördervorgang eine neue Nullprobe als Rohr Nr. 5, Bl. 80, eingebaut. Die Länge der Förderstrecke war somit bei jedem Pumpvorgang gleich. Rohr 1, Bl. 80, wurde durch ein teilbares Rohr ersetzt; der geteilte 90° Rohrkrümmer wurde für die Krümmer-Versuche gesondert an Rohr 1 angeflanscht. Die in das geteilte Rohr hineingeförderte Nullprobe, Bl. 82, Bild 1, erhärtete nach dem Versuch. Sie wurde nach dem Ausschalen stückweise mittig, horinzontal oder vertikal geschnitten.

4.32 ERGEBNISSE - VERHALTEN VON FLIESSFRONTEN

Bl. 82, 83 und 84 zeigen Bilder von Fließfronten im Beton bei unterschiedlichen mittleren Fördergeschwindigkeiten. Bei jedem Versuch wurde die Konsistenz durch Messung von Verdichtungs- und Ausbreitmaß sowie Powers-Hubzahl festgelegt.

Die Fließfront, bei $\bar{v}$ = 0 m/s senkrecht zur Rohrachse, verändert sich beim Pumpen über die gleiche Rohrlänge in Abhängigkeit von den fließtechnischen Betoneigenschaften und der mittleren Fördergeschwindigkeit. Sie ist die Folge des der Betonförderung im Rohr aufgeprägten Strömungsprofils. Aus Bl. 82 bis 84 ist klar zu erkennen, daß der Frischbeton im Rohr nicht wie ein Pfropfen mit konstantem Durchmesser gefördert wird. Dann müßte die Form der Fließfront der Vergleichsprobe bei allen folgenden Aufnahmen erhalten bleiben. Es ist hingegen zu erkennen, daß einmal die Rohrwandreibung des Betons als ursächlich für das Strömungsprofil und damit für die Fließfront bei unterschiedlichen mittleren Fördergeschwindigkeiten anzusehen ist. Darüber hinaus ist dem Strömungsprofil bzw. der Fließfront eine zweite Größe, im Konsistenzunterschied (Veränderung τ_y und η_{pl}) sichtbar, additiv aufgeprägt.

Die plastische Viskosität und die Fließschubspannung des Betons sind, wie aus Bl. 88, 89 und Kap. 4.34 genauer hervorgeht, neben der mittleren Strömungsgeschwindigkeit und dem Rohrinnendurchmesser die beiden wesentlichen die horizontale Förderung von Frischbeton durch Rohrleitungen hinsichtlich Strömungsprofil und Fließfront beeinflussenden Größen. Sie werden beim Pumpen durch Rohrleitungen durch Messung von Druckabfall und mittlerer Fördergeschwindigkeit sowie anhand Gl. (33) ff ermittelt.

Es fällt auf, daß vertikale Schnitte einen zur Rohrachse asymmetrischen, horizontale dagegen einen nahezu symmetrischen Verlauf der Fließfront aufweisen. Die Asymmetrie ist wahrscheinlich auf den verstärkten Einfluß der Wandreibung am Rohrboden zurückzuführen. Anhand des Vertikalschnittes v_4 = 1,77 m/s in Bl. 83 wird deutlich, daß die Fließfront mit zunehmender Fördergeschwindigkeit auch in vertikaler Richtung nahezu symmetrisch wird (luftporenfreie Füllung der oberen Halbschale des Rohres).

In Bl. 86 wird der Flächenanteil des Korns pro Streifenbreite, in Abhängigkeit vom Rohrdurchmesser aus mehreren Proben gemittelt, für unterschiedliche Fördergeschwindigkeiten verglichen. Die Auswertungsmethode ist in Bl. 85 prinzipiell dargestellt. Es werden waagerechte Proben ausgewählt. Der geförderte Betonabschnitt besitzt keinen Vorläufer, so daß speziell die Enden der Betonabschnitte in Förderrichtung gesehen entmischen. Das Anpumpen von Beton mit Vorsatzschlämme aus Zement- bzw. Traßleim wird hier als richtig bestätigt. Aufgrund der geschilderten Rotation einzelner Körner reichern sich im

Verlauf der Förderung die äußeren Zonen des Rohres mit feinem, die inneren Zonen mit grobem Material an. Im Fall der Weiterförderung des Betonabschnitts, Bl. 84, Bild 2 rechts, durch eine nicht vorgeschlämmte Rohrleitung wäre ein Verstopfer unausbleiblich gewesen. Der "feste Pfropfen" eilt bei einer Förderung von links nach rechts unter zunehmender Entmischung mit seinem Grobkornanteil nach vorn.

Zu große Fördergeschwindigkeit bei gegebenen η_{pl} und τ_y heißt u. U. zu starke Rotation, starke Entmischung, Bildung eines haufwerksporigen Betons, Verkeilungen und Verstopfer. Hier gilt dann der Bingham'sche Ansatz für das Strömungsverhalten nicht mehr (kein Kontinuum).

4.33 ERGEBNISSE - DRUCKVERLUST = f (FÖRDERGESCHWINDIGKEIT) FÜR GERADE ROHRLEITUNG UND ROHRKRÜMMER; SINKVERSUCHE

Das zeitliche Arbeitsablaufdiagramm für das Pumpen von Normalbeton, Bl. 87, verdeutlicht, daß die Förderbewegung des Betonförderkolbens beim Vorschubwechsel keineswegs mit der Beweggung der Betonsäule im Rohr identisch ist. Man ziehe hierzu die Meßanordnung, Bl. 80 und 81, heran und vergleiche diese mit den für das Pumpen von Beton mittels Rotorbetonpumpe gemachten Aussagen (Kap. 4.152 ff). Wiederum verlaufen die Betondrücke B1 und B2 zum Hydraulikdruck phasenverschoben. Ein Förderstillstand von Beton im Rohr ist deutlich zu erkennen; seine Dauer ändert sich mit der Fördergeschwindigkeit. Die mittlere Fördergeschwindigkeit $\bar{v}$ wird dem horizontalen Verlauf der Betondrücke B1 und B2 zugeordnet und unter Berücksichtigung der zeitlichen Abzisse sowie der Rollenumdrehung berechnet. Für $\bar{v}^*$ nach Bl. 88 sind pro Versuchsnummer jeweils 3 Fördergeschwindigkeiten berechnet und gemittelt. Der Druckverlust wird, absolut gesehen, auf den Rohraustritt des Betons normiert und dann pro m Förderrohrlänge umgerechnet. Daraufhin werden die Werte von jeweils 3 Versuchsnummern wiederum gemittelt. Einzelne Versuchsergebnisse sind in Bl. 89 für gerade Rohrleitung und Rohrkrümmer aufgetragen.

Die lineare Abhängigkeit des Druckverlustes von der mittleren Fördergeschwindigkeit wird vor allem für die gerade Rohrleitung bestätigt. Auch für den Rohrkrümmer ist das Verhalten als nahezu linear anzunehmen. Geringfügige Schwankungen in der Konsistenz, Schwankungen von η_{pl} und τ_y, scheinen hier einen größeren Einfluß zu haben. Die Scheinrohrlänge von 1 m Krümmer beträgt bei $\bar{v}$ = 0,4 m/s rd. 4 m und bei $\bar{v}$ = 1,6 m/s rd. 5,3 m gerade, horizontale Förderrohrlänge. Das Scheinrohrlängenverhältnis f_K verläuft degressiv über der mittleren Fördergeschwindigkeit.

Mit Hilfe der Wertepaare

$$\bar{v}_1 = 0 \text{ m/s}; \qquad \Delta p_{1s} = 0{,}08 \text{ kp/cm}^2\text{ m}$$

und

$$\bar{v}_2 = 1{,}78 \text{ m/s}; \qquad \Delta p_{2s} = 0{,}266 \text{ kp/cm}^2\text{ m}$$

läßt sich die Gleichung (54) $\quad \Delta p = a\,\bar{v} + b$

für l = 1 m Rohrlänge zu

$$\Delta p = 0{,}1045 \frac{\text{kp s}}{\text{cm}^2\text{m}}\,\bar{v} + 0{,}08 \frac{\text{kp}}{\text{cm}^2}$$

oder zu $\quad \Delta p = 1045 \frac{\text{kp s}}{\text{m}^3}\,\bar{v} + 800 \frac{\text{kp}}{\text{m}^2}$ $\quad$ bestimmen.

Durch Koeffizientenvergleich mit Gleichung (33a)

$$\Delta p = \frac{32\, l\, \eta}{D^2}\,\bar{v} + \frac{16}{3}\frac{l}{D}\,\tau_y$$

ergibt sich aus

$$a = 1045 \frac{\text{kp s}}{\text{m}^3} \longrightarrow \eta_{pl} \doteq 0{,}3266 \frac{\text{kp s}}{\text{m}^2}$$

$$\text{und } b = 800 \frac{\text{kp}}{\text{m}^2} \longrightarrow \tau_y = 15 \frac{\text{kp}}{\text{m}^2} \quad .$$

Damit ist dieser Beton für eine horizontale Förderung durch gerade Rohrleitungen allgemein festgelegt.

Die allgemeine Relation für die Wandschubspannung ergibt sich für diesen Beton nach Gl. (32) mit D = 0,1 m Rohrdurchmesser zu

$$\tau_w = \frac{8\,\eta}{D}\,\bar{v} + \frac{4}{3}\,\tau_y = 26{,}128\,\frac{kp\ s}{m^3}\,\bar{v} + 20\,\frac{kp}{m^2} \quad .$$

Nach Gleichung (33) kann man weiterhin schreiben

$$\Delta p = \frac{4\,l}{D}\,\tau_w = \frac{4\,l}{D}\,(26{,}128\,\frac{kp\ s}{m^3}\,\bar{v} + 20\,\frac{kp}{m^2} \quad ,$$

wobei die Gleichung in dieser Form nur für D = 0,1 m gültig ist, andernfalls gilt Gleichung (33a).

Man vergleiche hierzu die Förderung des gleichen Normalbetons durch die Rohrleitung gemäß Bl. 14, 16, 35 und 36 mit $Q = 27{,}27\ m^3/h$ entsprechend $\bar{v} = 0{,}965$ m/s und nehme die Scheinrohrlänge für einen 1,50 m langen 90° Rohrkrümmer nach Bl. 89 zu 7,20 m gerader Rohrleitung an. Auf diese Weise lassen sich die einzelnen Druckgefälle zwischen den Meßdosen vorausberechnen. Es entspricht der Druckabfall der gekrümmten Rohrstrecke von 26,95 m einem solchen einer geraden Rohrstrecke von 50,69 m. Die Druckabfälle von B3 zum Ende der Rohrleitung sowie B2 - B3 haben eine annähernd gleiche Größenordnung. Der Druckabfall B1 - B2 nach Bl. 36 ist etwa doppelt so groß wie nach obiger Methode berechnet. Die Differenz ergibt sich aus dem zusätzlichen Energieaufwand für die Bewegung der nicht festverlegten Rohrleitung.

Aus Bl. 90 geht die Sinkgeschwindigkeit eines einzelnen Kieskorns im Zementleim bzw. Mörtel hervor. Hier wurde zur Abschätzung der Strömungsverhalten geprüft, inwieweit bei Veränderung des W/Z-Wertes eine homogene, nicht absetzbare Mischung vorliegt. Zwar steht einerseits fest, daß die Sinkgeschwindigkeit eines Korns erheblich von Kornform und Korndurchmesser bei gleichen plastischen Eigenschaften des Zementleims bzw. des Mörtels abhängt. Andererseits ist jedoch die Sinkgeschwindigkeit eines Einzelkorns viel größer als die einer 'Korngutwolke'. Eine rohe, mit Bl. 89 versuchstechnisch z. T. belegte

Abschätzung ergibt, daß der frische, rheologisch gesehen plastische Normalbeton bei betontechnologisch üblichen W/Z-Werten als eine homogene, nicht absetzbare Mischung anzusehen ist (s. a. Kriegel, E. u. H. Brauer [3]). Damit ist die Beschreibung eines zu pumpenden Normalbetons im Rahmen der Kontinuumsmechanik als Bingham-Substanz zusätzlich untermauert.

4.34 ERGEBNISSE - UMFASSENDE, DAS FÖRDERVERHALTEN VON BETON KENNZEICHNENDE GRÖSSEN

Die bisher als offen bezeichnete Frage, mit welchen Prüfmethoden kurzfristig aussagekräftige Kennwerte für die Pumpwilligkeit eines Frischbetons zu ermitteln sind [5; 18] läßt sich unter Anwendung der Theorie der Bingham-Substanz sowie aufgrund der durchgeführten Versuche zumindest für eine kontinuierliche Förderung von Normalbeton durch gerade horizontale Rohrleitungen beantworten (man vergleiche hierzu auch Kap.2.2, besonders S. 26, 27, 28, 30 und 38 bis 40).

Als Kennwerte, die die Frischbetoneigenschaften und die Pumpwilligkeit beschreiben, dienen die in einem jeweiligen Standard-Pumpversuch ermittelten Größenordnungen der plastischen Viskosität η_{pl} und die Fließschubspannung τ_y. Die lineare Abhängigkeit des Druckverlustes Δp bei konstanten Abmessungen der Rohre von der mittleren Fördergeschwindigkeit $\bar{v}$ kann durch diese und voraufgegangene Arbeiten [4; 5] für das Pumpen von Normalbeton als nachgewiesen betrachtet werden. Damit lassen sich für in Frage kommende Frischbetone bei Variation der Konsistenz und des Mischungsaufbaus η_{pl} und τ_y nach der Bingham-Buckingham Gleichung (33 - 33 c) mit nur zwei Wertepaaren von Druckverlust und mittlerer Fördergeschwindigkeit bestimmen. Dabei muß jedoch dringend überprüft werden, ob die Bedingung für die Buckingham'sche Gleichung $\tau_y/\tau_w \leq 0{,}5$ eingehalten wird.

Es wird empfohlen, diese Standard-Pumpversuche mit Betonpumpen durchzuführen, die aufgrund optimaler Auslegung eine nahezu kontinuierliche Förderung von frischem Normalbeton erlauben. Als mittlere Fördergeschwindigkeiten sollten hierbei $\bar{v}_1 = 0{,}5$ m/s und $\bar{v}_2 = 1{,}0$ m/s angestrebt werden. Die zum Test angeflanschte Rohrleitung sollte aus einem, Bl. 80 entsprechenden 360° Krümmer und einer anschließenden 5 bis 10 m langen geraden Rohrleitung des gleichen Durchmessers bestehen. Zwischen dem Bogenstück und der geraden Rohrleitung wird eine Druckmeßdose (s. a. Bl. 14 u. 16) angebaut und eine Bl. 81 entsprechende Meßeinrichtung zur Messung der mittleren Fördergeschwindigkeit in die gerade Rohrleitung eingebracht.

Mit Hilfe dieser Vorgehensweise lassen sich Nomogramme für die Förderung von frischen Normalbetonen durch gerade Rohrleitungen gleichen Innendurchmessers, jedoch unterschiedlicher Förderlänge (Anwendung Gl. (33)) ermitteln. Für ein vorgesehenes Pumpen durch Rohrleitungen anderen Durchmessers lassen sich die Nomogramme mit Hilfe der Gleichungen (59) und (59a) umrechnen. Ähnlich läßt sich eine vertikale Förderung beschreiben. Hier ist die Gleichung (33) durch ein weiteres additives Glied nach Bl. 2 zu ergänzen. Mit Hilfe der im Kap. 4.33 erläuterten Abschätzung bzw. Prüfungsmethode läßt sich der Krümmerwiderstand pauschal angeben (Scheinrohrlängenverfahren für Krümmer und senkrechte Förderung).

Diese Angaben können vorerst nur für das Pumpen von frischen Normalbetonen als gültig angenommen werden. Sie reichen nicht aus, um die entsprechende Förderung von Leichtbeton durch Rohre zu beschreiben. Nur beim Pumpen von Leichtbeton mit weitgehend wassergesättigten porösen Leichtzuschlägen ist die Anwendung der Theorie der Bingham-Substanz auf derartige Förderungen denkbar, da dann die zeitliche Änderung der rheologischen Kenngrößen η_{pl} und τ_y zu vernachlässigen ist.

5. AUSWERTUNGEN UND FOLGERUNGEN

5.1 BESONDERHEITEN, LEISTUNGSFÄHIGE INTERMITTIEREND MIT DRUCKWASSER ARBEITENDE SÄTTIGUNGSANLAGE FÜR LEICHTZUSCHLÄGE

Ein Bl. 78 entsprechendes Verfahren kann relativ günstig in die Aufbereitungsanlage für Leichtbetonmischungen integriert werden. Die Sättigungsgehalten nach 4.23 wurden mit 40 kurzen und 40 längeren Doppelhüben erzielt. Im Verlauf der Untersuchungen stellte sich jedoch heraus, daß weniger Doppelhübe bei ausreichend großen Querschnitten zum Entlüften und Nachsaugen des Wassers in den Förderraum des Druckwasser-Zylinders genügten. Mit 20 Doppelhüben und einer Gesamtzeit von 150 s konnten Sättigungsgehalte über 50 % bezogen auf das Kornporenvolumen der Zuschläge erreicht werden. Der dabei erreichte max. Wasserdruck lag zwischen 10 und 15 kp/cm^2.

DIN 1045 schreibt eine Mischzeit von 1 min nach Zugabe aller Stoffe für Betonmischer mit normaler Mischwirkung für Normalbeton vor. Für Leichtbeton beträgt die entsprechende Mischdauer nach dem vorläufigen Merkblatt III für Stahlleichtbeton 1,5 min. Etwas längere Mischzeiten werden sogar bei Verwendung trockener Leichtzuschläge empfohlen. Die gesamte Mischerspielzeit dürfte demnach zwischen 2,5 bis 3 min liegen. Eine Druckwasser-Sättigungsanlage mit Schnellentlüftung, die als Fassungsvermögen die 3 bis 4-fache Menge einer für eine Mischung benötigten Kornfraktion poröser Zuschläge aufnimmt, kann damit sinnvoll in die Mischanlage eingebaut werden. In Abhängigkeit von der Spielzeit kann der max. Wasserdruck bei längerer Spielzeit auch zwischen 8 und 12 kp/cm^2 gesenkt werden.

Die hier vorgeschlagene Vorgehensweise scheint besonders empfehlenswert, da festgestellt wurde, daß Leichtzuschläge, die bis zu rd. 70 Vol.-% gesättigt waren, durch Lagerung unter Normalatmosphäre Feuchte verloren. Nach 3 Tagen Lagerung betrug die Kornsättigung mit Wasser nur noch 11,5 % des Kornporenvolumens bzw. 6,5 M.-% Feuchte (bezogen auf die Trockenmasse der Zuschläge). Sättigungswasser verdunstet somit entsprechend den Umgebungsbedingungen relativ schnell (s. a. Problem Lagerung S. 8 u. 9).

Bei einer solchen Druckwasser-Sättigungsanlage nach Bl. 91 fließt die Leichtzuschlagfraktion aus einem großen Vorratssilo in den Druckbehälter. Dieser weist einen genügend großen Wasserzufluß mit Rückschlagventil und eine Schnellentlüftung im Bereich des auf den Flanschdeckel montierten Wasserdruckkolbens auf. Materialzufluß und -abfluß für den Leichtzuschlag sind als Schnellverschlußsystem ausgelegt. Der mit Druckwasser beaufschlagte Zuschlag fließt nach erreichter Sättigung und Entleerung vom Behälter über ein Schwingsieb zum Vorsilo des Mischers. Von hier wird er in Abhängigkeit vom Mischerspiel chargenweise abgezogen. Das am Schwingsieb der gesättigten Leichtzuschläge entzogene Zwickel- bzw. Oberflächenwasser der gesättigten Zuschläge wird dem Sättigungsprozeß wieder zugeführt.

Natürlich ist es zur Aufrechterhaltung der Sättigung auch möglich, die Zuschläge nach der Sättigung in ein Wasserbad zu leiten und so eine Bevorratung ohne Wasserverdunstung zu erreichen.

Eine weitere Methode zur Druckwasser-Sättigung entsprechend Bl. 78 u. 91, jedoch ohne zusätzlichen Druckwasser-Zylinder, bietet sich an, wenn man den Druckwasserbehälter (Bl. 91) mit den darin befindlichen porösen Leichtzuschlägen lediglich an das Leitungswassernetz anschließt. Dabei ist wiederum eine Absperrmöglichkeit gegen den Druck des Leitungsnetzes (6 bis 6,5 kp/cm^2 Überdruck) sowie eine Schnellentlüftung zur wechselweisen Betätigung am Druckbehälter vorzusehen. Bei Inkaufnahme eines höheren Wasserverbrauchs kann der Wasservorratsbehälter entfallen. Versuche mit einem Druckbehälter von 300 l Inhalt, in welchen 185 kg Leichtzuschlag (Körnung 8/16 mm) eingefüllt wurden, ergaben nach jeweils 80 bis 100 Be- und Entlastungsspielen Sättigungsgehalte zwischen 45 und 65 % bezogen auf das Kornporenvolumen. Dabei muß als wesentlicher Nachteil dieses Verfahrens die große Gesamtdauer für Be- und Entlastung, hier zwischen 45 - 60 min liegend, angesehen werden.

5.2 AUFBEREITUNG DER LEICHTZUSCHLÄGE ZUR VERBESSERUNG DER VERARBEITBARKEIT BEIM PUMPEN

Bisher sind als mögliche Förderweisen von frischem Leichtbeton mit porösen Zuschlägen durch Rohrleitungen zu empfehlen:

Methode 1: Pumpen von Leichtbeton mit stark gesättigten porösen Leichtzuschlägen.

Methode 2: Pumpen von Leichtbeton mit weitgehend ungesättigten porösen Leichtzuschlägen unter Zugabe optimaler Mengen an Zusatzluft im Ansaug- und Förderbereich und weiterer Zugabe von Betonzusatzmitteln, die das Fließen von Wasser bzw. Zementleim in die Zuschläge hinein zeitlich verzögern.

(Methode 3 wird auf S. 121 bis 123 erklärt).

Aus förder- und strömungstechnischen Gründen sowie solchen des Bauablaufs und der geforderten Betriebssicherheit ist vor allem bei langen und komplizierten Verläufen der Rohrleitung die Methode 1 zu empfehlen. Sie hängt allerdings wie die Methode 2, deren mögliche Anwendung voraussichtlich auf bestimmte Fördergegebenheiten begrenzt sein wird, von der Verwendung des Betons ab. Für Methode 1 ist eine Sättigung der porösen Leichtzuschläge auf hydrothermischem Wege oder mit Hilfe der Vakuum- sowie der Druckwasser-Methode mit intermittierender Entlüftung möglich.

Bei der Methode 2 muß zumindest einmal die in den vorläufigen Richtlinien und Merkblättern für Stahlleichtbeton genannte Wasseraufnahme der Leichtzuschläge in 30 min beim Mischungsansatz berücksichtigt werden und ein relativ großes Ausbreitmaß vor dem Pumpen vorliegen (48 bis 54 cm). Bei Verwendung von im Freien gelagerten Leichtzuschlägen ist deren Eigenfeuchte für den richtigen Mischungsansatz zu berücksichtigen. Der fließtechnisch wirkende W/Z-Wert darf sich vor allem im ersten Förderbereich aufgrund der hier vorherrschenden großen Drücke nicht zu stark verkleinern, sonst vergrößern sich die plastische Viskosität und Fließschubspannung des Betons derartig, daß ein Pumpen infolge zu großer Druckabfälle nicht mehr möglich ist (zeitliche Wasseraufnahme unter vorherrschendem Kornaußendruck).

Das pseudoplastische Verhalten von Anmachwasser bzw. Zementleim im Leichtbeton durch Verwendung entsprechender Betonzusatzmittel, wie Cellulose-Derivate, verhindert ein stärkeres Eindringen von Wasser in die porösen Körner nicht in jedem Fall. So reicht es nicht aus, wie bisher leider oft angewandt, derartige Mittel dem Leichtbeton nachträglich an der Baustelle durch Auflösen derselben in geringer Teilwassermenge zum Beton, z. B. in den Transportbetonmischer, zuzugeben. Dieses führt aufgrund mangelnder homogener Verteilung und Wirkungsweise im Beton nicht zum Pumperfolg. Nach Möglichkeit sollte der Arbeitsablauf eines Mischerspiels dann so geändert werden, daß eine Benetzung der porösen Leichtzuschläge im Mischer mit größerer Menge an homogener Flüssigkeit, bestehend aus Wasser und Zusatzmittel, und im weiteren Ablauf des Aufbereitungsprozesses eine homogene Verteilung der Mittel möglich sind. Diese könnte auch durch eine 2-Phasen-Mischmethode erreicht werden.

Die Herstellung von porösen Leichtzuschlägen mit großem Strömungswiderstand für Wasser ins Korn hinein bzw. mit nahezu geschlossener Oberfläche wäre bei Anwendung der Methode 2 wünschenswert.

5.3 DIE FÖRDERUNG VON NORMAL- UND LEICHTBETON

5.31 DIE FÖRDERUNG VON NORMAL- UND LEICHTBETON IN HERKÖMMLICHER ART DURCH ROHRE

Allgemein wird für das Pumpen von Normalbeton auf die diesbezüglichen Empfehlungen von Weber [4] und Nübling [5] hingewiesen. Diese betreffen u. den Aufbau des Pumpbetons, z. T. den angegebenen Druckverlust für bestimmte Fördermengen und die Ausführungen zum praktischen Pumpbetrieb.

Zur Untersuchung der für einen wirtschaftlichen Betrieb einer Betonpumpen-Förderanlage maßgebenden Problemkreise gehören darüber hinaus vor allem die Fragen einer kontinuierlichen Rohrförderung und des optimalen Innendurchmessers der Rohrleitung. Zur Beantwortung dieser wesentlichen Punkte werden die theoretischen Ausführungen über den Frischbeton als Bingham-Substanz und die in dieser Arbeit durchgeführten praktischen Untersuchungen herangezogen. Unberücksichtigt bleibt hierbei die Frage, inwieweit es sinnvoll erscheint, Rohrleitungen aus einem anderen Werkstoff als Stahl einzusetzen. Institutseigene Untersuchungen früherer Jahre ergaben einen wesentlich geringeren Druckabfall beim Pumpen von frischem Normalbeton durch Kunststoff- als durch handelsübliche Stahlrohrleitungen gleichen Innendurchmessers. Gegenüber einer Kunststoffrohrleitung liegt der Druckverlust beim Pumpen durch eine Stahlrohrleitung gleichen Druchmessers um rd. 15 bis 20 % höher. Ursächliche Zusammenhänge wurden seinerzeit nicht restlos geklärt, vermutlich tritt hier teilweises Wandgleiten des Betons auf.

Zur Vermeidung von Förderpausen zwischen den einzelnen Pumphüben, die einen zeitweisen Stillstand von Beton in der Rohrleitung bzw. einen sog. Mini-Verstopfer bedeuten, soll eine kontinuierliche Förderung angestrebt werden. Eine erneute Einleitung der Bewegung des Betons vom Stillstand im Rohr auf

Fördergeschwindigkeit bedeutet den Übergang von Haft- zur Gleitreibung und damit vergrößerte Anfahrwiderstände, die sich nachteilig als zusätzliche Druckbelastung, z. B. auf den Leichtbeton, auswirken.

Um ein nahezu kontinuierliches Pumpen von Beton zu erreichen, muß das Verhältnis des Förderstillstandes zur Förderung des Betons in der Rohrleitung stark verkleinert werden. Bezüglich der Rohrleitung müssen deren Relativbewegungen, die einen erheblichen zusätzlich zu deckenden Druckverlust bedeuten, durch geeignete Verlegung und bereichsweise Verankerung vermieden werden. Der zu pumpende Frischbeton muß in erster Linie den bautechnischen Anforderungen und dann den Bedingungen des Pumpens genügen. Eine Veränderung seiner Pumpwilligkeit darf nur in den bautechnisch zugelassenen engen Grenzen erfolgen. Damit sind die größten Veränderungen neben der Veränderung des Rohrleitungsdurchmessers im maschinellen Bereich der Betonpumpe vorzunehmen.

Sowohl bei der Rotor- als auch bei der Kolbenbetonpumpe muß der Füllungsgrad bzw. das Ansaugen verbessert werden. Das bedeutet für Kolbenpumpen ein besseres Abdichten gegen Falschluft und eine Verringerung des Totraumes im Schieberbereich. Es werden leider immer noch Kolbenpumpen angetroffen, die im Schieberbereich noch nicht einmal wasserdicht sind. Weiterhin muß die Ansauggeschwindigkeit zur Verbesserung der Füllung verkleinert werden, d. h. bei gleicher Fördermenge größerer Ansaug- und Förderquerschnitt. Dieses trifft speziell für die Rotorbetonpumpe zu. Die Kolbenpumpe weist als Nachteil ein großes Verhältnis der Querschnitte von Betonkolben zur Rohrleitung auf. Bei der Rotorbetonpumpe hat dieses Verhältnis vorteilhafterweise stets den Faktor 1 und vermeidet damit einen erheblichen zusätzlichen Druckverlust von 35 bis max. 65 % bezogen auf den im Betonförderzylinder herrschenden Druck. Die Förderung von Leichtbeton wird durch das in der Rotorpumpe erforderliche geringere Niveau des Anfangsdrucks begünstigt.

Eine im Ansaugbereich der Betonpumpe arbeitende z. B. hydro- oder elektromechanische Förderhilfe kann den Füllungsgrad beider Pumpen entscheidend verbessern. Diese ist im Fall der Rotorbetonpumpe sehr einfach zu verwirklichen. Eine hydraulisch bzw. elektromechanisch (z. B. vom Motorgetriebe über eine Induktionskupplung) angetriebene Schnecke fördert, im nach oben offenen Trog laufend als Vollgang bzw. Paddelschnecke ausgebildet, Frischbeton in den Ansaugstutzen der Betonpumpe hinein. Sie wird antriebstechnisch so geregelt, daß sie dem Rotor mit seinen Rollen als Leitantrieb drehzahl- bzw. fördermengenmäßig folgt (ähnlich der Zugkraftregelung bei einer Fadenwickelmaschine). Dann bestimmen nicht, wie erläutert, Kohäsion und Adhäsion das Aufrichten und damit die Füllung des Pumpschlauches. Auch bei Kolbenbetonpumpen ist ähnliches möglich. Dadurch erhält man gegenüber dem Ansaugen mit mehr oder weniger Unterdruck eine wesentlich bessere Füllung und damit ein nahezu kontinuierliches Pumpen von Beton in der Rohrleitung.

Die gestellte Forderung nach größeren Ansaug- und Förderquerschnitten deckt sich aufgrund dieser Arbeit mit den vor allem im Hinblick auf die gewünschte Förderung von Leichtbeton zu fordernden größeren Förderquerschnitte der Rohrleitungen.

In Bl. 92 sind Wandschubspannung und Druckabfall in Abhängigkeit vom Rohrleitungsinnendurchmesser aufgetragen. Zur Berechnung werden die Werte der für die Mischung nach Bl. 17, 88 und 89 ermittelten plastischen Viskosität und Fließschubspannung herangezogen. Für weitere Betrachtungen der Förderung von Leichtbeton mit Hilfe der Diagramme Bl. 73, 74 und 75 werden Fördermenge und Rohrleitungslänge vorgewählt.

Bei Vergrößerung des Rohrinnendurchmessers von 100 auf 125 mm verkleinern sich, nach Gl. (32) und (33) gerechnet, die Wandschubspannung τ_w um rd. 34 % und der Gesamtdruckabfall Δp für das gerade horizontale Förderrohr um rd. 47 %. Bei Vergrößerung des Rohrinnendurchmessers um 50 % verkleinern sich τ_w

um rd. 49 % und Δp um rd. 66 %. Zwar treffen die genannten Zahlen genau genommen nur für die hier ermittelten Werte von η_{pl} und τ_y zu, dennoch kann man hieraus eindeutig erkennen, daß man maschinentechnisch und betriebswirtschaftlich gesehen beim Pumpen von Frischbeton wieder auf größere Nennweiten der Förderrohre übergehen sollte. Aber auch betontechnologisch gesehen bringt dieses entscheidende Vorteile. Nach Gl. (36) berechnet und anhand der Bl. 8 und 12 gut vorstellbar, vergrößert sich der sog. 'feste Pfropfen' und verkleinert sich das Verhältnis $v_{max}/\bar{v}$. Der Zuschlag neigt weniger zur Rotation, der Beton entmischt weniger. Neben der Bewahrung einer größeren Homogenität können aufgrund geringerer Rotation auch Betone mit mehr plattigem und gebrochenem Zuschlag gepumpt werden.

Hinsichtlich des Gewichtes der Stahlrohre größeren Druchmessers sind die früher festgestellten Nachteile der Anwendung von Kunststoffrohren beim Übergang auf Rohrdurchmesser von 125 bzw. 150 mm nochmals zu überdenken. Kunststoffdruckrohre mit derartig einfachen Flanschen kann man heute im Extrusionsverfahren herstellen und z. T. schon in der 'Extrusionsstraße' intermittierend sägen und flanschstauchen. Weiterhin wurden zwischenzeitlich z. B. PVC-Typen mit großer Schlagzähigkeit und Winterfestigkeit entwickelt. Die Anschaffungskosten für derartige Rohre sind durch Rationalisierung und Verminderung der Rohstoffkosten gesunken. Hinzu kommt nach wie vor der Vorteil des geringen Metergewichtes. Nicht nur bedingt durch den Trend zu größeren Fördermengen bei Betonpumpen, sondern auch aufgrund der erläuterten Zusammenhänge, sollten Rohre von NW 125 und NW 150 wieder an Bedeutung gewinnen. In Anbetracht des Gesamtgewichtes betongefüllter üblicher Rohrlängen scheint NW 125 eine optimale Nennweite darzustellen. Der Aspekt einer größeren Nennweite der Rohre ist besonders für das Pumpen von Leichtbeton wichtig. Hierbei sei zunächst unterschieden nach:

Fall I Pumpen durch Rohrleitung mit gleichem Querschnitt und

vergrößerter Fördergeschwindigkeit
Fall II Pumpen mit gleicher Fördermenge durch Rohre mit vergrößertem Rohrleitungsquerschnitt

Für Fall II seien Bl. 75 und Bl. 92 beispielhaft herangezogen. Man gehe von einem kontinuierlichen Pumpen eines frischen Leichtbetons mit Liapor 6 als Leichtzuschlag aus und ersetze den Druckabfall, der sich zum Förderrohraustritt hin linear vermindert, durch die Hälfte des Druckes, der dann jedoch über der gesamten Rohrlänge konstant ist. Danach wirkt bei der Rohrleitung NW 100 auf absolute Größen umgerechnet, ein Druck von $p_{a\ 100}$ = 0,5 (6 + 1) ata = 3,5 ata und bei der Rohrleitung NW 125 bei gleicher Rohrleitungslänge ein Druck von $p_{a\ 125}$ = 2,08 ata. Entsprechend den Einwirkungsdauern von 12,6 s und 19,69 s (s. a. Bl. 92) betragen die Wasseraufnahmen unter Druck und Verweildauer in der

Rohrleitung NW 100	$w_D = w_{pat} = 33\ \%$	des Kornporen-
Rohrleitung NW 125	$w_D = w_{pat} = 19\ \%$	volumens V_P

Die Wasseraufnahme bei NW 125 beträgt nur noch 57,6 % derjenigen einer Rohrleitung von NW 100. Diese Betrachtung läßt sich, prozentual bezogen, auch auf Förderungen übertragen, bei denen Leichtzuschlag nicht allein von Wasser, sondern von Mörtel bzw. Zementleim umgeben ist. Da zu erwarten ist, daß ein effektiv höherer Druck zum Austreiben von Wasser aus dem Zementleim in den porösen Zuschlag hinein notwendig ist, verhindert ein größerer Rohrleitungsquerschnitt, d. h. ein niedrigeres Druckniveau, den Wassereintritt ins Korn und damit die Erniedrigung des fließtechnisch wirkenden W/Z-Wertes zusätzlich. Hierzu vergleiche man die niedrigere Wasseraufnahme eines von Zement umgebenen Leichtzuschlages (Bl. 85).

Im Fall I wird einerseits versucht, durch Betonzusatzmittel und Zusatzluft das Eindringen von Anmachwasser in den Leichtzuschlag hinein zu verhindern. Andererseits nimmt man hohe

Drücke in Kauf und pumpt durch einen Leitungsdurchmesser NW 100 mit höherer Geschwindigkeit. Dabei nutzt man das degressive Verhalten der Wasseraufnahme über dem Druck aus und hält dabei den Betonfluß im Rohr aus Gründen der Massenträgheit besser aufrecht (Bl. 68, 75). Hiernach liegt wohl eine stärkere Wasseraufnahme als im Fall II vor. Dennoch kann bei entsprechender Auslegung der Beton aus der Rohrleitung schon wieder ausgetreten sein, bevor die Wasserverarmung des Betons zu Verklemmungen, Verkeilung und damit zum Verstopfer führt. Die Förderung nach Fall I kann nur als zeitweise günstige, der Fall II jedoch als richtige Lösung angesehen werden. Dieser stellt die M e t h o d e 3 , Leichtbeton zu pumpen, dar (Methode 2, 3 s. S. 116).

5.32 DIE FÖRDERUNG VON NORMAL- UND LEICHTBETON MIT HILFE EINES NEUARTIGEN VERFAHRENS

Die bisherige Förderung von Frischbeton geht davon aus, daß der Beton mittels eines Pumpe durch eine Rohrleitung gepreßt wurde. Der Beton bewegt sich relativ zum Rohr und weist bei gegebenem Wert der Rohrleitung in Abhängigkeit von den betontechnologischen und den fließtechnischen Kenndaten einen großen Rohrreibungswiderstand auf, der sich in einem erheblichen, für das Pumpen notwendigen Druckgefälle widerspiegelt.

Umfaßt man hingegen den Beton mit einem biegsamen Förderrohr und bewegt beide zusammen unter Ausnutzung eines von der Rohrinnenfläche abhängenden Förderdruckkeils, so bringt dieses erhebliche Vorteile gegenüber den bisherigen Förderweisen. Nach diesem Verfahren, das patentrechtlich geschützt ist, ist ein kontinuierliches horizontales, schräges und vertikales Fördern von frischen Betonen, insbesondere von Leichtbeton und Mörtel, sämtlicher üblicher und gerade der steiferen Konsistenzen möglich. Bei letzteren ist ein Pumpen aufgrund zu hoher Druckverluste unmöglich.

Von einer Fülleinrichtung gelangt der Beton in ein flexibles, endloses, in Längsrichtung zu öffnendes und verschließbares Förderrohr. Dieses biegsame Förderrohr, z. B. aus armiertem Kunststoff bestehend, läuft endlos um. Nach Verlassen des des Einfüllbereiches der Fülleinrichtung wird das inzwischen wieder geschlossene Förderrohr mit dem eingefüllten Frischbeton mittels entsprechender Antriebs-, Umlenk- und Tragstationen an einem Gerüst zur Aufgabestelle hin gefördert, von wo es entleert zum Einfülltrichter zurückläuft. Das biegsame Förderrohr wird mit regelbarer Geschwindigkeit umlaufend bewegt, wobei die Reibungsverhältnisse von Schlauchinnenseite und Beton dem jeweiligen Einsatzbereich entsprechend angepaßt sein können. Um bei senkrechter Förderung und Stillstand des Förderrohres ein Rückfließen von Beton, das aufgrund der gültigen Strömungsbedingungen mit Schleichganggeschwindigkeit eintreten könnte, zu verhindern, kann das Förderrohr von außen zusammengedrückt und damit der geringe Förderrückstrom abgeklemmt werden.

Mit diesem neuartigen Verfahren werden die beim Pumpen von Frischbeton vorgegebenen Grenzen, z. B. der Förderbarkeit, wesentlich weiter hinausgeschoben und ein erheblicher Anteil der Nachteile beim Pumpen selbst vermieden. Vor allem Leichtbeton läßt sich nach diesem Verfahren problemlos fördern. Die Wasseraufnahme der porösen Leichtzuschläge behindert eine Förderung nicht. An jeder Stelle im Förderrohr wird der Beton vor allem bei senkrechter Förderung durch seinen eigenen Druckkeil mit der Rohrinnenwand getragen. Der Gesamtdruck auf den Beton selbst ist im Vergleich zum Pumpen vernachlässigbar gering. Am Beispiel der senkrechten Förderung wird ersichtlich, daß ein Förderaggregat nach diesem Verfahren gegenüber einer Betonpumpe wesentlich geringere Förderleistung benötigt. Im wesentlichen ist nur Hubleistung unter Berücksichtigung eines relativ günstigen Wirkungsgrades aufzubringen. Federnd armierte, flexible Rohre, die als Hauptelemente dieser Anlage entsprechend verändert geformt werden müssen, sind schon heute marktgängig. Dieses System kann sowohl auf Fahrzeuge mit Knickmastausleger als auch auf stationäre und verfahrbare Anlagen am Bau montiert werden.

6. ZUSAMMENFASSUNG UND AUSBLICK

Die vorliegende Arbeit befaßt sich mit der Vervollständigung der theoretischen und empirischen Erkenntnisse über das Pumpen von frischen Betonen allgemein und im besonderen von Leichtbeton mit porösen Leichtzuschlägen.

Eine umfassende Theorie, aufbauend auf den Gesetzen der allgemeinen Strömungslehre und zunächst auf die Rohrförderung von frischem Normalbeton abgestellt, schafft u. a. die Voraussetzungen für die Beurteilung der Pumpwilligkeit eines Betons aufgrund seiner rheologischen Kenngrößen. Frischer Beton gehört zu den fließfähigen Substanzen, deren rheologisches Verhalten nicht durch das Newtonsche Stoffgesetz erfaßt wird. Nach der Klasseneinteilung der Fließerscheinungen dieser Substanzen läßt sich frischer Normalbeton als Bingham-Substanz einordnen und gehört rheologisch gesehen zu den zeitunabhängigen plastischen Stoffen. Seine Pumpwilligkeit ist bei gegebenen Werten von Fördergeschwindigkeit und Rohrdurchmesser durch die plastische Viskosität η_{pl} und die Fließschubspannung τ_y, die sich als betoneigene Größen nur in Abhängigkeit vom Alter des Frischbetons und von seinem betontechnologischen Aufbau ändern, vollständig zu beschreiben. Beide Werte werden im Pumpversuch ermittelt.

Neben der Bestätigung eines Teils bisheriger, vor allem experimenteller Erkenntnisse wird im Gegensatz zu bisherigen Annahmen theoretisch sowie durch Versuche belegt, daß ein mit unterschiedlicher mittlerer Fördergeschwindigkeit durch eine Rohrleitung gleichen Durchmessers bewegter Frischbeton sein Geschwindigkeitsprofil und damit seine Fließfront über dem Rohrradius ändert. Dieses ist im wesentlichen darauf zurückzuführen, daß ein Pfropfenfließen mit veränderlichem sog. festen Pfropfen im Kernbereich des Rohres vorliegt. Der Außenradius des Pfropfens ändert sich in Abhängigkeit von der Plastizitätszahl N_{PL}, die ihrerseits die rheologischen

Größen der plastischen Viskosität und Fließschubspannung sowie die verfahrenstechnischen Größen der mittleren Fördergeschwindigkeit und des Rohrleitungsinnendurchmessers beinhaltet. Das Verhältnis der Pfropfengeschwindigkeit zu der mittleren Fördergeschwindigkeit gibt Auskunft über die bei der Rohrförderug zu erwartende Neigung zur Entmischung.

Die angegebenen Beziehungen gestatten eine hinreichend genaue Vorausberechnung des Druckverlustes beim Pumpen von frischem Normalbeton. Sie untermauern, korrigieren und ergänzen die bisher gefundenen Gesetzmäßigkeiten. Mit Hilfe der Beziehungen wird auch der Einfluß der Veränderung des Rohrdurchmessers auf Druckverlust und erforderliche Förderleistung bei gleicher Fördermenge allgemein und an Beispielen dargestellt.

Erstmals wurden Fließfronten des im Rohr geförderten Normalbetons mittels unterschiedlicher Einfärbung sichtbar gemacht. Diese stützen die ebenfalls theoretisch an Beispielen vorgetragene Ansicht, daß Normalbeton den Bingham-Substanzen zuzuordnen ist. Sie verändern ihre Form bei unterschiedlichen mittleren Fördergeschwindigkeiten im Rohr und in Abhängigkeit von betontechnologischen bzw. rheologischen Kenngrößen. Im Vergleich zu früheren und neueren Versuchsergebnissen werden hier aufgrund detaillierter Untersuchungen dieser Strömungsbilder Entmischungen sowie das allgemeine Verhalten des Betons beim Pumpen genauer beschrieben und Anregungen für zukünftige Förderweisen gegeben.

Als ein wesentliches Ergebnis der Untersuchungen ist herauszustellen, daß man beim Pumpen von Beton sowohl aus betontechnologischen als auch maschinentechnischen und wirtschaftlichen Gesichtspunkten von der bisher üblichen Förderleitung NW 100 abgehen und wieder auf größere Nennweiten (NW 125 bzw. NW 150) übergehen sollte. Dieses wirkt sich besonders günstig auf das gewünschte Pumpen von Leichtbeton mit porösen Zuschlägen aus. Unter Berücksichtigung aller Erkenntnisse und

Erfahrungen wird ein Förderrohrdurchmesser NW 125 für das Pumpen von Normalbeton als optimal angesehen.

Die Buckingham'sche Gleichung des Druckverlustes (33 ff) muß für eine senkrechte Rohrförderung durch ein additives Glied oder die Rohrlänge l durch die entsprechende Scheinrohrlänge l_s ergänzt werden. Druckverluste im Krümmer lassen sich ebenfalls nach dem Scheinrohrlängen-Verfahren mit Hilfe der Gl. (33) selbst vorausberechnen, die nur für laminare Rohrströmung gilt.

Die Rohrströmung von frischem Beton ist bei kontinuierlicher Förderung, d. h. ohne Verstopfer, und den vorliegenden Fördergeschwindigkeiten nachweislich als laminare Strömung einer homogenen Mischung anzusehen, solange der Beton noch, rheologisch gesehen, als eine plastische Substanz aufzufassen ist. Auch anhand der Sinkgeschwindigkeit eines Kieskorns im Zementleim und Mörtel läßt sich abschätzen, daß sehr dünnflüssiger Beton nicht mehr als ein Kontinuum aufzufassen ist. In diesem Fall stellt er ein heterogenes absetzbares Gemisch dar und ist nur unter Beachtung der für den hydraulischen Transport geltenden Gesetze zu pumpen.

Betontechnologische und maschinentechnische Kenngrößen und Eigenarten werden ausführlich behandelt. Maschinentechnische Verbesserungen von Betonpumpen, betreffend den Füllungsgrad und die erwünschte Förderung, werden empfohlen.

Nachdem das Pumpen von Normalbeton im grundsätzlichen weitgehender erforscht und die Anwendbarkeit mit ihren Grenzen aufgezeigt ist, werden grundsätzliche, besondere Gegebenheiten des Pumpens von Leichtbeton untersucht. Leichtbeton ändert sich, wie im Rahmen von Untersuchungen z. B. anhand der Frischbetonrohdichte und der Druckverluste bei der Rohrförderung im Vergleich zum Normalbeton abgeleitet wird, im Verlauf der Förderung sehr stark und verhindert z. T. ein Pumpen durch Rohrleitungen. Die vergleichende Untersuchung liefert diesbezüglich bereits wesentliche Unterscheidungsmerkmale zwischen Normal- und Leichtbeton, wonach Leichtbeton mit weitgehend ungesättigten porösen Leichtzuschlägen, rheologisch gesehen, als zeitabhängige Nicht-Newtonsche Substanz anzusehen ist. Dieses gilt auch dann noch, wenn diesem Beton bestimmte Mengen an Zusatzluft und Betonzusatzmitteln bzw. -zusatzstoffen beigegeben werden, was letztlich ein Eindringen von Wasser aus dem Zementleim in den porösen Zuschlag z. T. verhindert. Darüber hinaus werden Aussagen über den Einfluß der Art und Kornform der Leichtzuschläge auf das Pumpen gemacht.

Das Zusammenwirken der nach Stoffart unterschiedlichen Vorgänge beim Pumpen wird durch Einzeluntersuchungen am Leichtzuschlag ergänzt. Einzelphänomene, am Leichtzuschlag selbst untersucht, geben u. a. Aufschluß über die Wasseraufnahme und Wasserabgabe einfach oder mehrfach mit Druck be- und entlasteter poröser Leichtzuschläge. Es wird z. B. die Arbeitsweise einer Betonpumpe simuliert, wobei die Zuschläge mit reinem Wasser, Wasser mit verdickenden Zusätzen und mit Zementleim umgeben werden. Das Eindringen von Wasser in die Kornporen läßt sich u. a. sowohl als Funktion des Druckes als auch der Einwirkdauer desselben darstellen. Wesentlich ist sein mehr oder weniger degressiver Verlauf über beiden.

Aufgestellte thermodynamische und andere Modellvorstellungen bedürfen der weiteren Erhärtung durch Untersuchungen im Rahmen der Technischen Thermodynamik, der Physikalischen Chemie (Löslichkeit von Luft in Wasser unter Druck) und der Rheologie.

Die Untersuchung der Vorgänge des Eindringens von Luft und Wasser in den porösen Zuschlag führt unter kritischer Würdigung möglicher Förderweisen zu dem Vorschlag, Leichtbeton mit stark druckwassergesättigten porösen Zuschlägen zu pumpen und/oder gleichzeitig, wie auch für Normalbeton dargestellt, auf größere Förderquerschnitte überzugehen. Nur in bestimmten Anwendungsfällen ist eine Rohrförderung von Leichtbeton mit ungesättigten Zuschlägen durch größere Rohrleitungsdurchmesser unter Zugabe optimaler Mengen an Zusatzluft und Betonzusätzen möglich.

Im Gegensatz zum Pumpen von Normalbeton ist das Fließverhalten von Leichtbeton, je nachdem ob seine porösen Zuschläge weitergehend gesättigt sind oder nicht, unterschiedlich zu deuten. Das Fließverhalten dieser ebenfalls Nicht-Newtonschen Substanz wird bei geringer Sättigung der Zuschläge als zeitabhängig-rheopex zu kennzeichnen, bei weitgehender Sättigung hingegen näherungsweise als zeitunabhängige Bingham-Substanz zu berechnen sein.

Allerdings können die mitgeteilten Berechnungsmethoden zur Rohrförderung von Beton aufgrund der skizzierten Problematik keinen Anspruch auf Vollständigkeit erheben. Die wesentlichen, für ein Pumpen durch Rohrleitungen in Frage kommenden Normalbetone müssen hinsichtlich der Größenordnung ihrer beiden rheologischen Kenngrößen η_{pl} und τ_y untersucht und entsprechende Nomogramme, Rohrleitungsdurchmesser und Förderlänge beinhaltend, bestimmt werden, wobei z. T. auch auf vorhandene Meßergebnisse [5; 22] zurückgegriffen werden kann.

Ein neues Verfahren, wonach der frische, plastische Beton nicht mehr durch die Rohrleitung gepumpt, sondern gleichzeitig mit einem biegsamen, in Längsrichtung zu öffnenden und zu schließenden, endlos umlaufenden Förderrohr gefördert werden soll, wird beschrieben.

7. LITERATURVERZEICHNIS

7.1 IM TEXT BESONDERS GEKENNZEICHNETE LITERATUR

/ 1 / Barth, W.: Physikalische und wirtschaftliche Probleme des Transportes von Feststeilchen in Flüssigkeiten und Gasen. Chemie-Ing.-Techn. 32 (1960) Nr. 3 S 164/71.

/ 2 / Barth, W.: Strömungsvorgänge beim Transport von Festteilchen und Flüssigkeiten in Gasen mit besonderer Berücksichtigung der Vorgänge bei pneumatischer Förderung. Chemie-Ing.-Technik 30 (1958) Nr. 3 S 171/80.

/ 3 / Kriegel, E./Brauer, H.: Hydraulischer Transport körniger Feststoffe durch waagerechte Rohrleitungen. VDI-Forschungsheft 515 (1966), VDI-Verlag.GmbH, Düsseldorf.

/ 4 / Weber, R.: Rohrförderung von Beton. Beton-Verlag GmbH, Düsseldorf, 1963.

/ 5 / Nübling, F.: Die Förderung des Frischbetons durch Rohre. Diss. T.U. Berlin, 1971.

/ 6 / Gengenbach, P.A.: Pneumatische Förderung von Frischbeton. Beton-Verlag GmbH, Düsseldorf, 1969.

/ 7 / Rapp, G.: Über die Rohrförderung von Leichtbeton. Zeitschrift Beton, Heft 5, 1971, Seite 182 ff.

/ 8 / Reilly, W.E.: Hydrothermal and Vacuum Saturated Lightweight Aggregate for Pumped Structural Concrete. ACI-Journal, July 1972.

/ 9 / Schlichting, H.: Grenzschicht Theorie. Verlag Braun, Karlsruhe, 1965.

/10 / Schlichting/Truckenbrodt: Aerodynamik des Flugzeuges Bd. I Grundlagen der Strömungsmechanik. Springer-Verlag, Berlin/Göttingen/Heidelberg, 1959.

/11 / Schwaigerer, S.: Rohrleitungen - Theorie und Praxis. Springer-Verlag, Berlin/Heidelberg/New York, 1967.

[12] Matthies, H.J.: a) Der Strömungswiderstand beim Belüften landwirtschaftlicher Güter. VDI-Forschungsheft 454 (1956). b) Vorlesungsumdruck Pneumatische Förderung 1961.

[13] Mühle, J.: Partikelbewegung in Strömungen mit rotationssymmetrischer Geschwindigkeitsverteilung. Diss. T.U. Berlin, 1969.

[14] Wilkinson, W.L.: Non-Newtonian Fluids, Fluid Mechanics, Mixing and Heat Transfer. Pergamon Press, London/Oxford/New York/Paris, 1960.

[15] Jastrzebski, Z.D.: Entrance Effects and Wall Effects In An Extrusion Rheometer During The Flow of Concentrated Suspensions. I & EC Fundamentals, Vol. 6 No. 3 S. 445 - 454, August 1967.

[16] Offermann, H.: Die Rheometrie wandgleitender Kunststoffschmelzen untersucht am Beispiel von Hart-PVC. Diss. RWTH Aachen, 1972.

[17] Skelland, A.H.P.: Non-Newtonian Flow and Heat Transfer. John Wiley & Sons Inc., New York, London, Sidney, 1967.

[18] Rautenbach, R.: Grundlagen der Rheologie. Vorlesungsumdruck des Institutes für Verfahrenstechnik, RWTH Aachen, Mai 1973.

[19] Weber, J./Wesche, K.H.: Kennwerte für die Kornverteilung und den Wasseranspruch von Zuschlaggemischen. Betonstein-Zeitung, Heft 9, 1971.

[20] Schmidt, E.: Einführung in die Thermodynamik. Springer-Verlag, Berlin/Göttingen/Heidelberg, 1960.

[21] Nübling, F.: Die Förderung durch Rohrleitungen - eine rationelle Fördermethode im Bauwesen. Baumaschine und Bautechnik 20, Heft 4, April 1973.

[22] Morinaga - Rilem Seminar: Pumpability of Concrete and Pumping Pressure in Pipelines. Research Institute, Shimizu Construction Co. Ltd, Tokyo, Japan. Vortrag 22./24. 3. 1973 University Leeds, England.

[23] Kempster, E.: Pumpable Concrete. Building Research Station Current Papers. CP 29/69 August 1969.

7.2 IM TEXT NICHT BESONDERS GEKENNZEICHNETE LITERATUR

(1) Aurich, H.: Kleine Leichtbetonkunde. Bauverlag GmbH, Wiesbaden und Berlin, 1971.

(2) Betontechnische Berichte des Vereins Deutscher Zementwerke: a) Vorläufiges Merkblatt I für Stahlleichtbeton, Betonprüfung zur Überwachung der Leichtzuschläge, Fassung Juli 1968, Zeitschrift Beton 8 - 68.
b) Vorläufiges Merkblatt II für Stahlleichtbeton, Zusammensetzung und Eignungsprüfung, Fassung Oktober 1969, Zeitschrift Beton 12 - 69.
c) Vorläufiges Merkblatt III für Stahlleichtbeton, Herstellen und Verarbeiten, Fassung Mai 1972, Zeitschrift Beton 5 - 72.

(3) Autorenteam: Bird, R.B.; Lightfoot, E.N.; Stewart,W.E. Transport Phenomena. John Wiley & Sons, Inc. New York-London, 1960.

(4) Deutscher Normenausschuß: DIN 1045, Beton- und Stahlbetonbau, Bemessung und Ausführung. Beuth-Vertrieb GmbH, Berlin/Köln, Januar 1972.

(5) Gaessler, H.: Experimentelle und theoretische Untersuchungen über die Strömungsvorgänge beim Transport von Feststoffen in Flüssigkeiten und durch horizontale Rohrleitungen. Diss. T.H. Karlsruhe, 1966.

(6) Hummel, A.: Das Beton-ABC. Verlag Wilhelm Ernst & Sohn, Berlin, 1959.

(7) Landolt-Börnstein: Zahlenwerte und Funktionen aus der Physik, Chemie, Astronomie, Geophysik und Technik. 6. Auflage, Bd. II, Teil 26, Lösungsgleichgewichte von Gasen mit Flüssigkeiten. Berlin Springer-Verlag, 1960.

(8) Lydon, F.D.: The Problem of Water Absorption by Lightweight Aggregates. Magazine of Concrete Research. Vol. 21, No. 68, September 1969.

(9) Pupp, W.: Vakuumtechnik, Grundlagen und Anwendung. Thiemig-Taschenbücher, Bd. 43, Verlag Karl Thiemig München, 1972.

(10) Sand, P.: Entmischungseffekte in nicht-sedimentierenden Suspensionen runder Teilchen. Diss. RWTH Aachen, 1963.

(11) Ulbrecht, J./Mitschka, P.: Nicht Newtonsche Flüssigkeiten, Strömungsvorgänge und Wärmeübertragung. VEB Deutscher Verlag für die Grundstoffindustrie, Leipzig, 1967.

(12) Vollheim, R.: Pneumatischer Transport. VEB Deutscher Verlag für die Grundstoffindustrie, Leipzig, 1971.

(13) Weigler, H.: Gefügedichter Leichtbeton, Prinzip und Möglichkeiten. Zeitschrift Beton 7/72.

(14) Weigler, K.: Stahlleichtbeton, Herstellung - Eigenschaften - Ausführung. Bauverlag, 1972.

(15) Wutz, M.: Theorie und Praxis der Vakuumtechnik. Verlag Friedrich Vieweg & Sohn, Braunschweig, 1965.

Hydrothermal and Vacuum Saturated Lightweight Aggregate for Pumped Structural Concrete	Bl. 1
	Dat. 11.3.73
	Nr. B37/1.1

HYDROTHERMAL SATURATION TEST

rsion rature deg C	Percent water absorbed 2 min	30 min	24 hr	48 hr	Aggregate crushing strength psi	kg/cm^2
mersed					217	15,2
25		7,0		17,0	183	12,8
300		28,0		31,0	107	7,5
500		41,0	44,0	44,0	110	7,7
600		55,0			110	7,7
700	40,0	51,0	52,0	52,0	105	7,4
900		46,0	46,0	45,0	60	4,2

sizes: 1/2 in. to No. 4 (12,7 to 4,8 mm)
nit weight
lb per cu ft (680 kg/m^3) dry, loose
lb per cu ft (1035 kg/m^3) saturated, loose (at 1292 F)

VACUUM SATURATION TEST RESULTS

es	Unit weight dry, loose lb per cu ft	kg/m^3	Unit weight saturated, loose lb per cu ft	kg/m^3	Water absorbed percentage by weight
mples	42,8	686	61,8	990	44,4
mples	44,7	716	61,0	977	36,5
mples	43,5	697	63,5	1017	46,0
mples	41,1	658	58,2	932	41,6
mples	42,5	681	59,5	953	40,0
mples	42,8	686	61,2	980	43,0
	42,9	687	60,9	976	41,9

zes: 1/2 in. to No. 4 (12,7 to 4,8 mm)

OMPARISON BETWEEN MIXES MADE WITH VACUUM SATURATED AND DRY AGGREGATE

Property	Time, days	Vaccum saturated aggregate	Dry aggregate
Compressive strength psi (kgf/cm^2)	1	1000 (70,31)	1240 (87,18)
	3	1745 (122,7)	2125 (149,4)
	7	2460 (173,0)	2845 (200,0)
	21	3540 (248,9)	3910 (274,9)
	28	3630 (255,2)	4040 (284,0)
	60	4095 (287,9)	4165 (292,8)
Drying shrinkage percent	7	0	0
	14	0,011	0,013
	21	0,018	0,024
	28	0,027	0,033
	35	0,039	0,042
Unit weight (as batched) lb per cu ft (kg/m^3)	As batched	121,9 (1953)	113,2 (1813)
	28	112,8 (1807)	108,1 (1732)
	60	110,1 (1764)	107,7 (1725)
	90	108,1 (1732)	107,5 (1722)
	180	107,5 (1722)	107,2 (1717)
Mix proportions*			
Cement, lb		517 (235)	517 (235)
Water (active), lb		308,5 (139,9)	308,5 (139,9)
Water (absorbed), lb			69,2 (31,4)
Sand, lb		1472 (667,7)	1472 (667,7)
Coarse aggregate		16,4 cu ft at 62,0 lb per cu ft (0,464 m^3 at 993 kg/m^3)	16,4 cf at 43,0 pcf (0,464 m^3 at 689 kg/m^3)

* Both mixes contained a plasticizing, air-entraining admixture

Berechnungs-beispiel Vergleichsangaben	Fördern von Frischbeton durch Rohrleitungen Frischbeton als plastischer Stoff	Bl. 2 Dat. 14.3.73 Nr. B37/2.11

Potentieller Druck p_{pot} von Wasser, Leicht- und Normalbeton in Abhängigkeit von der Förderhöhe

p_{pot} [kp/cm²]

Förderhöhe h [m]	Wasser	Leichtbeton					Normalbeton	
	Rohdichte in kg/m³							
	1000	1200	1400	1600	1800	2000	2200	2330
5	0,5	0,6	0,7	0,8	0,9	1,0	1,1	1,165
10	1,0	1,2	1,4	1,6	1,8	2,0	2,2	2,330
15	1,5	1,8	2,1	2,4	2,7	3,0	3,3	3,495
20	2,0	2,4	2,8	3,2	3,6	4,0	1,4	4,660
25	2,5	3,0	3,5	4,0	4,5	5,0	5,5	5,825
30	3,0	3,6	4,2	4,8	5,4	6,0	6,6	6,990
35	3,5	4,2	4,9	5,6	6,3	7,0	7,7	8,155
40	4,0	4,8	5,6	6,4	7,2	8,0	8,8	9,320
45	4,5	5,4	6,3	7,2	8,1	9,0	9,9	10,485
50	5,0	6,0	7,0	8,0	9,0	10,0	11,0	11,650
55	5,5	6,6	7,7	8,8	9,9	11,0	12,1	12,815
60	6,0	7,2	8,4	9,6	10,8	12,0	13,2	13,980
65	6,5	7,8	9,1	10,4	11,7	13,0	14,3	15,145
70	7,0	8,4	9,8	11,2	12,6	14,0	15,4	16,310
75	7,5	9,0	10,5	12,0	13,5	15,0	16,5	17,475
80	8,0	9,6	11,2	12,8	14,4	16,0	17,6	18,640
85	8,5	10,2	11,9	13,6	15,3	17,0	18,7	19,805
90	9,0	10,8	12,6	14,4	16,2	18,0	19,8	20,970
95	9,5	11,4	13,3	15,2	17,1	19,0	20,9	22,135
100	10,0	12,0	14,0	16,0	18,0	20,0	22,0	23,300

Dynamischer Druck von Wasser, Leichtbeton und Normalbeton in Abhängigkeit von der Fließgeschwindigkeit

p_{dyn} in 10^{-4} kp/cm²

$\bar{v}$ [m/s]	Wasser	Leichtbeton					Normalbeton	
	Rohdichte in kg/m³							
	1000	1200	1400	1600	1800	2000	2200	2330
0,80	32,6	39,1	45,6	52,1	58,7	65,2	71,7	76,0
1,00	51,0	61,1	71,3	81,5	91,7	101,8	112,0	118,7
1,25	79,6	95,6	111,5	127,4	143,3	159,3	175,2	185,6
1,50	114,7	137,6	160,6	183,5	206,4	229,4	252,3	267,2
1,75	156,1	187,3	218,5	249,7	281,0	312,2	343,4	363,7
2,00	203,9	244,7	285,4	326,2	367,0	407,7	448,5	475,0
2,25	258,0	309,6	361,2	412,8	464,4	516,0	567,7	601,2
2,50	318,6	382,3	446,0	509,7	573,4	637,1	700,8	742,2

Abb. 1 [3]

Bewegungsformen des Feststoffs in Abhängigkeit von der Fördergeschwindigkeit $\bar{w}$ und der Transportkonzentration c_T.

a und b Verlauf der Transportgeschwindigkeit $\bar{w}_T$ bzw. der Ablagerungsgeschwindigkeit $\bar{w}_A$,

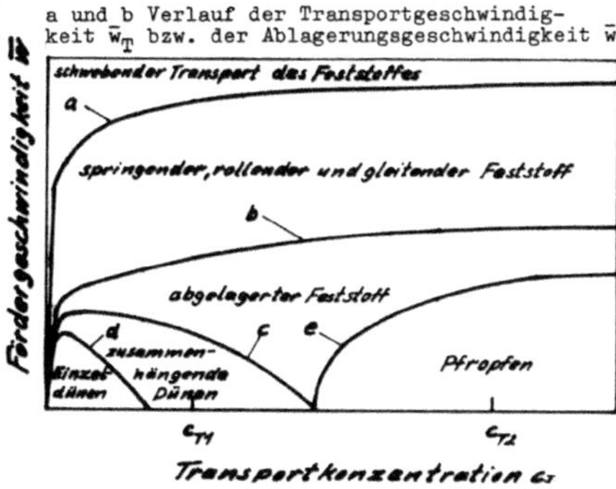

c bis e weitere Grenzkurven zwischen den eingeschriebenen Feststoff-Bewegungsformen; c_{T1} und c_{T2} im Text erläuterte Konzentrationen.

Abb. 2 [3]

Bezogener Druckverlust $\Delta p_g/L$ eines Koks-Wasser-Gemisches in Abhängigkeit von der mittleren Gemischgeschwindigkeit $\bar{w}$ und der volumetrischen Transportkonzentration c_T.

Rohrdurchmesser d = 100 mm, kinematische Viskosi-

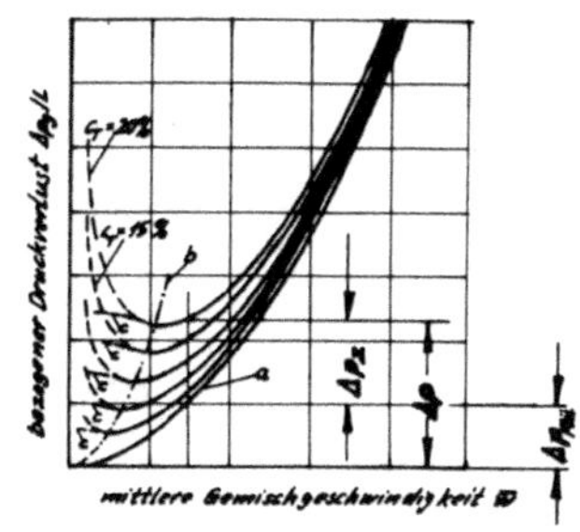

tät des Wassers $\nu = 1{,}13 \cdot 10^{-6}$ m²/s (bei 15,7°C), Koks mit der Dichte $\rho_K = 1360$ kg/m³, dem mittleren Korndurchmesser $d_{Km} = 1{,}6$ mm und der effektiven Sinkgeschwindigkeit $w_s' = 0{,}086$ m/s; a Verlauf für die reine Flüssigkeitsströmung ($c_T = 0$), b Ortslinie der Minima der Druckverlustkurven, c auf Grund von Ablagerungen bei kleinen Gemischgeschwindigkeiten gegenüber den gestrichelten Kurvenästen wirklich zu erwartender Verlauf.

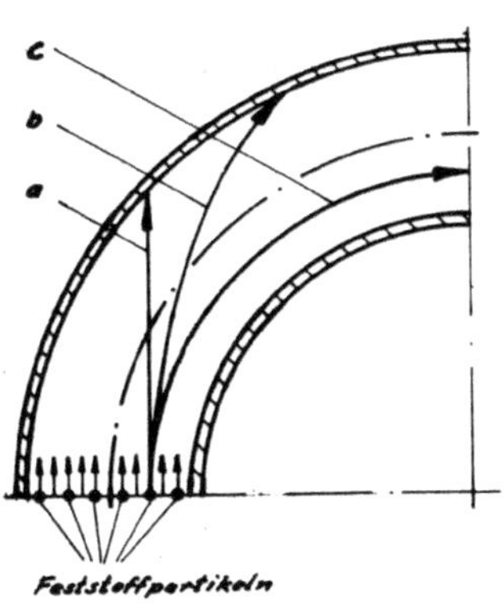

Abb. 3 [13]

Erläuterung der Partikelbewegung in Krümmern;
a: überwiegender Einfluß der Trägheitskräfte,
b: Wirkung von Trägheits- und Widerstandskräften,
c: überwiegender Einfluß der Zähigkeitskräfte des Fluids.

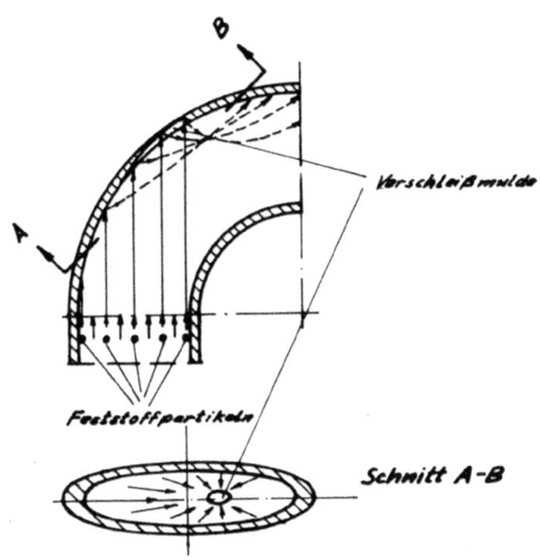

Abb. 4 [13]

Partikelbewegung in Krümmern beim pneumatischen Feststofftransport und Entstehung einer Verschleißmulde.

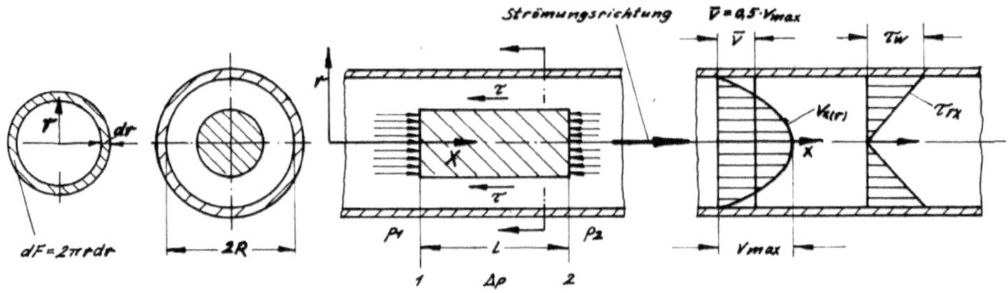

$$\tau_{rx} = \eta \cdot \left(-\frac{du}{dr}\right); \quad f_{(\tau_{rx})} = \frac{\tau_{rx}}{\eta}$$

Abb. 1 **Newtonsche Flüssigkeit**

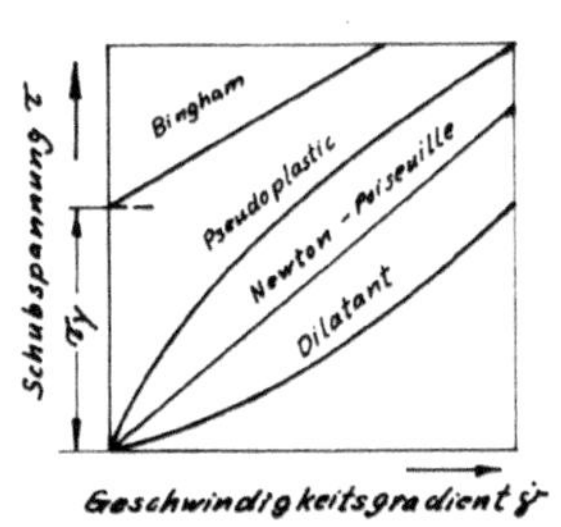

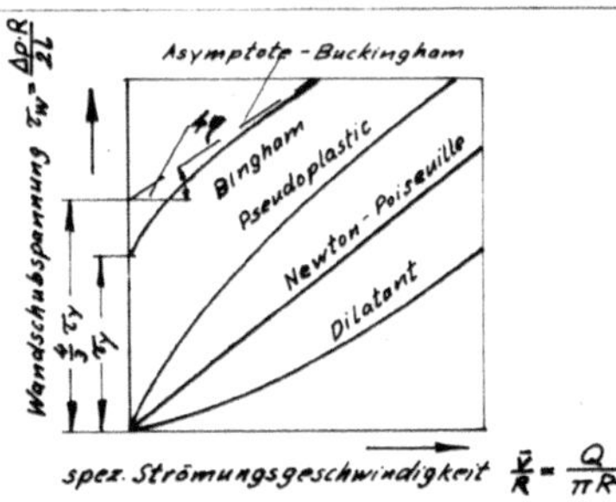

Abb. 2 Fließkurven von zeitunabhängigen Substanzen

Abb. 3 Rohrströmung von zeitunabhängigen Substanzen

$$\tau_{rx} - \tau_y = \eta\left(-\frac{du}{dr}\right); \quad f_{(\tau_{rx})} = \frac{\tau_{rx} - \tau_y}{\eta}$$

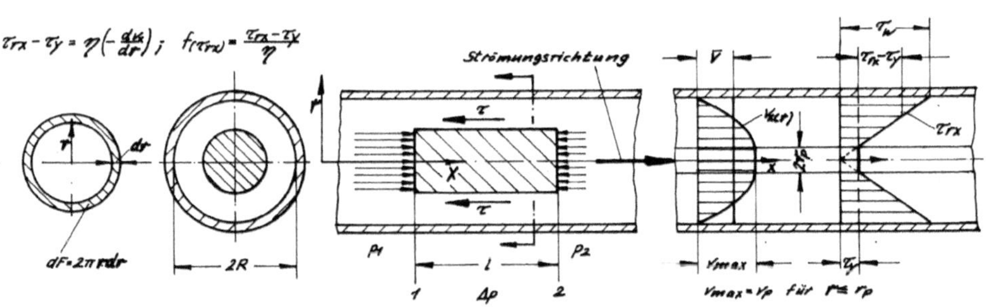

Abb. 4 **Nicht-Newtonsche Substanz** **Bingham-Substanz**

Wertepaare: $\Delta p_a = 1500 \frac{kp}{m^2}$; $\bar{v}_a = 0{,}1 \frac{m}{s}$; $D = 0{,}18\,m$

$\Delta p_b = 4100 \frac{kp}{m^2}$; $\bar{v}_b = 0{,}3 \frac{m}{s}$; $l = 12\,m$

nach Gl. 33a

$$\Delta p_a = 1500 \frac{kp}{m^2} = \frac{32\,\eta_1 \cdot l}{D^2} \cdot 0{,}1 \frac{m}{s} + \frac{16}{3}\frac{l}{D}\tau_{y1} \quad (a)$$

$$\Delta p_b = 4100 \frac{kp}{m^2} = \frac{32\,\eta_1 \cdot l}{D^2} \cdot 0{,}3 \frac{m}{s} + \frac{16}{3}\frac{l}{D}\tau_{y1} \quad (b)$$

b − a

$$2600 \frac{kp}{m^2} = \frac{32\,\eta_1 \cdot l}{D^2} \cdot 0{,}2 \frac{m}{s}$$

$$\eta_1 = \frac{0{,}18^2\,m^2 \cdot 2600\,kp/m^2}{32 \cdot 12\,m \cdot 0{,}2\,m/s} = 1{,}0968 \frac{kps}{m^2}$$

nach Gl. 20

$$\tau_{w_b} = \frac{\Delta p_b \cdot D}{4l} = \frac{4100\,kp/m^2 \cdot 0{,}18\,m}{4 \cdot 12\,m} = 15{,}375 \frac{kp}{m^2}$$

nach Gl. 58

$$\tau_{y1} = \frac{3}{4}\left(\tau_{w_b} - \frac{8\,\eta_1 \cdot \bar{v}_b}{D}\right) = \frac{3}{4}\left[15{,}375 \frac{kp}{m^2} - \frac{8 \cdot 1{,}0968 \frac{kps}{m^2} \cdot 0{,}3 \frac{m}{s}}{0{,}18\,m}\right]$$

$$\tau_{y1} = 0{,}5634 \frac{kp}{m^2}$$

Kontrolle nach Gl. 33a $\Delta p = \frac{32\,\eta_1 \cdot l}{D^2}\bar{v} + \frac{16}{3}\frac{l}{D}\tau_{y1}$

$$\Delta p = \frac{32 \cdot 1{,}0968\,kps/m^2 \cdot 12\,m}{0{,}18^2\,m^2}\bar{v} + \frac{16}{3}\frac{12\,m}{0{,}18\,m} \cdot 0{,}5634 \frac{kp}{m^2}$$

$$\Delta p = 12999 \frac{kps}{m^3}\bar{v} + 200{,}32 \frac{kp}{m^2} \quad \text{mit } \bar{v} \text{ in } \left[\frac{m}{s}\right]$$

$$\Delta p = 0{,}013 \frac{kps}{cm^3}\bar{v} + 0{,}02 \frac{kp}{cm^2} \quad \text{mit } \bar{v} \text{ in } \left[\frac{cm}{s}\right]$$

diese Formel gilt für konstante Werte von l, D, η_1, τ_{y1} und stellt $\Delta p = f(\bar{v})$ für $\frac{\tau_y}{\tau_w} < 0{,}5$ dar

nach Gl. 36 $\frac{\tau_y}{\tau_w} = \frac{r_p}{R} \longrightarrow \frac{\tau_{y1}}{\tau_{w_b}} = 0{,}0366$

$$r_p = \frac{\tau_{y1}}{\tau_{w_b}} R \rightarrow r_p = 0{,}0366 \cdot 90\,mm = 3{,}294\,mm$$

hier hat der feste Pfropfen einen Durchmesser von $d_p = 6{,}588\,mm$

nach Gl. 35

$$v_{max} = \frac{1}{\eta} \cdot \left[\frac{\Delta p}{4l}(R^2 - r_p^2) - \tau_y(R - r_p)\right]$$

für $\Delta p = 4100\,kp/m^2 \rightarrow v_{max} = 0{,}5854\,m/s$

und $\bar{v} = 0{,}3\,m/s \rightarrow \frac{v_{max}}{\bar{v}_b} = 1{,}951$

mit geschätzter Betonrohdichte $\varrho = 2300\,kg/m^3$ gilt näherungsweise nach:

Gl. 48

Reynoldszahl $Re = \frac{D\bar{v}\varrho}{\eta_1} \approx \frac{0{,}18\,m \cdot 0{,}3\,m/s \cdot 2300\,kp/m^3}{9{,}81\,m/s^2 \cdot 1{,}0968\,kps/m^2}$

$Re \approx 11{,}543$ nach Gl. 45 $\lambda = \frac{64}{Re} = 5{,}54$

nach Gl. 51

$$f = \frac{\Delta p}{\frac{\varrho}{2}\bar{v}^2} \cdot \frac{D}{l} \approx \frac{4100 \cdot 0{,}18 \cdot 9{,}81 \cdot 2}{2300 \cdot 0{,}3^2 \cdot 12} = 5{,}829$$

nach Gl. 52

Plastizitätszahl $N_{pl} = \frac{\tau_y \cdot D}{\eta_1 \cdot \bar{v}} \approx \frac{0{,}583 \cdot 0{,}18}{1{,}0968 \cdot 0{,}3} = 0{,}3189$

nach Gl. 53

Hedströmzahl $N_{He} = \frac{\tau_y \cdot D^2 \cdot \varrho}{\eta_{pl}^2} = \frac{0{,}583 \cdot 0{,}18^2 \cdot 2300}{9{,}81 \cdot 1{,}0968^2}$

$N_{He} = 3{,}681$

nach Gl. 27a $Q = \bar{v}_b \cdot F = \bar{v}_b \cdot \frac{\pi \cdot D^2}{4}$

$$Q = 0{,}3\,m/s \cdot 254{,}469 \cdot 10^{-4}\,m^2$$

$$Q = 76{,}3407 \cdot 10^{-4} \frac{m^3}{s} \triangleq 7{,}63407\,l/s \triangleq 27{,}483\,m^3/h$$

Berechnungsbeispiel Normalbeton Powers-Hubzahl 13	Fördern von Frischbeton durch Rohrleitungen Frischbeton als Bingham-Substanz	Bl. 6 Dat. 14.3.73 Nr. B37/2.23

Verteilung von Schubspannung und Strömungsgeschwindigkeit über dem Rohrradius

Parameter: $\bar{v}$ = 0,3 m/s Q = 27,483 m^3/h
Po = 13 D = 0,18 m

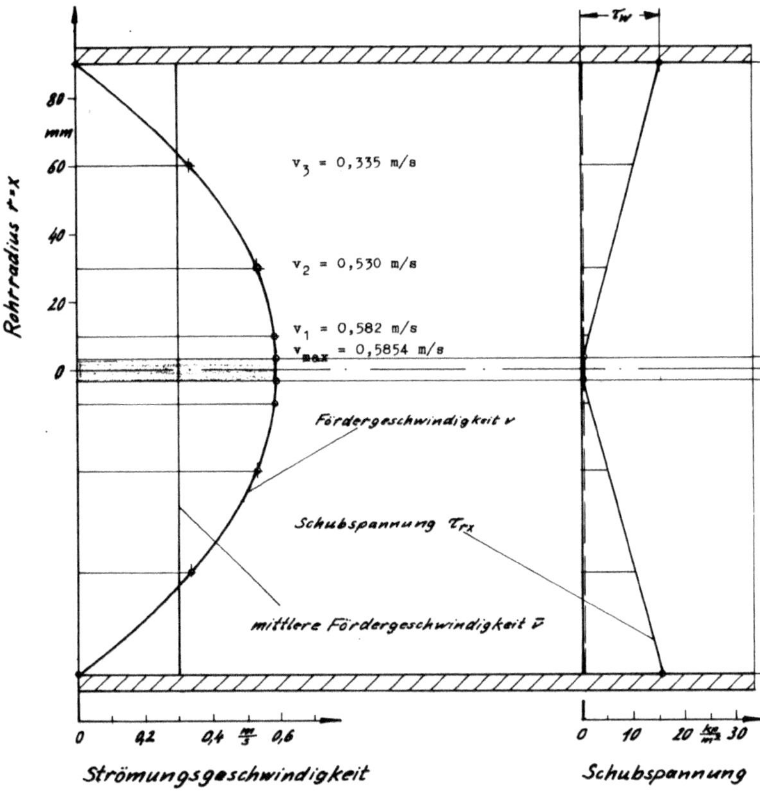

Kenndaten

Rohrleitungslänge	l	= 12 m
Gesamtdruckverlust	Δp	= 4100 kp/m^2
plastische Viskosität	$\eta_{pl} = \eta$	= 1,0968 kps/m^2
Wandschubspannung	τ_w	= 15,375 kp/m^2
Fließschubspannung	τ_y	= 0,5634 kp/m^2
Kontrollfaktor Buckingham	$c = \tau_y/\tau_w$	= 0,0366
Durchmesser - fester Pfropfen	d_p	= 6,588 mm

Geschwindigkeitsverhältnis	$v_{max}/\bar{v}$	= 1,951
geschätzte Frischbetonrohdichte	ρ_f	≈ 2300 kg/m^3
Reynoldszahl	Re	≈ 11,543
Plastizitätszahl	N_{Pl}	= 0,3189
Hedströmzahl	N_{He}	≈ 3,681
Rohrwiderstandsbeiwerte	λ_{pl}	= 5,54
	f	≈ 5,829

Wertepaare: $\Delta p_a = 6500 \frac{kp}{m^2}$; $\bar{v}_a = 0{,}1 \frac{m}{s}$

$\Delta p_b = 9800 \frac{kp}{m^2}$; $\bar{v}_b = 0{,}3 \frac{m}{s}$ $\quad D = 0{,}18\,m$, $l = 12\,m$

nach Gl. 33a $\Delta p_a = 6500 \frac{kp}{m^2} = \frac{32\,\eta_{pl}\cdot l}{D^2}\cdot 0{,}1\frac{m}{s} + \frac{16}{3}\frac{l}{D}\cdot\tau_{y2}$ (a)

$\Delta p_b = 9800 \frac{kp}{m^2} = \frac{32\,\eta_{pl}\cdot l}{D^2}\cdot 0{,}3\frac{m}{s} + \frac{16}{3}\frac{l}{D}\cdot\tau_{y2}$ (b)

b - a $\quad 3300 \frac{kp}{m^2} = \frac{32\,\eta_{pl}\cdot l}{D^2}\cdot 0{,}2\frac{m}{s}$

$\eta_{pl} = \frac{0{,}18^2\,m^2 \cdot 3300\,kp/m^2}{32\cdot 12\,m\cdot 0{,}2\,m/s} = 1{,}39219 \frac{kps}{m^2}$

nach Gl. 20 $\quad \tau_{wb} = \frac{\Delta p_b \cdot D}{4l} = \frac{9800\,kp/m^2\cdot 0{,}18\,m}{4\cdot 12\,m} = 36{,}75 \frac{kp}{m^2}$

nach Gl. 58

$\tau_{y2} = \frac{3}{4}\left(\tau_w - \frac{8\,\eta_{pl}\cdot\bar{v}_b}{D}\right) = \frac{3}{4}\left[36{,}75\frac{kp}{m^2} - \frac{8\cdot 1{,}39219\frac{kps}{m^2}\cdot 0{,}3\,m/s}{0{,}18\,m}\right]$

$\tau_{y2} = 13{,}6406 \frac{kp}{m^2}$

Kontrolle nach Gl. 33a $\quad \Delta p = \frac{32\,\eta_{pl}\cdot l}{D^2}\bar{v} + \frac{16}{3}\frac{l}{D}\tau_{y2}$

$\Delta p = \frac{32\cdot 1{,}39219\frac{kps}{m^2}\cdot 12\,m}{0{,}18^2\,m^2}\bar{v} + \frac{16}{3}\cdot\frac{12\,m}{0{,}18\,m}\cdot 13{,}6406\frac{kp}{m^2}$

$\Delta p = 16500 \frac{kps}{m^3}\bar{v} + 4850 \frac{kp}{m^2}$ mit $\bar{v}$ in $\left[\frac{m}{s}\right]$

$\Delta p = 0{,}0165 \frac{kps}{cm^3}\bar{v} + 0{,}485 \frac{kp}{cm^2}$ mit $\bar{v}$ in $\left[\frac{cm}{s}\right]$

diese Formel gilt für konstante Werte von l, D, η_{pl}, τ_{y2} und stellt $\Delta p = f(\bar{v})$ für $\frac{\tau_y}{\tau_w} < 0{,}5$ dar

nach Gl. 36 $\quad \frac{\tau_y}{\tau_w} = \frac{r_p}{R} \longrightarrow \frac{\tau_{y2}}{\tau_{wb}} = 0{,}371$

$r_p = \frac{\tau_{y2}}{\tau_{wb}}\cdot R \rightarrow r_p = 0{,}371\cdot 90\,mm = 33{,}39\,mm$

Durchmesser des festen Pfropfen $d_p = 66{,}78\,mm$

nach Gl. 35

$v_{max} = \frac{1}{\eta}\left[\frac{\Delta p}{4l}(R^2 - r_p^2) - \tau_y(R - r_p)\right]$

für $\Delta p_b = 9800 \frac{kp}{m^2} \longrightarrow v_{max} = 0{,}4697 \frac{m}{s}$

und $\bar{v}_b = 0{,}3 \frac{m}{s} \longrightarrow \frac{v_{max}}{\bar{v}_b} = 1{,}5657$

mit geschätzter Betonrohdichte $\rho_f = \gamma/g$

$\rho = \frac{2300\,kp}{9{,}81\,m^4}s^2$ gilt näherungsweise nach:

Gl. 48

Reynoldszahl $Re = \frac{D\cdot\bar{v}\cdot\gamma}{g\cdot\eta_{pl}} \approx \frac{0{,}18\,m\cdot 0{,}3\,m/s\cdot 2300\,kp/m^3}{9{,}81\,m/s^2\cdot 1{,}39219\,kps/m^2}$

$Re_{pl} = Re \approx 9{,}094$ nach Gl. 45 $\lambda = \frac{64}{Re}$

$\lambda \approx 7{,}038$

nach Gl. 51 $\quad f = \frac{\Delta p}{\frac{\rho}{2}\bar{v}^2}\cdot\frac{D}{l} = \frac{9800\cdot 0{,}18\cdot 9{,}81\cdot 2}{2300\cdot 0{,}3^2\cdot 12} = 13{,}933$

nach Gl. 52

Plastizitätszahl $N_{pl} = \frac{\tau_{y2}\cdot D}{\eta_{pl}\cdot\bar{v}_b} = \frac{13{,}6406\cdot 0{,}18}{1{,}39219\cdot 0{,}3} = 5{,}879$

nach Gl. 53

Hedströmzahl $N_{He} = \frac{\tau_y\cdot D^2\cdot\rho}{\eta_{pl}^2} = \frac{13{,}6406\cdot 0{,}18^2\cdot 2300}{1{,}39219^2\cdot 9{,}81}$

$N_{He} = 53{,}461$

nach Gl. 27a $\quad Q = \bar{v}_b\cdot F = \bar{v}_b\cdot\frac{\pi D^2}{4}$

bleibt wie zuvor $Q = 27{,}483 \frac{m^3}{h}$

Verteilung von Schubspannung und
Strömungsgeschwindigkeit über dem Rohrradius

Parameter: $\bar{v}$ = 0,3 m/s   Q = 27,483 m^3/h
Po = 24   D = 0,18 m

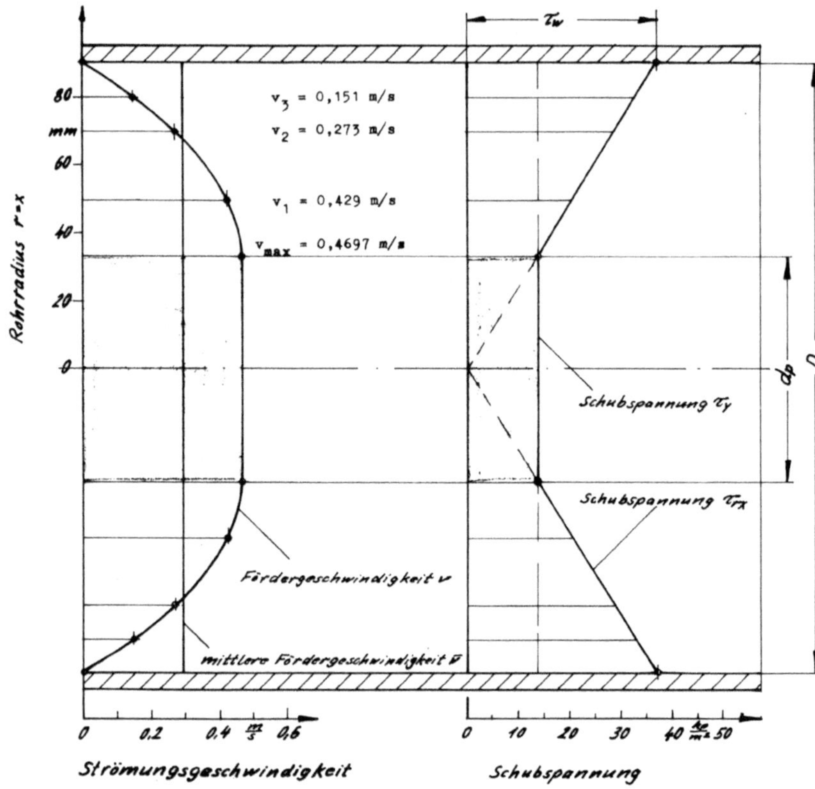

Kenndaten

Rohrleitungslänge	l = 12 m
Gesamtdruckverlust	Δp = 9800 kp/m^2
plastische Viskosität	$\eta_{pl} = \eta$ = 1,39219 kps/m^2
Wandschubspannung	τ_w = 36,75 kp/m^2
Fließschubspannung	τ_y = 13,6406 kp/m^2
Kontrollfaktor Buckingham	$c = \tau_y/\tau_w$ = 0,371
Durchmesser - fester Pfropfen	d_p = 66,78 mm
Geschwindigkeitsverhältnis	$v_{max}/\bar{v}$ = 1,5657

geschätzte Frischbetonrohdichte	$\rho_f \approx$ 2300 kg/m^3
Reynoldszahl	Re ≈ 9,094
Plastizitätszahl	N_{Pl} = 5,879
Hedströmzahl	$N_{He} \approx$ 53,461
Rohrwiderstandsbeiwerte	$\lambda_{pl} \approx$ 7,038
	f ≈ 13,933

Werte: Erhöhung der Fördergeschwindigkeit $\bar{v}$ von 0,3 auf $0{,}6\,\frac{m}{s}$

d. h. doppelte Fördermenge $Q_{neu} = 2Q_{alt} = 54{,}966\,\frac{m^3}{h}$

bei $D = 0{,}18\,m = const.$ $\quad \rho = 2300\,kg/m^3 = const$

$l = 12\,m = const.$

$\tau_y = 13{,}6406\,\frac{kp}{m^2} = const.$ $\quad \eta_{pl} = \eta = 1{,}39219\,\frac{kps}{m^2} = const$

nach Gl. 32 $\quad \tau_W = \frac{8\cdot\eta\cdot\bar{v}}{D} + \frac{4}{3}\tau_y \rightarrow = \frac{8\cdot 1{,}39219\,\frac{kps}{m^2}\cdot 0{,}6\,\frac{m}{s}}{0{,}18\,m} + \frac{4}{3}\,13{,}6406\,\frac{kp}{m^2}$

$\underline{\underline{\tau_W = 55{,}31\,\frac{kp}{m^2}}}$ $\quad$ nach Gl. 33 $\quad \underline{\underline{\Delta p}} = \frac{4l}{D}\cdot\tau_W = \underline{\underline{14750\,\frac{kp}{m^2}}}$

Vergleich: $\underline{\underline{f_v}} = \frac{\bar{v}_{neu}}{\bar{v}_{alt}} = \frac{0{,}6}{0{,}3} = \underline{\underline{2}}$ $\qquad \underline{\underline{f_p}} = \frac{\Delta p_{neu}}{\Delta p_{alt}} = \frac{14750}{9800} = \underline{\underline{1{,}505}}$

Kontrolle $\quad \Delta p = 0{,}0165\,\frac{kps}{cm^3}\cdot 60\,\frac{cm}{s} + 0{,}485\,\frac{kp}{cm^2} = 1{,}475\,\frac{kp}{cm^2}$ $\quad$ Gl. 55

nach Gl. 36 $\quad c = \frac{\tau_y}{\tau_W} = \frac{r_p}{R} \rightarrow \underline{\underline{\frac{\tau_y}{\tau_W}}} = \frac{13{,}6406}{55{,}31} = \underline{\underline{0{,}246}}$

$r_p = \frac{\tau_y}{\tau_W}\cdot R \rightarrow r_p = 0{,}246\cdot 90\,mm = 22{,}14\,mm$

Durchmesser des festen Pfropfens $\underline{\underline{d_p = 44{,}28\,mm}}$

nach Gl. 35 $\quad v_{max} = \frac{1}{\eta}\left[\frac{\Delta p}{4l}(R^2 - r_p^2) - \tau_y(R - r_p)\right]$

für $\Delta p = 14750\,\frac{kp}{m^2}$ und $\bar{v} = 0{,}972\,\frac{m}{s} \rightarrow \underline{\underline{v_{max} = 1{,}015\,\frac{m}{s}}}$

$\underline{\underline{\frac{v_{max}}{\bar{v}}}} = \frac{1{,}015}{0{,}6} = \underline{\underline{1{,}6916}}$

mit geschätzter Betonrohdichte $\rho = 2300\,kg/m^3$ bzw.
Betonrohwichte $= \gamma = 2300\,kp/m^3$ und $\rho = \frac{\gamma}{g}$

liefert Gl 48

Reynoldszahl $\quad Re = \frac{D\cdot\bar{v}\cdot\gamma}{g\cdot\eta_{pl}} = \frac{0{,}18\,m\cdot 0{,}6\,m/s\cdot 2300\,kp/m^3}{9{,}81\,m/s^2\cdot 1{,}39219\,\frac{kps}{m^2}}$

$\underline{\underline{Re = Re_{pl} = 18{,}188}}$

nach Gl 45 $\quad \underline{\underline{\lambda}} = \lambda_{pl} = \frac{64}{Re} = \underline{\underline{3{,}519}}$

nach Gl. 51 $\quad f = \frac{\Delta p}{\frac{\rho}{2}\bar{v}^2}\,\frac{D}{l} = \frac{\Delta p\cdot 2g\cdot D}{\gamma\cdot\bar{v}^2\cdot l}$

$\underline{\underline{f}} = \frac{14750\cdot 2\cdot 9{,}81\cdot 0{,}18}{2300\cdot 0{,}36\cdot 12} = \underline{\underline{5{,}243}}$

nach Gl 52

Plastizitätzahl $\quad N_{pl} = \frac{\tau_y\cdot D}{\eta\cdot\bar{v}}$

$\underline{\underline{N_{pl}}} = \frac{13{,}6406\cdot 0{,}18}{1{,}39219\cdot 0{,}6} = \underline{\underline{2{,}939}}$

nach Gl. 53

Hedströmzahl $\quad N_{He} = \frac{\tau_y\cdot D^2\cdot\gamma}{g\cdot\eta^2}$

$\underline{\underline{N_{He}}} = \frac{13{,}6406\cdot 0{,}18^2\cdot 2300}{9{,}81\cdot 1{,}39219} = \underline{\underline{53{,}461}}$

Zur Ermittlung der Geschwindigkeitsverteilung gilt

$$\underline{\underline{v = \frac{1\ m^2}{1{,}39219\,kps}\left[307{,}292\,\frac{kp}{m^3}(0{,}0081\,m^2 - r^2) - 13{,}6406\,\frac{kp}{m^2}(0{,}09 - r)\right]}}$$

es liefern: $\quad r_1 = 0{,}04\,m \quad v_1 = 0{,}945\,m/s$

$r_2 = 0{,}06\,m \quad v_2 = 0{,}699\,m/s$

$r_3 = 0{,}08\,m \quad v_3 = 0{,}277\,m/s$

dabei war $r_p = 0{,}02214\,m \quad v_{max} = 1{,}015\,m/s$

Verteilung von Schubspannung und Strömungsgeschwindigkeit über dem Rohrradius

Parameter: $\bar{v}$ = 0,6 m/s   Q = 54,966 m^3/h
Po = 24   D = 0,18 m

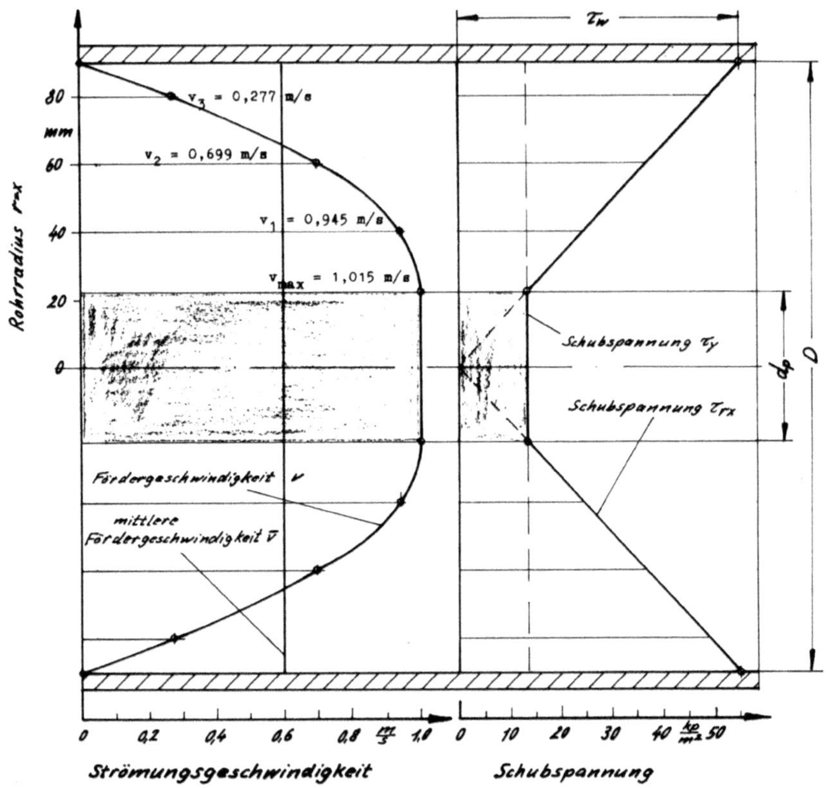

Kenndaten

Rohrleitungslänge	l	= 12 m
plastische Viskosität	$\eta_{pl} = \eta$	= 1,39219 kps/m^2
Fließschubspannung	τ_y	= 13,6406 kp/m^2
Wandschubspannung	τ_w	= 55,31 kp/m^2
Gesamtdruckverlust	Δp	= 14750 kp/m^2
Kontrollfaktor Buckingham	$c = \tau_y/\tau_w$	= 0,246
Geschwindigkeitsverhältnis	$v_{max} / \bar{v}$	= 1,6916
Durchmesser - fester Pfropfen	d_p	= 44,28 mm
geschätzte Frischbetonrohdichte	ρ_f	≈ 2300 kg/m^3
Reynoldszahl	Re	≈ 18,188
Plastizitätszahl	N_{Pl}	= 2,939
Hedströmzahl	N_{He}	≈ 53,461
Rohrwiderstandsbeiwerte	λ_{pl}	≈ 3,519
	f	≈ 5,243

Werte: Verkleinerung des Rohrinnendurchmessers von $D_{alt} = 0{,}18\,m$ auf $D_{neu} = 0{,}1\,m$ bei alter Fördermenge $Q_{alt} = 27{,}483\,m^3/h$

bei $l = 12\,m = const.$ $\quad \varrho = 2300\,kg\,m^{-3} = const.$

$\tau_y = 13{,}6406\,\frac{kp}{m^2} = const.$ $\quad \eta = 1{,}39219\,kps\,m^{-2} = const.$

Es gilt: $Q_{alt} = \bar{v}_{alt} \cdot \frac{\pi D_{alt}^2}{4} = Q_{neu} = \bar{v}_{neu} \cdot \frac{\pi D_{neu}^2}{4}$

$$\frac{\bar{v}_{neu}}{\bar{v}_{alt}} = \left(\frac{D_{alt}}{D_{neu}}\right)^2 \rightarrow \bar{v}_{neu} = \bar{v}_{alt}\left(\frac{D_{alt}}{D_{neu}}\right)^2 \rightarrow 0{,}3\,\frac{m}{s}\left(\frac{0{,}18}{0{,}1}\right)^2$$

$$\underline{\underline{\bar{v}_{neu} = 0{,}972\,\frac{m}{s} = \bar{v}}}$$

nach Gl. 32
$$\tau_w = \frac{8 \cdot \eta \cdot \bar{v}}{D} + \frac{4}{3}\tau_y \rightarrow \frac{8 \cdot 1{,}39219\,\frac{kps}{m^2} \cdot 0{,}972\,\frac{m}{s}}{0{,}10\,m} + \frac{4}{3} \cdot 13{,}6406\,\frac{kp}{m^2}$$

$$\underline{\underline{\tau_w = 126{,}44\,\frac{kp}{m^2}}}$$

nach Gl. 33 $\quad \Delta p = \frac{4l}{D} \cdot \tau_w = \frac{4 \cdot 12\,m}{0{,}1\,m} \cdot 126{,}44\,\frac{kp}{m^2} = \underline{\underline{60693\,\frac{kp}{m^2}}}$

Vergleich: $\quad f_v = \frac{\bar{v}_{neu}}{\bar{v}_{alt}} = \frac{0{,}972}{0{,}3} = \underline{\underline{3{,}24}} \qquad \frac{\Delta p_{neu}}{\Delta p_{alt}} = \frac{60693}{9800} = \underline{\underline{6{,}193}}$

nach Gl. 36 $\quad c = \frac{\tau_y}{\tau_w} = \frac{r_p}{R} \rightarrow \frac{\tau_y}{\tau_w} = \frac{13{,}6406}{126{,}44} = \underline{\underline{0{,}108}}$

$$r_p = \frac{\tau_y}{\tau_w} \cdot R \rightarrow r_p = 0{,}108 \cdot 50\,mm = 5{,}4\,mm$$

Durchmesser des festen Pfropfens $\underline{\underline{d_p = 10{,}8\,mm}}$

nach Gl. 33a $\quad \Delta p = \frac{32 \cdot \eta \cdot l}{D^2}\bar{v} + \frac{16}{3}\frac{l}{D}\tau_y \quad$ für $\frac{\tau_y}{\tau_w} < 0{,}5$

$$\Delta p = \frac{32 \cdot 1{,}39219\,\frac{kps}{m^2} \cdot 12\,m}{0{,}1^2\,m^2}\bar{v} + \frac{16}{3}\,\frac{12\,m}{0{,}1\,m}\,13{,}6406\,\frac{kp}{m^2}$$

$$\Delta p = 53460\,\frac{kps}{m^3}\bar{v} + 8730\,\frac{kp}{m^2} \quad \text{mit } \bar{v} \text{ in } \left[\frac{m}{s}\right]$$

oder $\quad \underline{\Delta p = 0{,}05346\,\frac{kps}{cm^3}\bar{v} + 0{,}873\,\frac{kp}{cm^2}} \quad$ mit $\bar{v}$ in $\left[\frac{cm}{s}\right]$

oder nach Gl. 33 $\quad \Delta p = \frac{4l}{D}\tau_w = \frac{4l}{D} \cdot \left(\frac{8\eta}{D} \cdot \bar{v} + \frac{4}{3}\tau_y\right)$

$$\Delta p = \frac{4 \cdot 12\,m}{0{,}1\,m}\left[\frac{8 \cdot 1{,}39219\,\frac{kps}{m^2}}{0{,}1\,m}\bar{v} + \frac{4}{3} \cdot 13{,}6406\,\frac{kp}{m^2}\right]$$

$$\underline{\underline{\Delta p = 480\left(111{,}37\,\frac{kps}{m^3}\bar{v} + 18{,}19\,\frac{kp}{m^2}\right)}}$$

nach Gl. 35: $\quad v_{max} = \frac{1}{\eta}\left[\frac{\Delta p}{4l}(R^2 - r_p^2) - \tau_y(R - r_p)\right]$

$$\underline{\underline{v_{max} = 1{,}807\,\frac{m}{s}}} \qquad \underline{\underline{\frac{v_{max}}{\bar{v}} = 1{,}859}}$$

mit $\varrho = 2300\,kg\,m^{-3}$ oder $\gamma = 2300\,kp\,m^{-3}$

Gl. 48
Reynoldszahl $\quad \underline{Re} = \frac{D \cdot \bar{v}\gamma}{g \cdot \eta_{pl}} = \frac{0{,}1 \cdot 0{,}972 \cdot 2300}{9{,}81 \cdot 1{,}39219} = \underline{\underline{16{,}369}}$

Rohrwiderstandbeiwert nach Gl. 45 $\quad \underline{\lambda = \lambda_{pl}} = \frac{64}{Re} = \underline{\underline{3{,}910}}$

nach Gl. 51 $\quad \underline{\underline{f}} = \frac{\Delta p \cdot 2g \cdot D}{\gamma \cdot \bar{v}^2 \cdot l} = \frac{60693 \cdot 2 \cdot 9{,}81 \cdot 0{,}1}{2300 \cdot 0{,}972^2 \cdot 12} = \underline{\underline{4{,}567}}$

Plastizitätszahl nach Gl. 52 $\quad \underline{N_{pl}} = \frac{\tau_y \cdot D}{\eta \cdot \bar{v}} = \frac{13{,}6406 \cdot 0{,}1}{1{,}39219 \cdot 0{,}972} = \underline{\underline{1{,}008}}$

Hedströmzahl nach Gl. 53 $\quad N_{He} = \frac{\tau_y \cdot D^2\gamma}{g \cdot \eta^2} = \frac{13{,}6406 \cdot 0{,}1^2 \cdot 2300}{9{,}81 \cdot 1{,}39219^2}$

$$\underline{N_{He} = 16{,}500}$$

mit $\quad \underline{v = \frac{1}{1{,}39219\,kps}\,m^2\left[126{,}43\,\frac{kp}{m^3}(0{,}0025 - r^2) - 13{,}6406\,\frac{kp}{m^2}(0{,}05 - r)\right]}$

ergibt sich bei

$r_1 = 0{,}02\,m$	$v_1 = 1{,}613\,m/s$
$r_2 = 0{,}03\,m$	$v_2 = 1{,}257\,m/s$
$r_3 = 0{,}04\,m$	$v_3 = 0{,}719\,m/s$

Berechnungsbeispiel Normalbeton Powers-Hubzahl 24	Fördern von Frischbeton durch Rohrleitungen Frischbeton als Bingham-Substanz	Bl. 12 Dat. 14.3.73 Nr. B37/2.23

Verteilung von Schubspannung und Strömungsgeschwindigkeit über dem Rohrradius

Parameter: Po = 24 D = 0,1 m

Q = 27,483 m^3/h $\bar{v}$ = 0,972 m/s

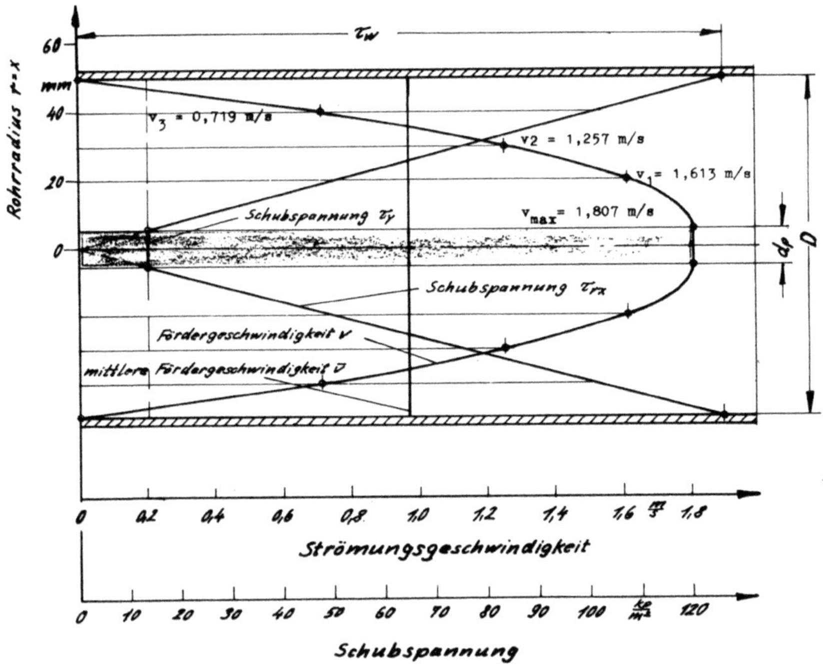

Kenndaten

Rohrleitungslänge	l	= 12 m
plastische Viskosität	$\eta_{pl} = \eta$	= 1,39219 kps/m^2
Fließschubspannung	τ_y	= 13,6406 kp/m^2
Wandschubspannung	τ_w	= 126,44 kp/m^2
Gesamtdruckverlust	Δp	= 60693 kp/m^2
Kontrollfaktor Buckingham c =	τ_y/τ_w	= 0,108
Geschwindigkeitsverhältnis	$v_{max}/\bar{v}$	= 1,859
Durchmesser - fester Pfropfen	d_p	= 10,8 mm

geschätzte Frischbetonrohdichte	ρ_f	≈ 2300 kg/m^3
Reynoldszahl	Re	≈ 16,369
Plastizitätszahl	N_{Pl}	= 1,008
Hedströmzahl	N_{He}	= 16,5
Rohrwiderstandsbeiwerte	λ_{pl}	= 3,91
	f	= 4,567

Prinzipielle zweidimensionale Beispiele	Strömungsverhalten von Frischbeton (als ebenes Problem betrachtet)	Bl. 13 Dat. 15.3.73 Nr. B34/2.23

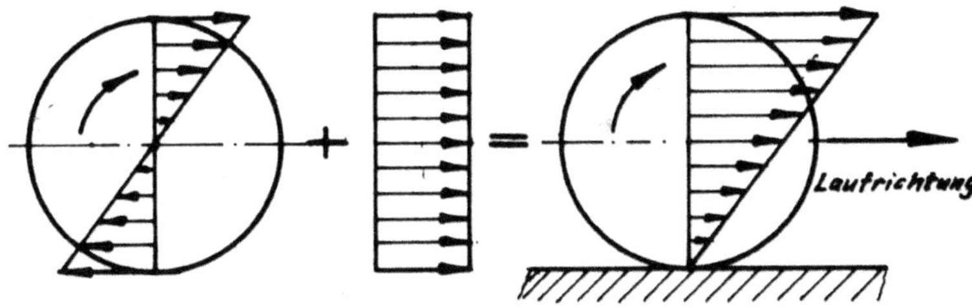

Abb.1 Kinematik der ebenen starren Scheibe

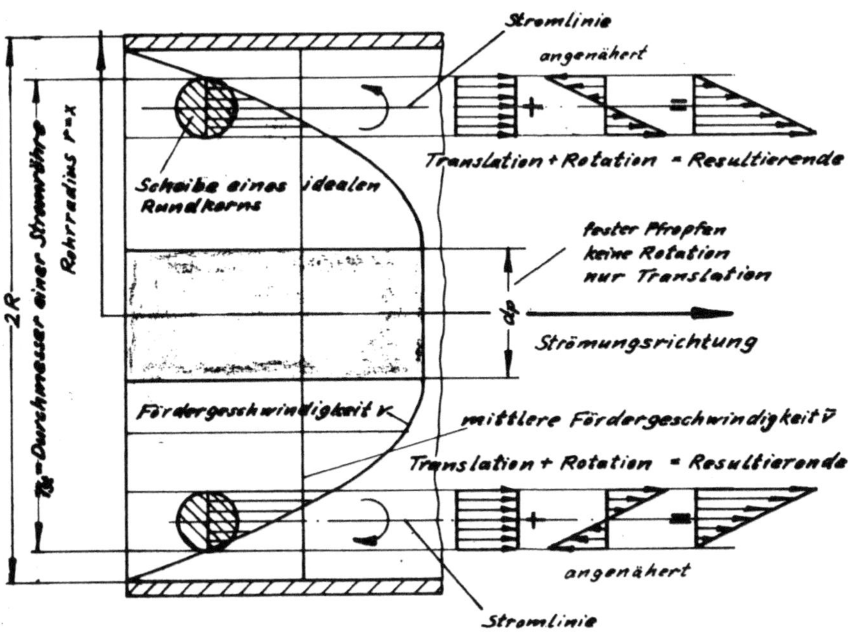

Abb.2 idealisiertes Strömungsverhalten von Frischbeton

Versuchsmaschine und Versuchseinrichtung	Vergleichende Untersuchungen über das Pumpen von Normal- und Leichtbeton	Bl. 14 Dat. 17.4.72 Nr. B34/4.11

Verlängerte Antriebswelle des Rotors

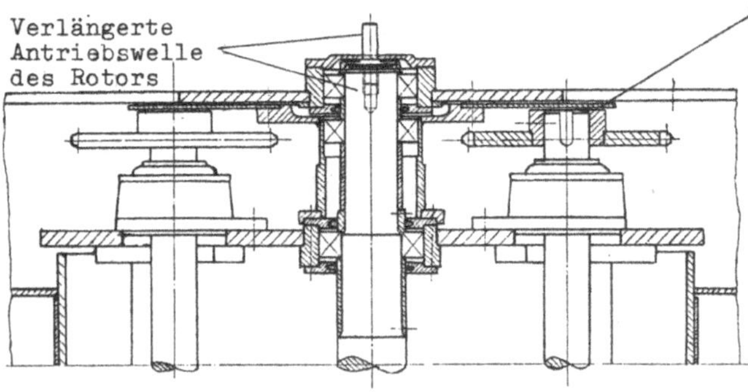

kettenumlegte Scheibe zur Messung der Drehgeschwindigkeit des Rotors

Rotameter zur Messung der Zusatzluft

Meßaufbau und Meßdaten	Vergleichende Untersuchungen über das Pumpen von Normal- und Leichtbeton	Bl. 15 Dat. 17.4.72 Nr. B34/4.12

Meßaufbau

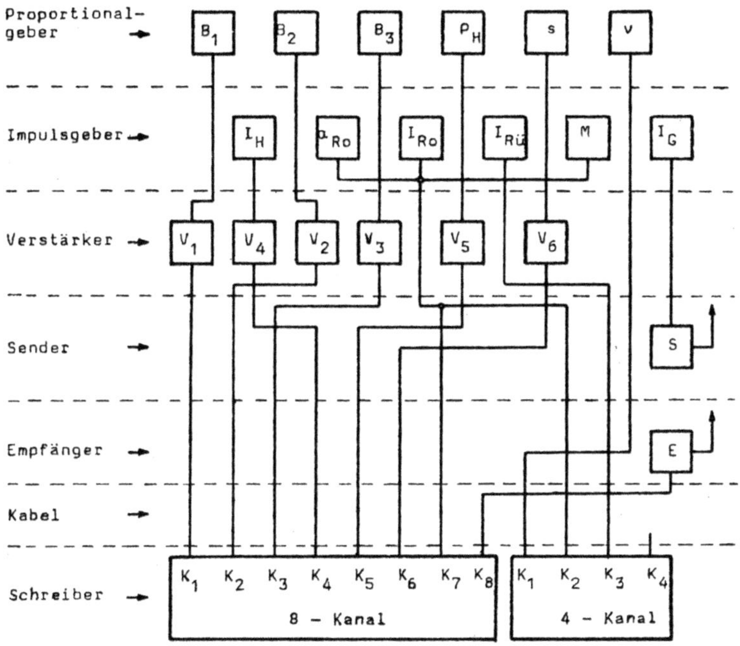

Meßgeräte

Proportionalgeber

B1 : Druckmeßrohr (Eigenkonstruktion)
B2 : Druckmeßrohr (")
B3 : Druckmeßrohr (")
p_H : Druckmeßdose (Hottinger P 200)
s : Wegaufnehmer (Hottinger W 50)
v : Tachogenerator

Impulsgeber

I_H : Tastloser Aufnehmer (Hottinger Tr 102)
$_{Ro}$: Tastkontakte
I_{Ro}: Tastkontakt auf der Welle des Tachogenerators
$I_{Rü}$: Mikroswitch
I_G : Induktivtaster (Visolux)
M : Drucktaste

Verstärker

V_1: Brandau DD 3
V_2: Brandau DD 3
V_3: Brandau DD 3
V_4: Hottinger KWS II-5
V_5: Hottiner KWS II-5
V_6: Brandau DD 3

S: Miniatursender 27,275 MHz (Eigenkonst.)
E: Handfunksprecher (TS 550 G)

Schreiber

8-Kanal: Siemens Oszillomink
4-Kanal: Philips Fe 250-4

Versuchsaufbau und Rohrleitungsverlauf	Vergleichende Untersuchungen über das Pumpen von Normal- und Leichtbeton	Bl. 16
		Dat. 17.4.72
		Nr B34/4.13

Fortlaufendes Volumen am Ende der Rohre (Nr.)	(dm³)	Anzahl Hübe bei 10,28 dm³/Hub (-)
1	17,36	1,69
2	29,15	2,84
3	40,15	3,91
4	45,65	4,44
5	53,50	5,20
6	73,13	7,11
7	79,41	7,72
8	100,69	9,79
9	121,97	11,86
10	133,76	13,01
11	137,69	13,36
12	149,48	14,54
13	153,41	14,92
14	174,69	16,99
15	195,97	19,06
16	207,76	20,21
17	211,69	20,59

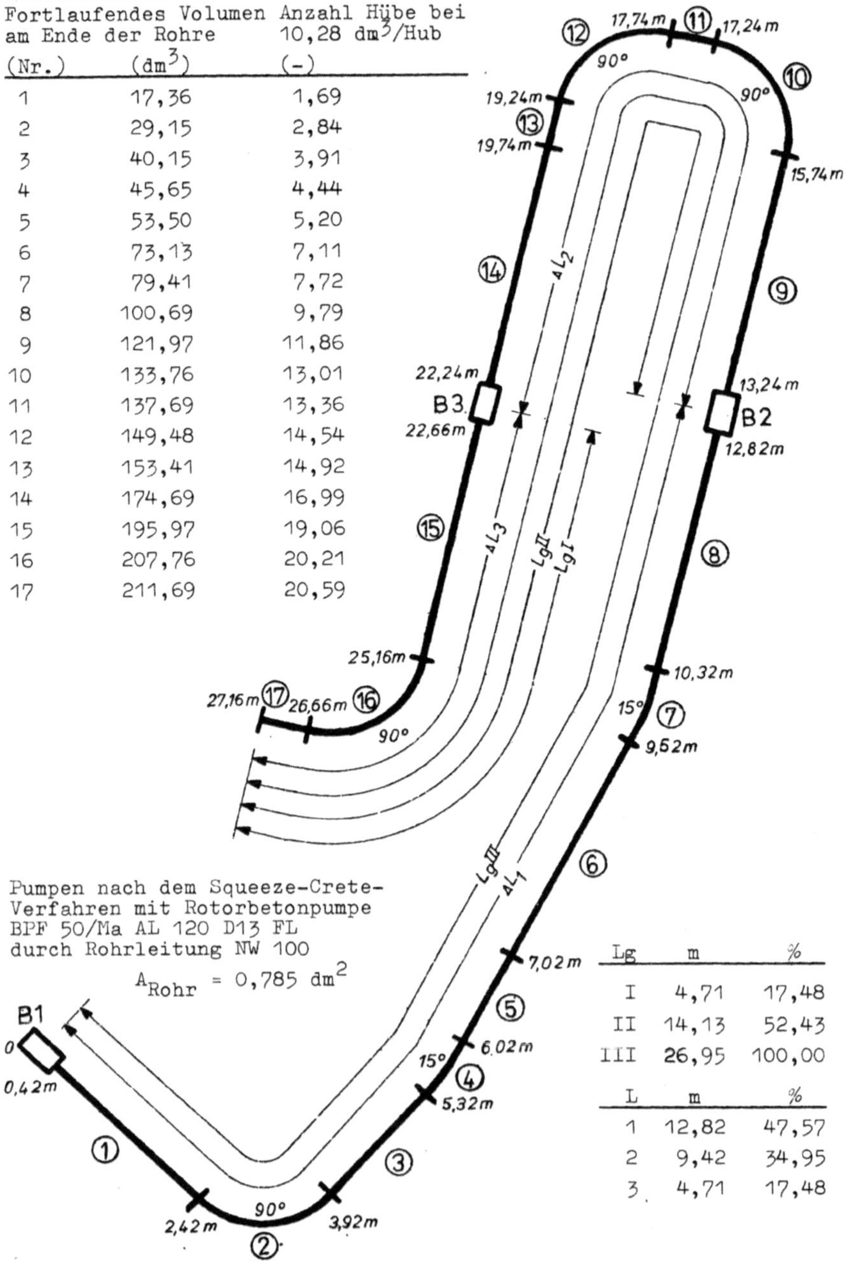

Pumpen nach dem Squeeze-Crete-Verfahren mit Rotorbetonpumpe BPF 50/Ma AL 120 D13 FL durch Rohrleitung NW 100

$A_{Rohr} = 0{,}785\ dm^2$

Lg	m	%
I	4,71	17,48
II	14,13	52,43
III	26,95	100,00

L	m	%
1	12,82	47,57
2	9,42	34,95
3	4,71	17,48

Stoffraumrechnung Mischungsanteile	kg	M-Teile	Dichte kg/dm³	Stoffraum Frischbeton pro Mischung dm³	%	Baustoffbedarf kg/m³	Stoffraum dm³/m³
Zement PZ 350 F	210	1	3,15	66,7	10,6	332	106
Zuschlag	1155	5,5		440,2	69,6	1826	696
Sand 0/4	420	2,0	2,63	159,7	25,3	664	253
Kies 4/8	105	0,5	2,62	40,1	6,3	166	63
Kies 8/16	315	1,5	2,62	120,2	19,0	498	190
Kies 16/32	315	1,5	2,62	120,2	19,0	498	190
Wasser	115,5	0,55	1,00	115,5	18,3	183	183
Zwischensumme	1480,5	7,05		622,4	98,5	2341	985
Luftgehalt				9,5	1,5		15
Endsumme	1480,5	7,05		631,9	100,0	2341	1000

Frischbetonrohdichte 1,5 % LP ϱ_f = **2,34** kg/dm³ 0 % LP ϱ_{f0} = 2,38 kg/dm³ **Konsistenz** K3

Erstarrungsverzögerer VZ = 3 g/kg Zement — Ausbreitmaß a = 48,5 cm

Mehlkorngehalt M = 365 kg/m³ Frischbeton — Betongruppe BI

Zementleimgehalt ZL = 515 kg/m³ Frischbeton — Festigkeitsklasse Bn 250

Versuchsmischungen, betontechnologische Kenndaten	Fördern von Frischbeton durch Rohrleitungen Normalbeton NB-1	Bl. 17 b Dat. 28.1.72 Nr. B34/4.14

Betonzuschlag
Rechnerische Ermittlung der Sieblinien

Niederlassung 1) / Werk 1) / Baustelle 1)

Siebergebnisse der Korngruppen

Probe-Kenn-zeichen	Korn-gruppe mm	Zuschlagart	Durchgang in Gewichts-% 1) durch die Siebe 0,25	0,5	1	2	4	8	16	31,5	63	Bemerkungen
N1.1	0/4	Sand	5,0	39,3	74,6	97,1	100	100	100	100		
N1.2	4/8	Kies	0	0	0	0	2,0	98,0	100	100		
N1.3	8/16	Kies	0	0	0	0	0	2,0	98,0	100		
N1.4	16/32	Kies	0	0	0	0	0	0	2,0	100		

Sieblinien

Probe-Kenn-zeichen	Korn-gruppe mm	Anteil %	Durchgang in Gewichts-% 1)/Volumen-% 1) durch die Siebe 0,25	0,5	1	2	4	8	16	31,5	63	Sieblinie Nr.
N1.1	0/4	36,4	1,8	14,3	27,2	35,3	36,4	36,4	36,4	36,4		
N1.2	4/8	9,1	0	0	0	0	0,2	8,9	9,1	9,1		
N1.3	8/16	27,3	0	0	0	0	0	0,5	26,8	27,3		
N1.4	16/32	27,3	0	0	0	0	0	0	0,5	27,3		
Summe		100,1	1,8	14,3	27,2	35,3	36,6	45,8	72,8	100,1		

Betonzuschlag
Siebversuch

Siebversuch A = vor ; B = nach dem Pumpversuch

Ver-such	Gesamt-rückstand g	Rückstand in g auf dem Sieb 0,25	0,5	1	2	4	8	16	31,5	63	Bemerkungen
Probe-Kennzeichen / Korngruppe Normalbeton 1; 0/32 mm A											
1	3765	3710	3430	2700	2330	2050	1930	685	0		
2	3890	3830	3470	2845	2445	2210	1995	780	0		
3	3940	3885	3570	2900	2515	2270	2055	690	0		
Summe	11595	11425	10470	8445	7290	6530	5980	2155	0		
Rückstand %		98,5	90,3	72,8	62,9	56,3	51,6	18,6	0		K=4,51
Durchgang %		1,5	9,7	27,2	37,1	43,7	48,4	81,4	100		D=349,0
Probe-Kennzeichen / Korngruppe Normalbeton 1; 0/32 mm B											
1	3765	3695	3360	2770	2420	2235	1955	875	0		
2	3725	3650	3270	2680	2318	2130	1855	680	0		
3	3775	3700	3350	2755	2410	2220	1940	715	0		
Summe	11265	11045	9980	8205	7145	6585	5750	2270	0		
Rückstand %		98,0	88,6	72,8	63,4	58,5	51,0	20,2	0		K=4,53
Durchgang %		2,0	11,4	27,2	36,6	41,5	49,0	79,8	100		D=347,5
Probe-Kennzeichen / Korngruppe mm B, korrigiert											
Summe	11595	11045	9980	8205	7145	6585	5750	2270	0		
Rückstand %		95,3	86,1	70,8	61,6	56,8	49,6	19,6	0		K=4,40
Durchgang %		4,7	13,9	29,2	38,4	43,2	50,4	80,4	100		D=360,2

Betonzuschlag
Sieblinien

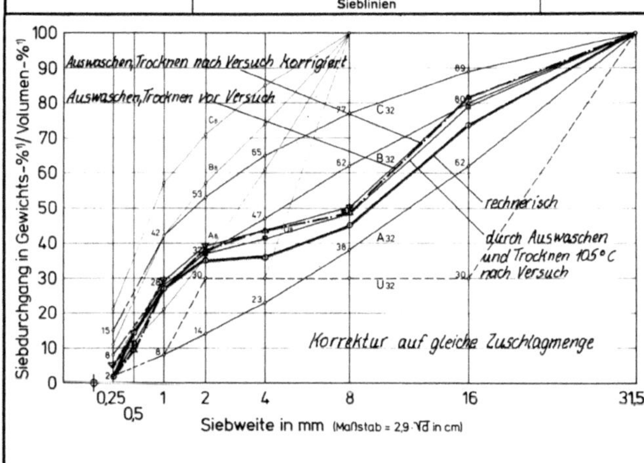

Stoffraumrechnung Mischungsanteile			Dichte Kornrohdichte	Sättigungswasser		Stoffraum Frischbeton pro Mischg.		Stoffraum Zuschlag	Stoffraumbedarf	Baustoffbedarf
	kg	M-Teile	kg/dm³	%	kg	dm³	%	%	dm³/m³	kg/m³
Zement PZ 350 F	273,0	1	3,15			86,7	12,6	-	126	398
Anmachwasser	136,5	0,5	1,00			136,5	19,9	-	199	199
Zementleimmenge	409,5	1,5				223,2	32,5	-	325	597
Zuschlag	759,5	2,782			33,0*	443,9	64,7	100	647	1107
Liaporsand 0/4	87,5	0,320	1,37	5,1	4,5*	63,9	9,3	14,4	93	127 tr
Liapor 6	301,0	1,103	1,26	9,45	28,5*	238,9	34,8	53,8	348	439 tr
Natursand 0/4	371,0	1,359	2,63	0	0	141,1	20,6	31,8	206	541 tr
Zwischensumme	1169,0**	4,282			33,0*	667,1	97,2	-	972	1704
Sättigungswas.*	33,0*	0,121				-			-	48
Luftgehalt						19,2	2,8		28	
Endsumme	1202,0	4,403				686,3**	100,0		1000	1752

Frischbetonrohdichte 2,8 % LP ρ_f = 1,75 kg/dm³; 0 % LP ρ_{f0}=1,80 kg/dm³; Stoffr.f. **Zementleim**+(Poren) = **353 dm³/m³**

Erstarrungsverzögerer VZ = 3 g/kg Zement; Frischbetonrohdichte bei **trocknen** Zuschlägen ρ_{ftr} = 1,70 kg/dm³

Mehlkorngehalt M = 446 kg/m³ Festigkeitsklasse LBn 250 Ausbreitmaß 43,5 cm

Versuchsmischungen, betontechnologische Kenndaten	Fördern von Frischbeton durch Rohrleitungen Leichtbeton LB-1-Liapor	Bl. 18 b
		Dat. 29.1.72
		Nr. B34/4.14

Betonzuschlag

Rechnerische Ermittlung der Sieblinien

Niederlassung 1) / Werk 1) / Baustelle 1)

Siebergebnisse der Korngruppen

Probe-Kennzeichen	Korngruppe mm	Zuschlagart	Durchgang in Gewichts-% 1)/Volumen-% 1) durch die Siebe 0,25	0,5	1	2	4	8	16	31,5	63	Bemerkungen
L 1.1	0/4	Liapor Sand	11,2	17,4	30,4	92,4	100	100	100			
L 1.2	4/8 u. 8/16	Liapor 6	1,6	1,6	1,6	1,6	2,7	61,5	100			
L 1.3	0/4	Natursand	5,0	39,3	74,6	97,1	100	100	100			

Sieblinien

Probe-Kennzeichen	Korngruppe mm	Anteil %	Durchgang in ~~Gewichts-%~~ 1)/Volumen-% 1) durch die Siebe 0,25	0,5	1	2	4	8	16	31,5	63	Sieblinie Nr.
L 1.1	0/4	14,4	1,6	2,5	4,4	13,3	14,4	14,4	14,4			
L 1.2	4/8 u. 8/16	53,8	0,9	0,9	0,9	0,9	1,5	33,1	53,8			
L 1.3	0/4	31,8	1,6	12,5	23,7	30,9	31,8	31,8	31,8			
Summe		100	4,1	15,9	29,0	45,1	47,7	79,3	100			

Betonzuschlag

Siebversuch

Siebversuch A = vor ; B = nach Pumpversuch

Versuch	Gesamtrückstand g	Rückstand in g auf dem Sieb 0,25	0,5	1	2	4	8	16	31,5	63	Bemerkungen
Probe-Kennzeichen / Korngruppe mm A											
1	2945	2875	2515	1865	1305	1175	460	0			
2	2990	2930	2610	1930	1315	1170	440	0			
3	2955	2900	2550	1890	1310	1170	440	0			
Summe	8890	8705	7675	5685	3930	3515	1340	0			
Rückstand		97,9	86,3	64,0	44,2	39,5	15,1	0			
Durchgang		2,1	13,7	36,0	55,8	60,5	84,9	100			
Probe-Kennzeichen / Korngruppe mm B											
1	2775	2715	2385	1775	1265	1140	445	0			
2	2810	2750	2420	1800	1290	1160	445	0			
3	2830	2770	2435	1805	1285	1155	440	0			
Summe	8415	8235	7240	5380	3840	3455	1330	0			
Rückstand		97,9	86,0	63,9	45,6	41,1	15,8	0			
Durchgang		2,1	14,0	36,1	54,4	58,9	84,2	100			
Probe-Kennzeichen / Korngruppe mm B, korrigiert											
Summe	8890	8235	7240	5380	3840	3455	1330	0			
Rückstand		92,6	81,4	60,5	43,2	38,9	15,0	0			
Durchgang		7,4	18,6	39,5	56,8	61,1	85,0	100			

Betonzuschlag

Sieblinien

Niederlassung 1) / Werk 1) / Baustelle 1)

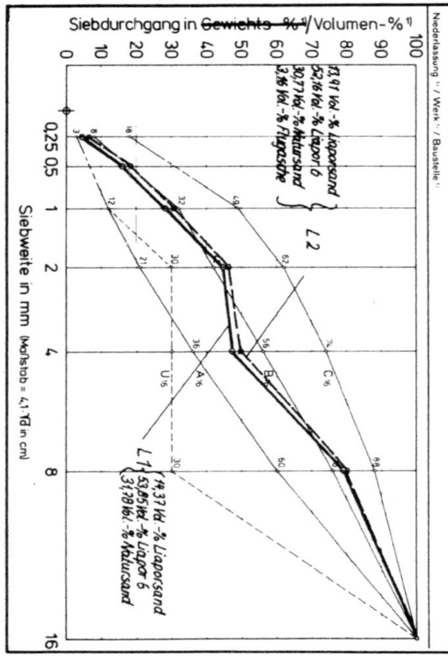

Stoffraumrechnung Mischungsanteile	kg	M-Teile	Dichte Kornrohdichte kg/dm³	Sättigungswasser %	Sättigungswasser kg	Stoffraum Frischbeton dm³	Stoffraum pro Mischg. %	Stoffr. Zuschlag %	Stoffraumbedarf dm³/m³	Baustoffbedarf kg/m³
Zement PZ 350 F	210	1	3,15	0	0	66,7	10,6	-	106	335
Anmachwasser	105	0,5	1,00	0	0	105,0	16,8	-	168	168
Zementleimmenge	315	1,5	-		-	171,7	27,4		274	503
Zuschlag	684,6	3,26	-	-	-	436,8	69,8	100,0	698	1094
Natursand 0/4	378,6	1,803	2,63	-	-	144,0	23,0	33,0	230	605
Korlin B 5/10	306,0	1,457	1,045	6,6	20,2	292,8	46,8	67,0	468	489
Zwischensumme	999,6	4,76				608,5	97,2		972	1597
Sättigungswasser	20,2	0,096								32
Luftgehalt						17,5	2,8		28	
Endsumme	1019,8	4,856				626,0	100,0		1000	1629

Frischbetonrohdichte 2,8% LP ϱ_f=1,63 kg/dm³; 0% LP ϱ_{f0}=1,68 kg/dm³;Stoffr.f.Zementleim +(Poren)= 302 dm³/m³

Erstarrungsverzögerer VZ = 0 g/kg Zement; Frischbetonrohdichte bei trockenen Zuschlägen ϱ_{ftr} = 1,60 kg/dm³

Mehlkorngehalt M=387 kg/m³; Festigkeitsklasse LBn 150; Ausbreitmaß 50,0 cm

Versuchsmischungen, betontechnologische Kenndaten	Fördern von Frischbeton durch Rohrleitungen Leichtbeton LB-3-Liapor und EFA-Füller	Bl. 20 Dat. 2.2.72 Nr. B34/4.14

Stoffraumrechnung Mischungsanteile	kg	M-Teile	Dichte Kornrohdichte kg/dm³	Sättigungswasser %	Sättigungswasser kg	Stoffraum beton pro dm³	Frisch-Mischg. %	Stoffr. Zuschlag %	Stoffraumbedarf dm³/m³	Baustoffbedarf kg/m³
Zement PZ 350 F	238,0	1	3,15	0	0	75,6	11,1		111	351
Anmachwasser	126,0	0,529	1,00	0	0	126,0	18,6		186	185
Zementleimmenge	364,0	1,529	-			201,6	29,7		297	536
Zuschlag	794,5	3,338	-	-	-	458,4	67,5	100,0	675	1171
Liaporsand 0/4	87,5	0,367	1,37	5,1	4,5*	63,9	9,4	13,9	94	129
Liapor 6	301,0	1,265	1,26	9,45	28,5*	238,9	35,2	52,1	352	443
Natursand 0/4	371,0	1,559	2,63	0	0	141,1	20,8	30,8	208	547
EFA-Füller RM	35,0	0,147	2,42	0	0	14,5	2,1	3,2	21	52
Zwischensumme	1158,5	**4,867**			33,0	660,0	97,2	-	972	1707
Sättigungswasser	33*	0,139				-				49
Luftgehalt						19,0	2,8		28	
Endsumme	1191,5	5,006				679,0	100,0		1000	1756

Frischbetonrohdichte 2,8% LP ϱ_f=1,76 kg/dm³; 0% LP ϱ_{f0}=1,81 kg/dm³; Stoffr. f. Zementleim +(Poren)=325 dm³/m³
Erstarrungsverzögerer VZ = 0 g/kg Zement; Frischbetonrohdichte bei trockenen Zuschlägen ϱ_{ftr} = 1,71 kg/dm³
Mehlkorngehalt M=452 kg/m³; Festigkeitsklasse LBn 250; Ausbreitmaß 43,5 cm

Betonzuschlag

Rechnerische Ermittlung der Sieblinien

Niederlassung[1] / Werk[1] / Baustelle[1]

Siebergebnisse der Korngruppen

Probe-Kenn-zeichen	Korn-gruppe mm	Zuschlagart	Durchgang in Gewichts-%[1]/Volumen-%[1] durch die Siebe 0,25	0,5	1	2	4	8	16	31,5	63	Bemerkungen
L2.1	0/4	Liaporsand	11,2	17,4	30,4	92,4	100	100	100			
L2.2	4/8 u. 8/16	Liapor 6	1,6	1,6	1,6	1,6	2,7	61,5	100			
L2.3	0/4	Natursand	5,0	39,3	44,6	97,1	100	100	100			
L2.4	0/0,25	EFA-Füller	100	100	100	100	100	100	100			

Sieblinien

Probe-Kenn-zeichen	Korn-gruppe mm	Anteil %	Durchgang in Gewichts-%[1]/Volumen-%[1] durch die Siebe 0,25	0,5	1	2	4	8	16	31,5	63	Sieblinie Nr.
L2.1	0/4	13,9	1,6	2,4	4,2	12,8	13,9	13,9	13,9			
L2.2	4/8 u. 8/16	52,2	0,8	0,8	0,8	0,8	1,4	32,1	52,2			
L2.3	0/4	30,8	1,5	12,1	23,0	29,9	30,8	30,8	30,8			
L2.4	0/0,25	3,2	3,2	3,2	3,2	3,2	3,2	3,2	3,2			
Summe		100,1	7,1	18,5	31,2	46,7	49,3	80,0	100,1			

Stoffraumrechnung Mischungsanteile	kg	M-Teile	Dichte Kornrohdichte kg/dm³	Sättigungswasser %	Sättigungswasser kg	Stoffraum beton pro dm³	Frisch- Mischg. %	Stoffr. Zuschlag %	Stoffraumbedarf dm³/m³	Baustoffbedarf kg/m³
Zement PZ 350 F	294	1	3,15	0	0	93,3	11,2		112	352
Anmachwasser	147	0,5	1,00	0	0	147,0	17,6		176	176
Zementleimmenge	441	1,5	-	-	-	240,3	28,8		288	528
Zuschlag	814,8	2,771	-	-	33,1*	571,3	68,4	100	684	976
Berwilitsand 0/4	408,2	1,388	1,566	3,9	15,9*	260,7	31,2	45,6	312	489
Berwilit 8/16S300	312,5	1,063	1,137	5,5	17,2*	274,8	32,9	48,1	329	374
Natursand 0/4	94,1	0,320	2,63		0	35,8	4,3	6,3	43	113
Zwischensumme	1255,8	4,271				811,6	97,2		972	1504
Sättigungswasser	33,1*	0,113								40
Luftgehalt						23,4	2,8		28	
Endsumme	1288,9	4,394				835,0	100,0		1000	1544

Frischbetonrohdichte 2,8% LP ϱ_f=1,54 kg/dm³; 0% LP ϱ_{f0}=1,59 kg/dm³; Stoffr.f.Zementleim + (Poren) = 316 dm³/m³

Erstarrungsverzögerer VZ = 0 g/kg Zement: Frischbetonrohdichte bei trockenen Zuschlägen ϱ_{ftr} = 1,50 kg/dm³

Mehlkorngehalt M=389 kg/m³; Festigkeitsklasse LBn 150; Ausbreitmaß 38 cm

Versuchsmischungen, betontechnologische Kenndaten	Fördern von Frischbeton durch Rohrleitungen Leichtbeton LB-4-Berwilit	Bl. 21 b Dat. 3.2.72 Nr. B34/4.14

Betonzuschlag
Rechnerische Ermittlung der Sieblinien

Niederlassung ¹⁾ / Werk ¹⁾ / Baustelle ¹⁾

Siebergebnisse der Korngruppen

Probe-Kenn-zeichen	Korn-gruppe mm	Zuschlagart	Durchgang in Gewichts-%¹⁾/Volumen-%¹⁾ durch die Siebe 0,25	0,5	1	2	4	8	16	25 mm	63	Bemerkungen
L4.1	0/4	Berwilit Sand	6,4	21,5	51,2	75,2	99,8	100	100	100		
L4.2	8/16	Berwilit S.300	0,1	0,1	0,1	0,2	0,2	10,4	97,8	100		
L4.3	0/4	Natursand	5,0	39,3	74,6	97,1	100	100	100	100		

Sieblinien

Probe-Kenn-zeichen	Korn-gruppe mm	Anteil %	Durchgang in Volumen-% durch die Siebe 0,25	0,5	1	2	4	8	16	25	63	Sieblinie Nr.
L4.1	0/4	45,6	2,9	9,8	23,3	34,3	45,5	45,6	45,6	45,6		
L4.2	8/16	48,1	0,1	0,1	0,1	0,1	0,1	5,0	47,0	48,1		
L4.3	0/4	6,3	0,3	2,5	4,7	6,1	6,3	6,3	6,3	6,3		
Summe		100	3,3	12,4	28,1	40,5	51,9	56,9	98,9	100		

Betonzuschlag
Siebversuch

Siebversuch A = vor; B = nach Pumpversuch

Versuch	Gesamtrückstand g	Rückstand in g auf dem Sieb 0,25	0,5	1	2	4	8	16	25	63	Bemerkungen
Probe-Kennzeichen / Korngruppe LB-4-Berwilit, 0/25 mm A											
1											
2											
3											
Summe	3074	2997	2692	2080	1613	1236	983	4	0		
Rückstand		97,5	87,6	67,7	52,5	40,2	32,0	0,1	0		
Durchgang		2,5	12,4	32,3	47,5	59,8	68,0	99,9	100		
Probe-Kennzeichen / Korngruppe mm B											
Summe	3009	2917	2614	2017	1600	1251	1040	4	0		
Rückstand		96,9	86,9	67,0	53,2	41,6	34,6	0,1	0		
Durchgang		3,1	13,1	33,0	46,8	58,4	65,4	99,9	100		
Probe-Kennzeichen / Korngruppe mm B, korrigiert											
Summe	3074	2917	2614	2017	1600	1251	1040	4	0		
Rückstand		94,9	85,0	65,6	52,0	40,7	33,8	0,1	0		
Durchgang		5,1	15,0	34,4	48,0	59,3	66,2	99,9	100		

Betonzuschlag
Sieblinien

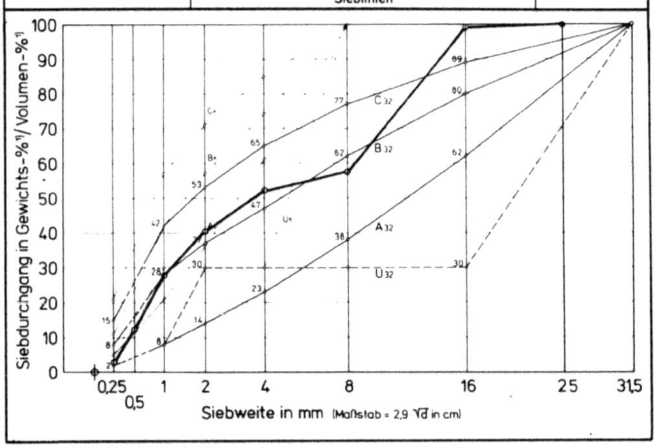

159

Experimentelle vergleichende Untersuchungen	Fördern von Frischbeton durch Rohrleitungen Pumpen von Normalbeton NB-1	Bl. 22 Dat. 9.3.72 Nr B34/4.15

OS 448-449

Zeitliches Arbeitsablaufdiagramm

Parameter: gerade Zahlen - Ende Pumphub schwarze Rolle (56)
ungerade Zahlen - Ende Pumphub weiße Rolle (57)

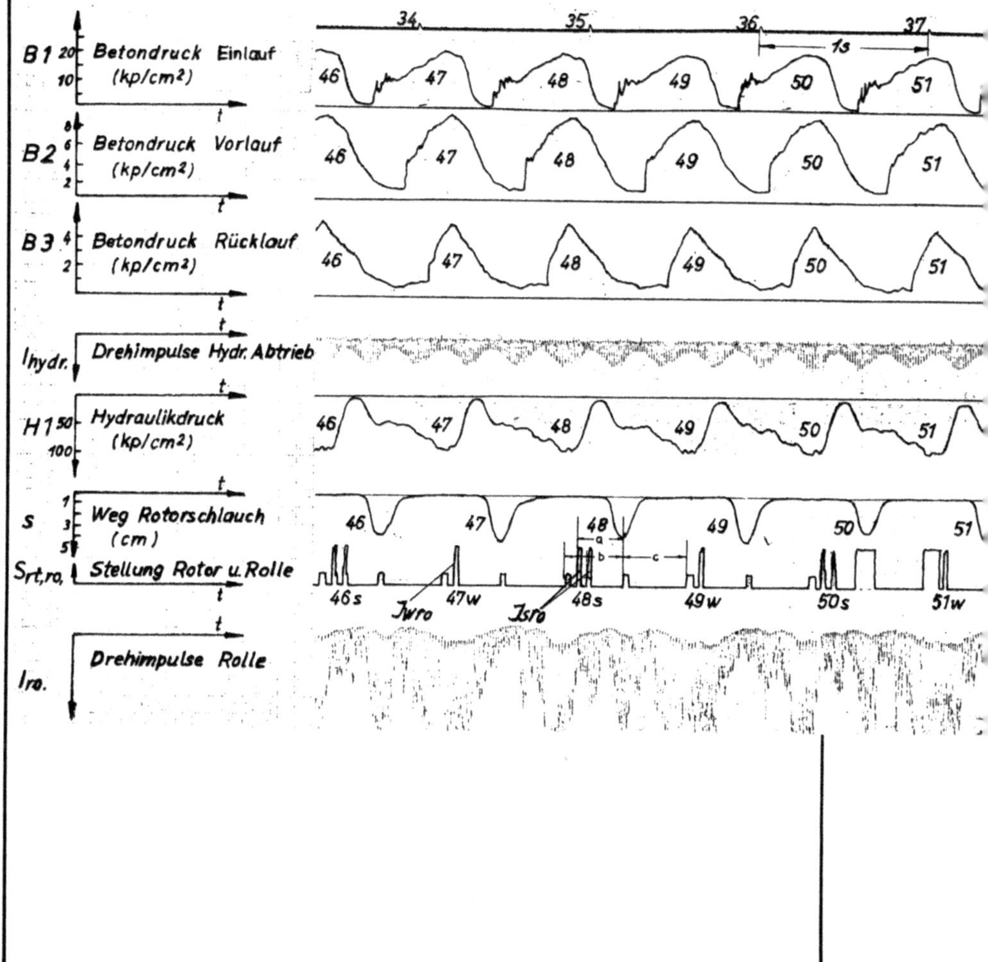

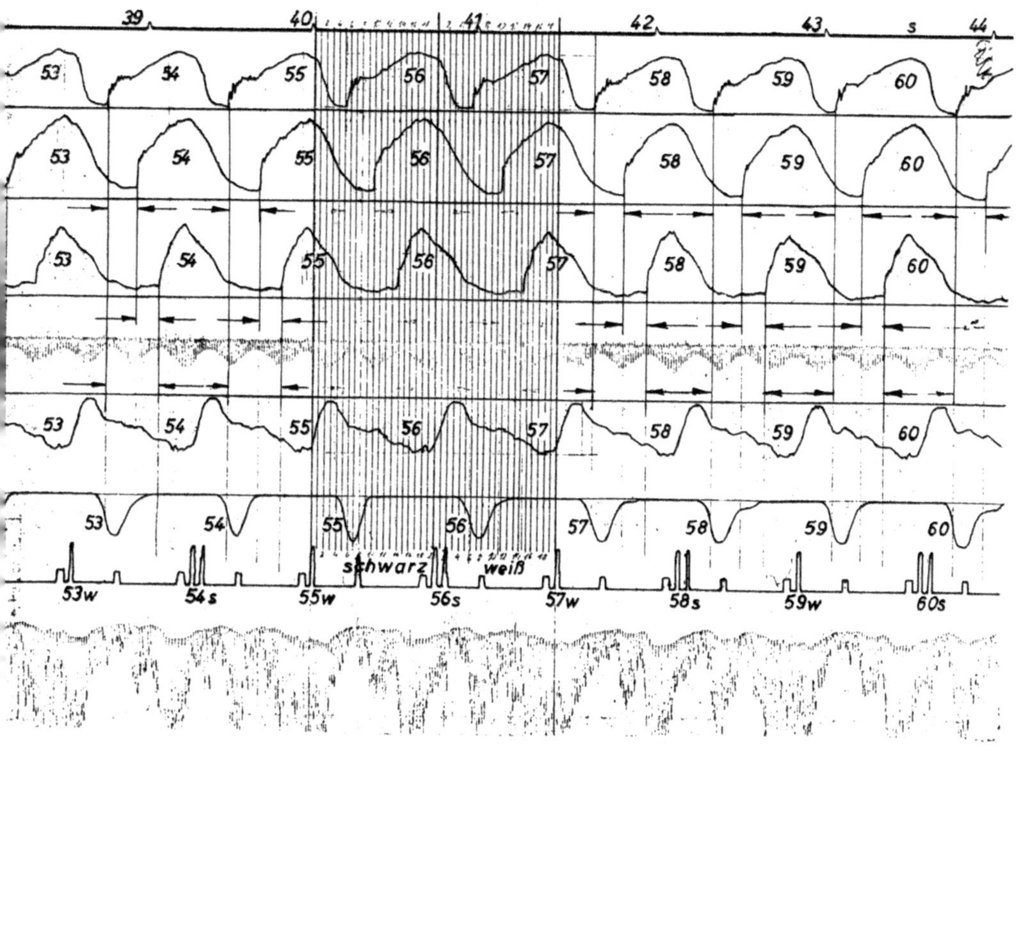
39
40
41
42
43
s
44
53w
54s
55w
56s
57w
58s
59w
60s
schwarz
weiß

Experimentelle vergleichende Untersuchungen	Fördern von Frischbeton durch Rohrleitungen Pumpen von Normalbeton NB-1

gehört zu C

Synchronisierter Meßschrieb für Rotor-
geschwindigkeit und Rührwerksdrehimpulse

<u>Parameter:</u> gerade Zahlen - Ende Pumphub schwarze
ungerade Zahlen - Ende Pumphub weiße R

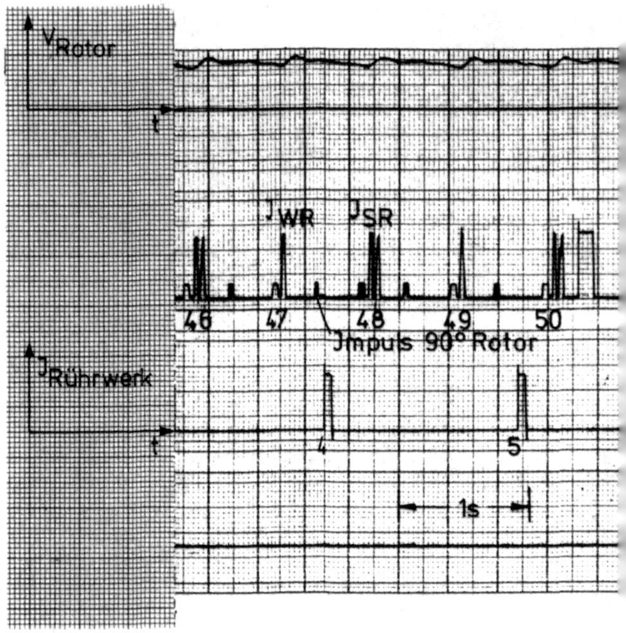

<u>Versuchsbedingungen</u>

Pumpentype		Rotorbeton
Leerlaufdrehzahl Antriebsmotor		2200 U/min
Vakuum Rotorgehäuse		0,9 kp/cm²
Spaltmaß Gummirolle		22 mm
Meßaufbau und Meßdaten		Bl. 15
Rohrleitungsquerschnitt		NW 100
Rohrleitungsverlauf (5 Krümmer)		Bl. 16
Ausgangsdaten der Mischung		Bl. 17
Frischbetonrohdichte	rechnerisch	ρ_{fr} = 2,34
	vor d. Versuch	ρ_{fo} = 2,33
	nach d. Versuch	ρ_{fn} = 2,37
Ausbreitmaß	vor dem Versuch	a_v = 47/5
	nach dem Versuch	a_n = 40/4

.3.72
/4.15
1. 22

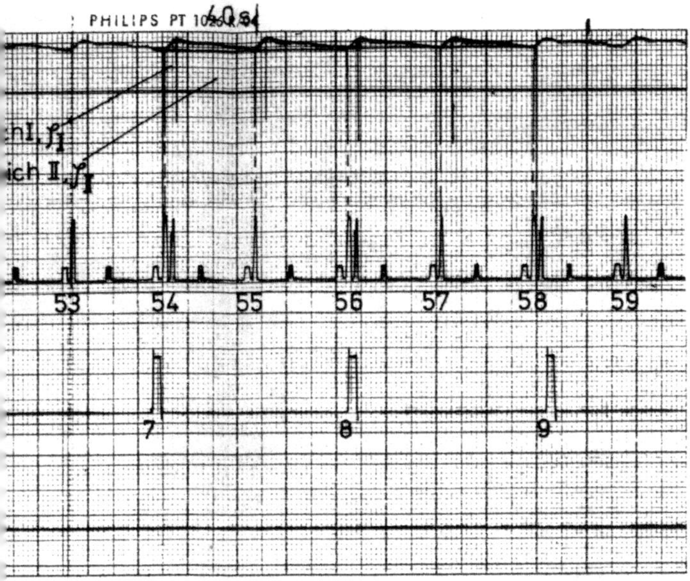

0

Experimentelle vergleichende Untersuchungen	Meßwerttabelle für die Auswertung des Pumphubes 56 schwarze Gummirolle im Eingriff Pumpen von Normalbeton NB-1	Bl. 24 Dat. 9.3.72 Nr. B34/4.15

V1/OS 449/56
gehört zu Bl. 22 und 23

$v_m \triangleq 9{,}15$ mmSh

Nr.	$t_{Phil.}$	Flächenindex	Gesamtfläche	Winkel	$\frac{v\ 100}{v_m}$	p_{Hyd}	B1	B2	B3	s	$t_{Oszill.}$	v
(-)	(mm)	(mm/mm²)	(mm²)	(°)	(%)	(kp/cm²)	(kp/cm²)	(kp/cm²)	(kp/cm²)	(cm)	(mm)	(mmSh)
0	0,000	0,0	0,000	0,00	88,52	86,5	19,15	8,77	4,25	0	0,0	8,100
1	0,927	0,927	7,918	8,40	98,20	48,7	15,48	8,35	3,76	0	1,8	8,985
2	1,854	1,854	16,659	17,68	107,87	13,0	7,89	6,75	3,26	0	3,6	9,871
	2,2	2,200	20,130	21,40	111,48					0		10,200
3	2,781	2,2 + 0,581	26,345	27,63	110,66	6,3	3,33	5,12	2,82	0	5,4	10,125
4	3,708	2,2 + 1,508	35,365	37,52	109,36	11,9	2,00	3,9	1,91	0,2	7,2	10,001
5	4,635	2,2 + 2,435	44,586	47,31	108,06	33,2	1,70	2,86	1,31	1,1	9,0	9,887
							1,7/8,67					
6	5,562	2,2 + 3,362	53,696	56,98	106,75	54,3	8,67	2,02	0,91	3,3	10,8	9,768
7	6,489	2,2 + 4,289	62,695	66,53	105,45	55,3	11,47	1,59	0,74	4,1	12,6	9,649
8	7,416	2,2 + 5,216	71,5839	75,96	104,15	57,8	12,56	1,31	0,74	3,1	14,4	9,530
9	8,343	2,2 + 6,143	80,362	85,27	102,85	63,2	12,07	1,19	0,52	1,1	16,2	9,411
10	9,270	2,2 + 7,070	89,030	94,47	101,54	67,0	13,05	1,39/3,65	0,50	0	18,0	9,292
11	10,197	2,2 + 7,997	97,587	103,55	100,24	67,0	15,24	5,5	0,59	0	19,8	9,172
12	11,124	2,2 + 8,924	106,034	112,51	98,94	70,6	16,1	6,15	0,74	0	21,6	9,053
13	12,051	2,2 + 9,851	114,370	121,36	97,64	81,3	17,8	7,15	0,71	0	23,4	8,934
14	12,978	2,2 +10,778	112,596	130,09	96,34	82,0	19,03	7,70	2,10	0	25,2	8,815
15	13,905	2,2 +11,705	130,712	138,70	95,04	84,0	20,15	8,15	3,17	0	27,0	8,696
16	14,832	2,2 +12,632	138,616	147,09	93,74	90,06	20,68	8,85	4,17	0	28,8	8,577
17	15,759	2,2 +13,559	146,611	155,57	92,43	100,0	21,49	9,50	4,56	0	30,6	8,458
18	16,686	2,2 +14,486	154,394	163,83	91,13	97,5	20,68	9,53	4,80	0	32,4	8,339
19	17,613	2,2 +15,413	162,068	171,97	89,83	98,0	20,0	8,97	4,33	0	34,2	8,220
20	18,540	2,2 +16,340	169,641	180,00	88,52	84,0	18,90	8,54	3,79	0	36,0	8,100
Durchschnittswerte:						64,39	14,16	5,99	2,37			9,15

Experimentelle vergleichende Untersuchungen	Rotorbetonpumpe BPF50/Ma AL120 D13 FL Squeeze-Crete-Verfahren Pumpen von Normalbeton NB-1	**Bl.** 25 **Dat.** 9.3.72 **Nr.** B34/4.15

gehört zu Bl. 22 - 24

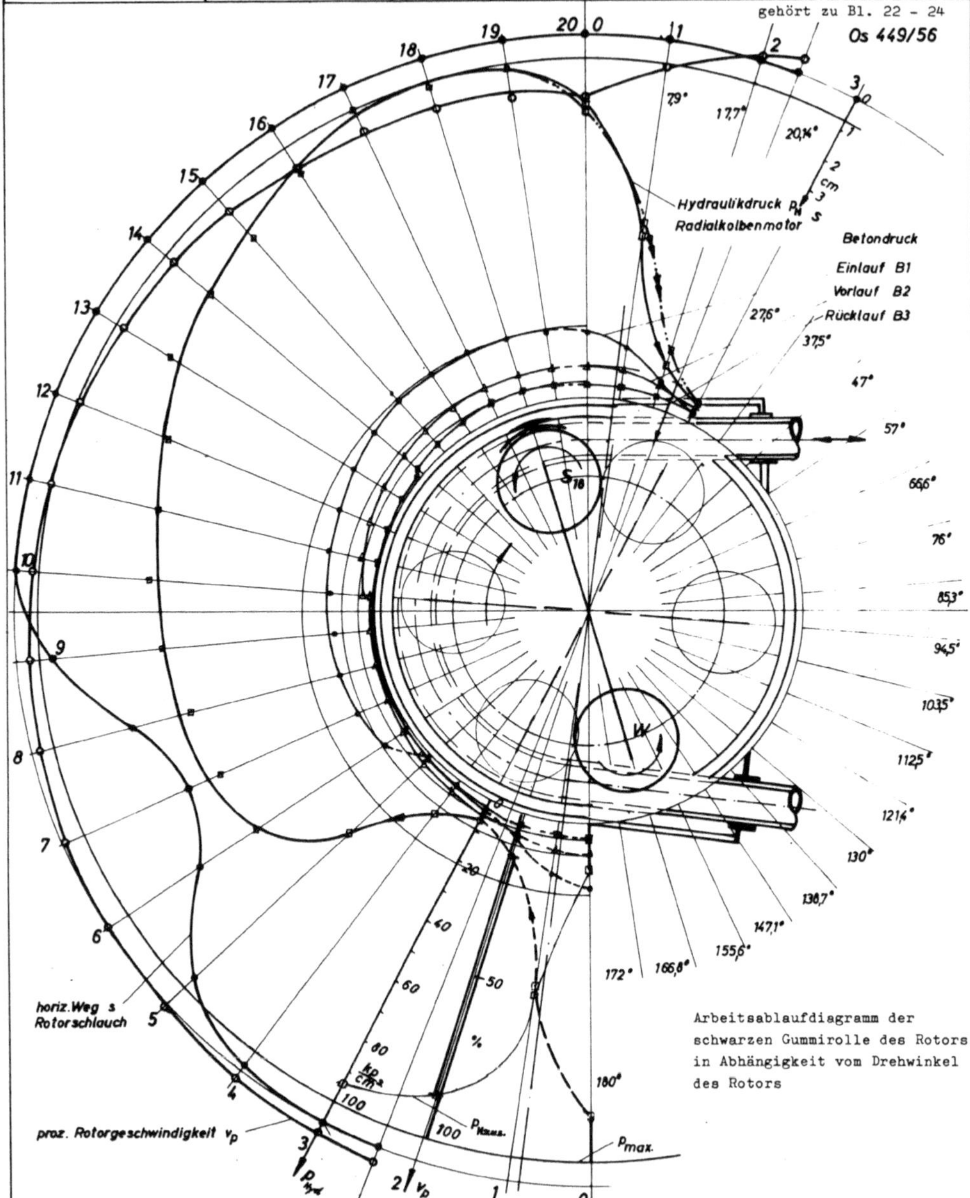

Arbeitsablaufdiagramm der schwarzen Gummirolle des Rotors in Abhängigkeit vom Drehwinkel des Rotors

Experimentelle vergleichende Untersuchungen	Rotorbetonpumpe BPF 50/Ma AL 120 D 13 FL - Squeeze-Crete-Verfahren Prinzipielle Füllung des Pumpschlauches beim Pumpen von Frischbeton	Bl. 26 Dat. 11.3.72 Nr. B34/4.15

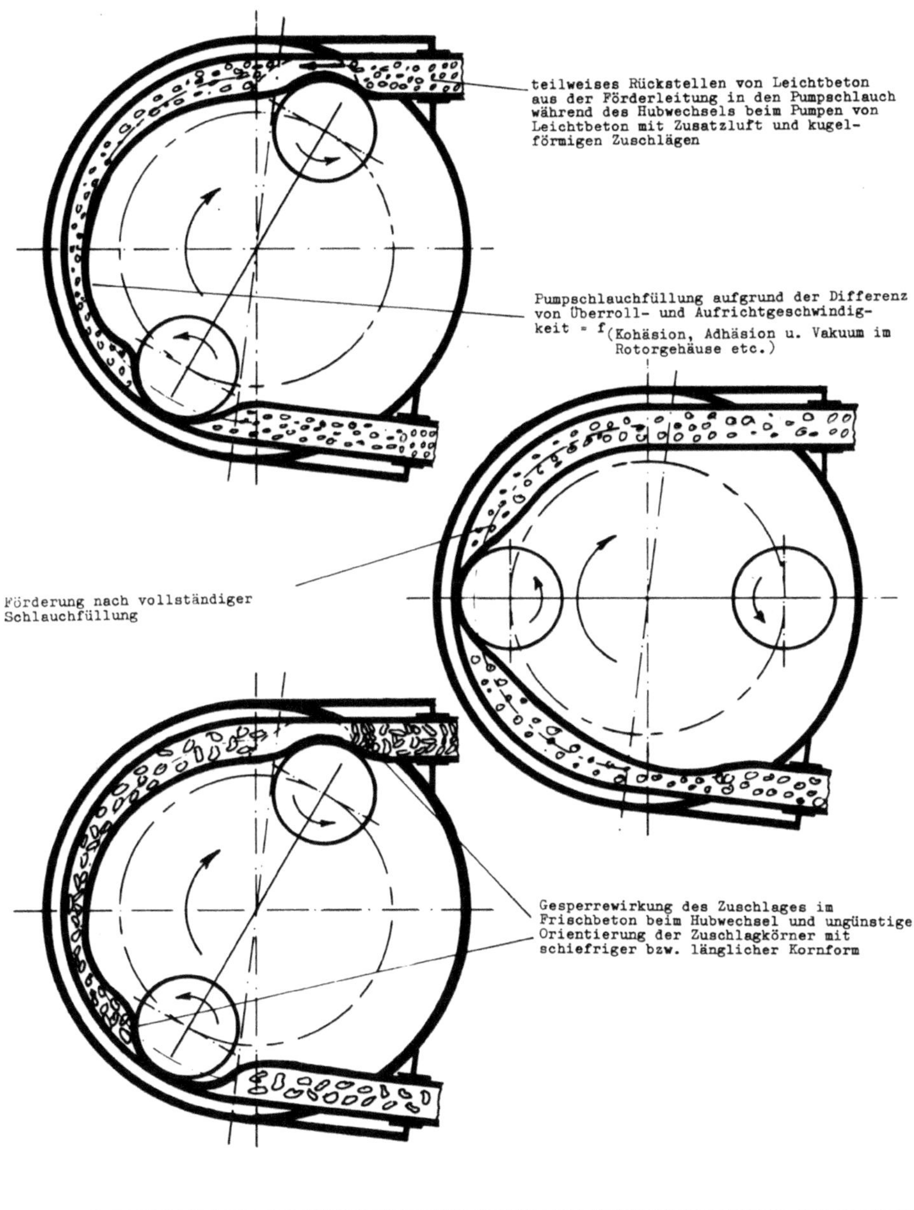

Experimentelle vergleichende Untersuchungen	Fördern von Frischbeton durch Rohrleitungen Pumpen von Leichtbeton LB-1-Liapor	Bl. 27 Dat. 10.3.72 Nr. B34/4.15

OS 570-573

Zeitliches Arbeitsablaufdiagramm

Dauerpumpen nach dem Stillstand

Versuchsmischung nach Bl. 18, jedoch mit 18 l mehr Sättigungswasser und 150 g Natrosol/m^3 Frischbeton - Versuchsbedingungen nach Bl. 28

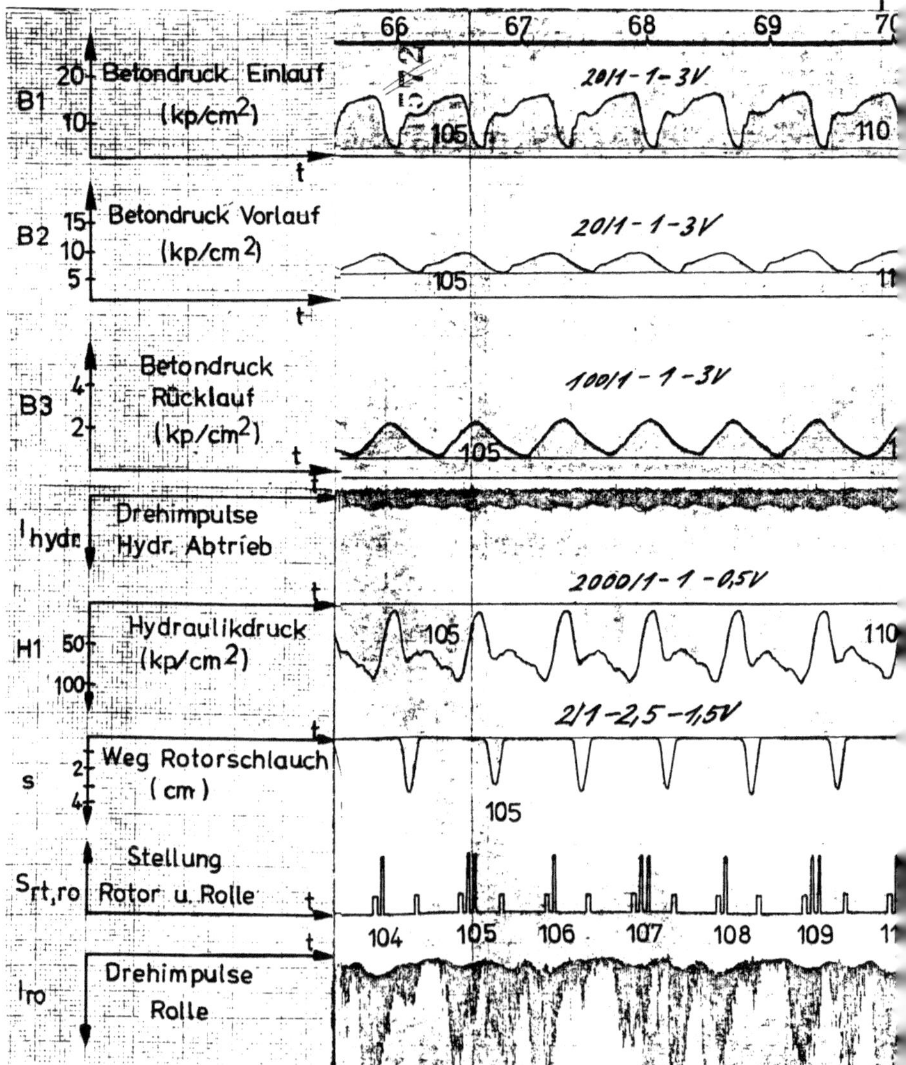

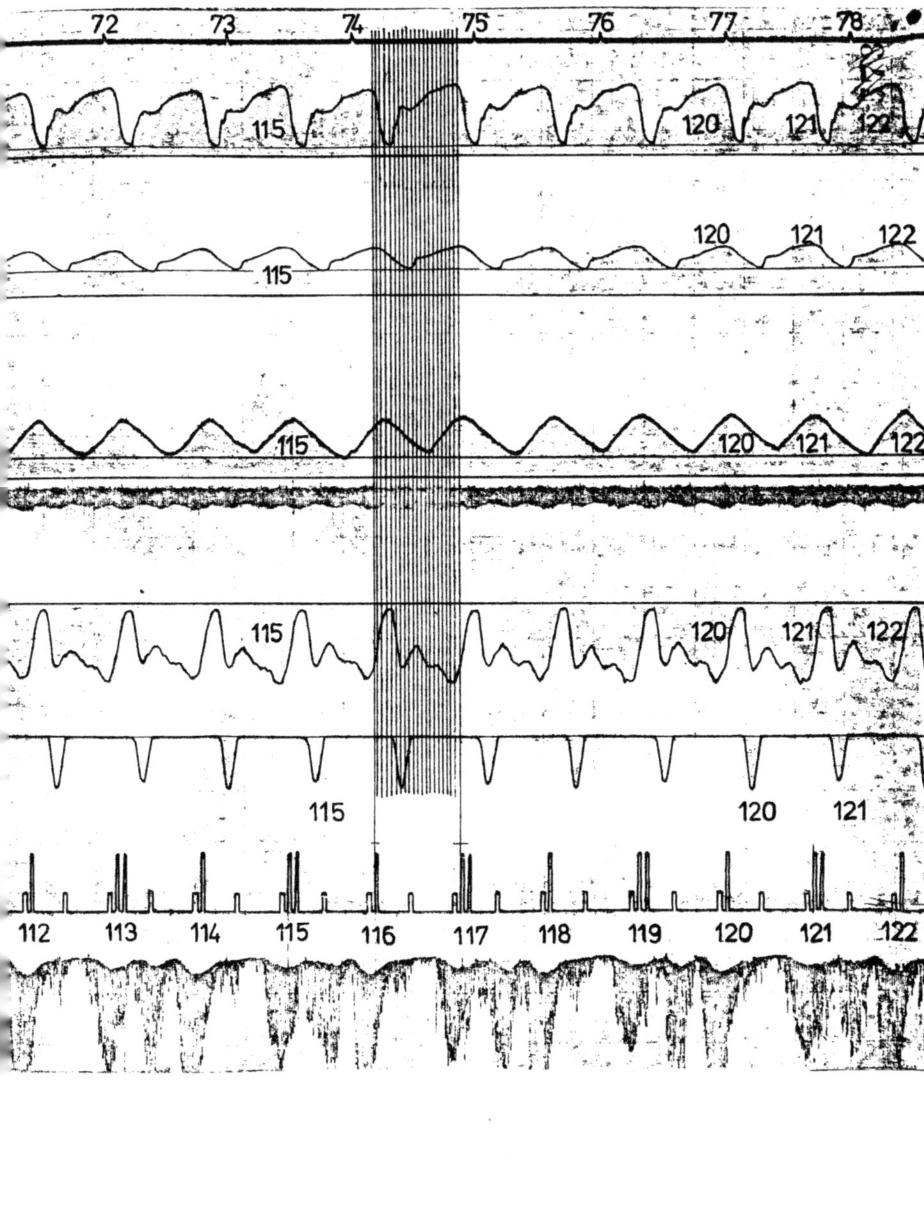
72 73 74 75 76 77 78
115 120 121 122
115 120 121 122
115 120 121 122
115 120 121 122
115 120 121
112 113 114 115 116 117 118 119 120 121 122

Experimentelle vergleichende Untersuchungen	Fördern von Frischbet durch Rohrleitunge Pumpen von Leichtbeton

gehört

Synchronisierter Meßschrieb für R
geschwindigkeit und Rührwerksdrehi

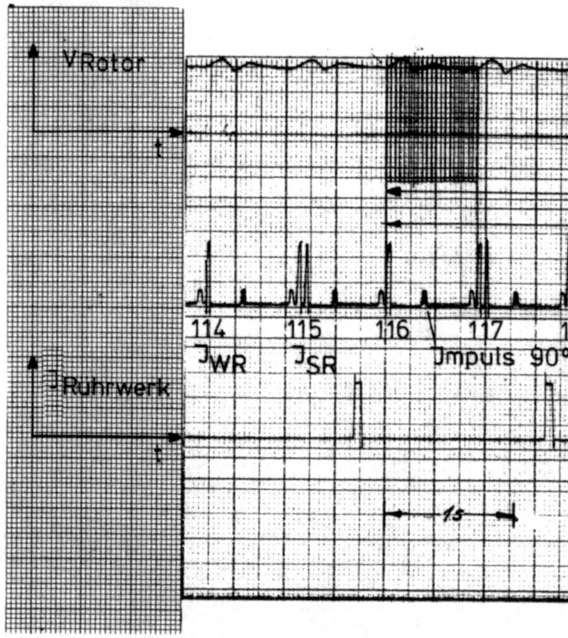

Versuchsbedingungen

Pumpentype	Rot
Leerlaufdrehzahl Antriebsmotor	220
Vakuum Rotorgehäuse	0,8
Spaltmaß Gummirolle	22
Meßaufbau und Meßdaten	Bl.
Rohrleitungsquerschnitt	NW
Rohrleitungsverlauf (5 Krümmer)	Bl.
Ausgangsdaten der Mischung	Bl.
Frischbetonrohdichte rechnerisch	ϱ_{fr}
vor dem Versuch	ϱ_{fo}
nach dem Versuch	ϱ_{fn}
Ausbreitmaß vor dem Versuch	a_v
nach dem Versuch	a_n
Betonzusatzmittel	150
weitere Konsistenzvorgabe	18
Zugabe an Zusatzluft	ca.

Bl.	28
Dat.	10.3.72
Nr.	B34/4.15

-573 u.Bl.27

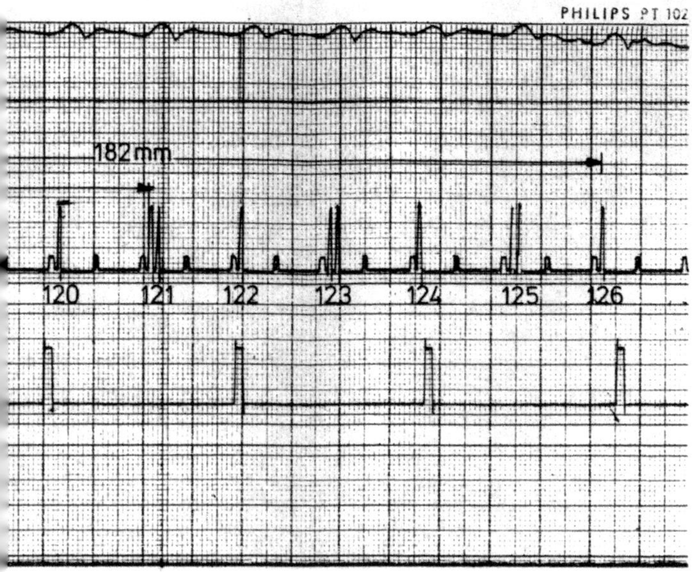

pe BPF 50

/dm^3
/dm^3
/dm^3
m

l/m^3 FB

Experimentelle vergleichende Untersuchungen	Meßwerttabelle für die Auswertung des Pumphubes 117 (116 + 117) schwarze Gummirolle im Eingriff Pumpen von Leichtbeton LB-1-Liapor	**Bl.** 29 **Dat.** 10.3.72 **Nr.** B34/4.15

V6 0S573/117

$v_m \hat{=} 13{,}826$ mmSh

Nr.	$t_{Phil.}$	Flächenindex		Gesamtfläche	Winkel	$\frac{v\ 100}{v_m}$	p_{Hyd}	B1	B2	B3	s	$t_{Oszill.}$	v
(-)	(mm)	(mm/mm²)		(mm²)	(°)	(%)	(kp/cm²)	(kp/cm²)	(kp/cm²)	(kp/cm²)	(cm)	(mm)	(mmSh)
0	0,00			0,000	0	97,6	75,0	16,7	9,5	2,33	0	0,0	13,5
		13,7	12,467										
1	0,91			12,467	8,9	100,5	56,2	15,6	9,6	2,52	0	0,865	13,9
		14,3	13,013										
2	1,82			25,480	18,3	106,3	34,4	10,0	9,5	2,66	0	1,730	14,7
		14,9	13,559										
3	2,73			39,039	28,0	109,2	8,1	5,0	8,8	2,66	0	2,595	15,1
		15,1	13,741				6,9						
4	3,64			52,780	37,9	109,2	7,5	4,0	8,2	2,57	0	3,460	15,1
		14,65	13,332										
5	4,55			66,112	47,4	102,7	38,8	8,1	7,5	2,38	1,44	4,325	14,2
		13,5	12,285										
6	5,46			78,397	56,3	92,6	78,2	10,5	6,9	2,21	3,23	5,190	12,8
		13,0	11,830										
7	6,37			90,227	64,7	95,5	78,2	12,9	6,5	1,95	2,33	6,055	13,2
		13,4	12,194										
8	7,28			102,421	73,5	99,8	68,7	12,2	6,2	1,76	1,12	6,920	13,8
		13,9	12,649						6,1				
9	8,19			115,070	82,6	101,3	57,5	12,2	6,4	1,64	0	7,785	14,0
		14,1	12,831										
10	9,10			127,901	91,8	102,7	52,5	13,1	7,7	1,48	0	8,650	14,2
		14,1	12,831										
11	10,01			140,732	101,0	101,3	62,5	14,0	8,0	1,36	0	9,515	14,0
		13,95	12,695										
12	10,92			153,427	110,1	100,5	73,1	14,9	8,2	1,24	0	10,380	13,9
		13,85	12,604										
13	11,83			166,031	119,1	99,8	77,4	16,1	8,3	1,14	0	11,245	13,8
		13,70	12,467										
14	12,74			178,498	128,1	98,4	77,4	16,6	8,6	1,48	0	12,110	13,6
		13,50	12,285										
15	13,65			190,783	137,6	96,9	76,2	16,8	9,0	1,69	0	12,975	13,4
		13,4	12,194										
16	14,56			202,977	145,7	96,9	83,0	18,3	9,2	1,97	0	13,840	13,4
		13,3	12,103										
17	15,47			215,080	154,3	95,5	95,5	18,7	9,4	2,16	0	14,705	13,2
		13,1	11,921										
18	16,38			227,001	162,9	94,0	94,9	18,8	9,5	2,43	0	15,570	13,0
		13,0	11,830										
19	17,29			238,831	171,4	94,0	94,9	18,9	9,6	2,64	0	16,435	13,0
		13,2	12,012										
20	18,20			250,843	180,0	96,9	75,9	18,7	9,7	2,74	0	17,300	13,4
Durchschnittswerte:							65,04	13,91	8,4	2,05			13,826

Experimentelle vergleichende Untersuchungen	Rotorbetonpumpe BPF 50/Ma AL 120 D13 FL Squeeze-Crete-Verfahren Pumpen von Leichtbeton LB-1-Liapor	Bl. 30 Dat. 10.3.72 Nr. B34/4.15

gehört zu Bl. 27-29

OS 573/117

Pumpen von Leichtbeton LBn 250 mit Liapor und Zusatz von Natrosol

Dauerpumpen nach dem Still-stand

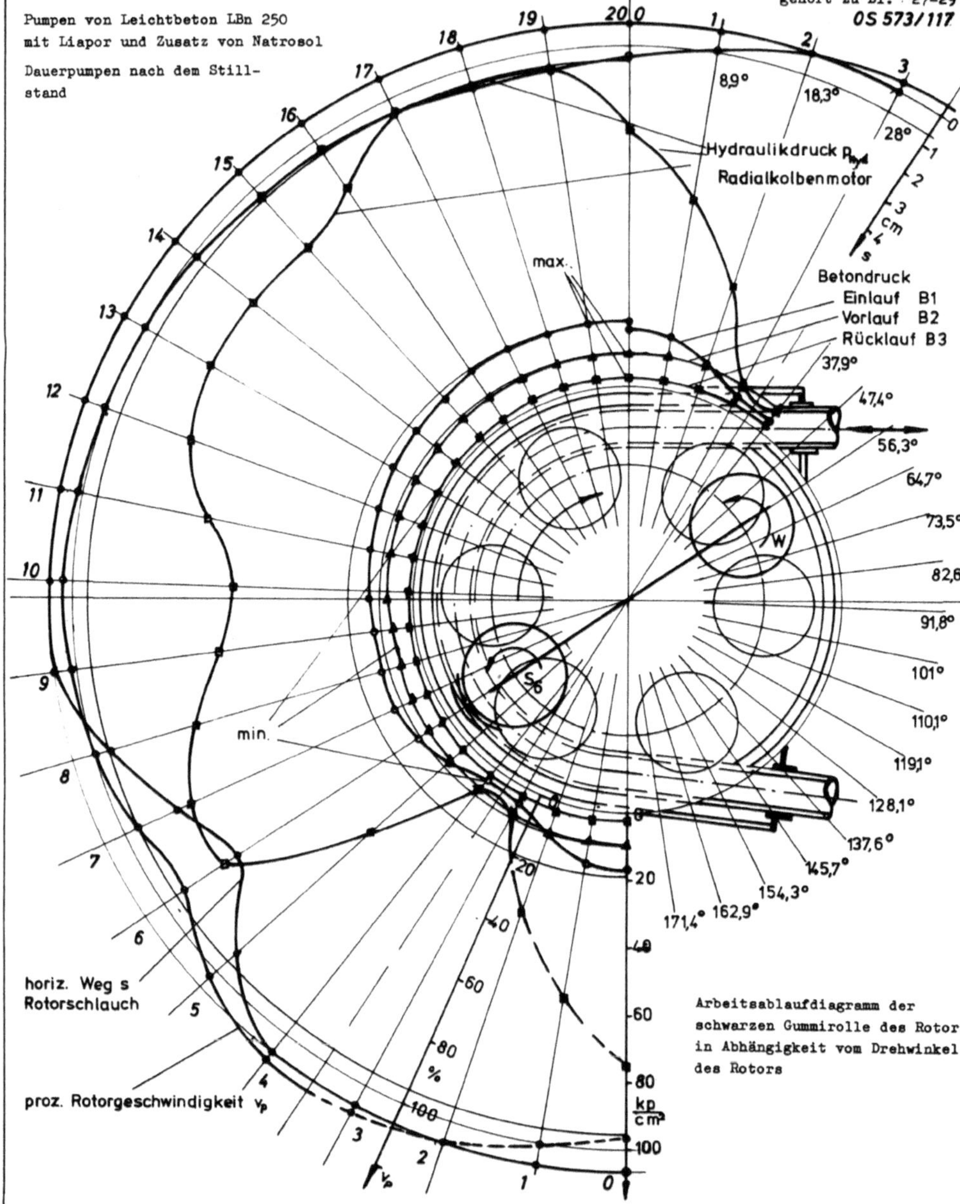

Arbeitsablaufdiagramm der schwarzen Gummirolle des Rotors in Abhängigkeit vom Drehwinkel des Rotors

Experimentelle vergleichende Untersuchungen	Rotorbetonpumpe BPF 50/Ma AL 120 D 13 FL Sueeze-Crete-Verfahren Pumpen von Normalbeton NB - 1	Bl. 31 Dat. 15.8.72 Nr. B34/4.15

gehört zu den Blättern 17, 22, 23, 24, 25 und zu OS 449/56

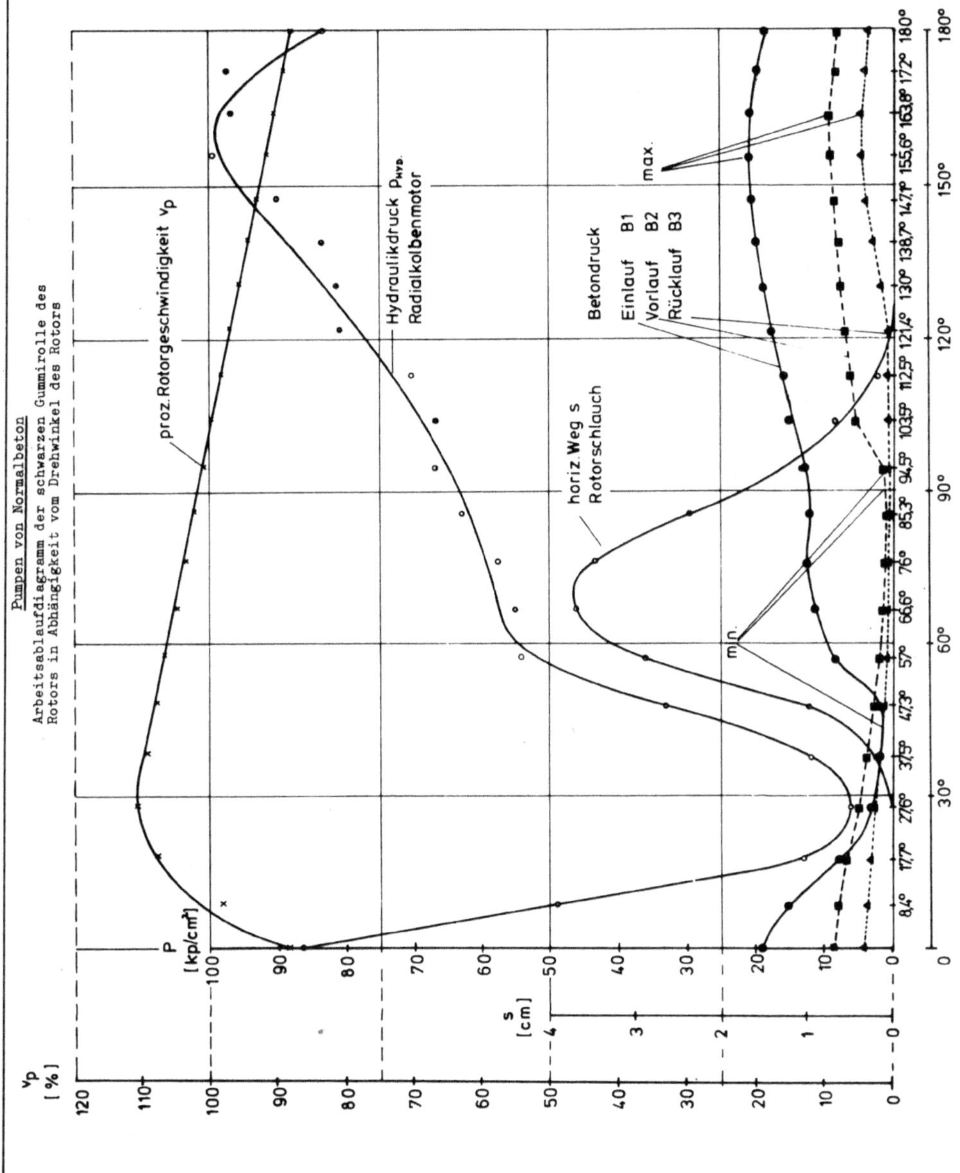

Experimentelle vergleichende Untersuchungen	Rotorbetonpumpe BPF 50/Ma AL 120 D 13 FL Squeeze-Crete-Verfahren Pumpen von Leichtbeton LB-1-Liapor	Bl. 32 Dat. 15.8.72 Nr. B34/4.15

gehört zu den Blättern 18, 27, 28, 29 und 30 v. 10. 3. 1972 und zu OS 573/117

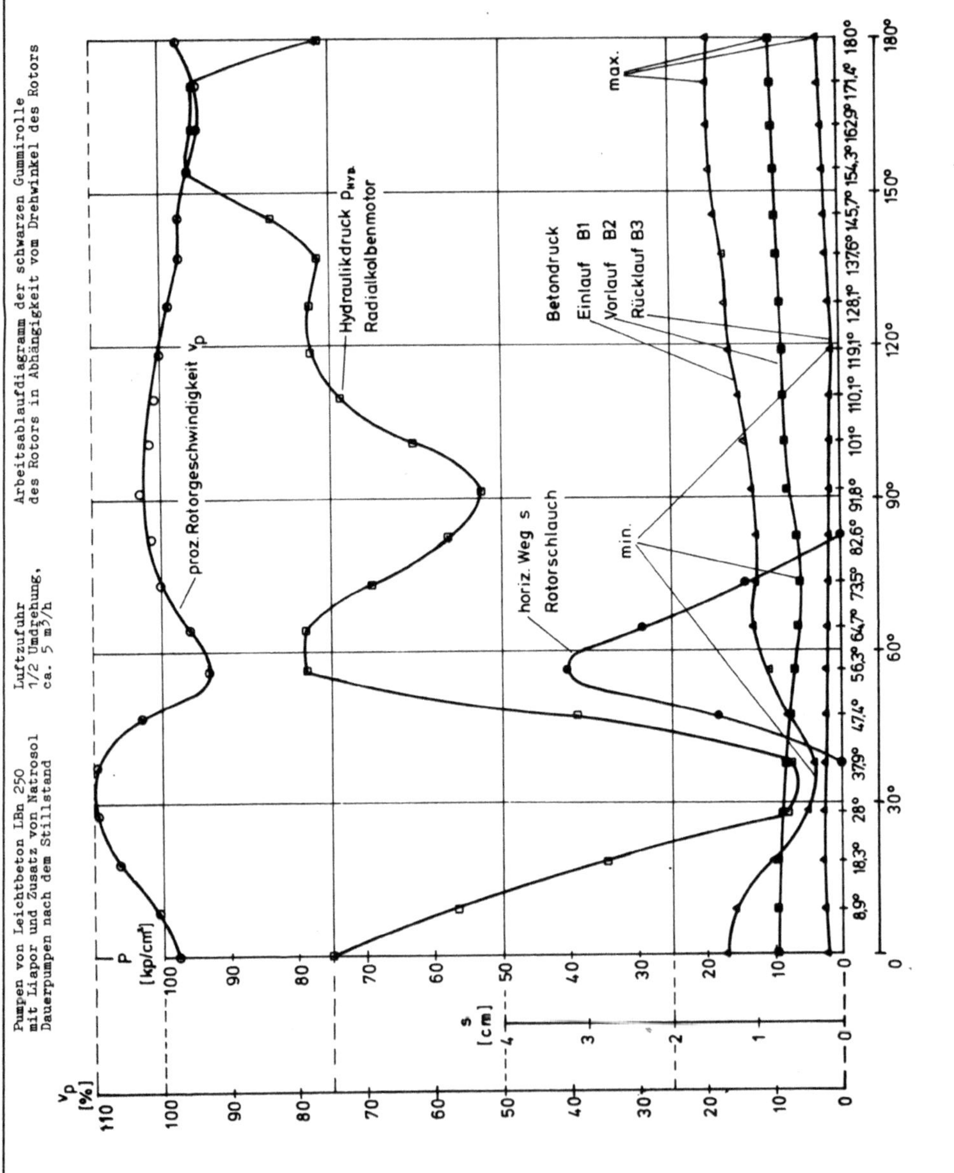

Experimentelle vergleichende Untersuchungen	Rotorbetonpumpe BPF 50/Ma AL 120 D 13 FL Squeeze-Crete-Verfahren Pumpen von Normalbeton NB-1	Bl. 33 Dat. 15.8.72 Nr. B34/4.15

gehört zu Bl. 25 und 31 sowie OS 449/56

Mittelwerte $p_{Hyd\ m}$ = 64,39 kp/cm²
B1 m = 14,16 kp/cm²
B2 m = 5,97 kp/cm²
B3 m = 2,36 kp/cm²

entsprechen jeweils 100 %

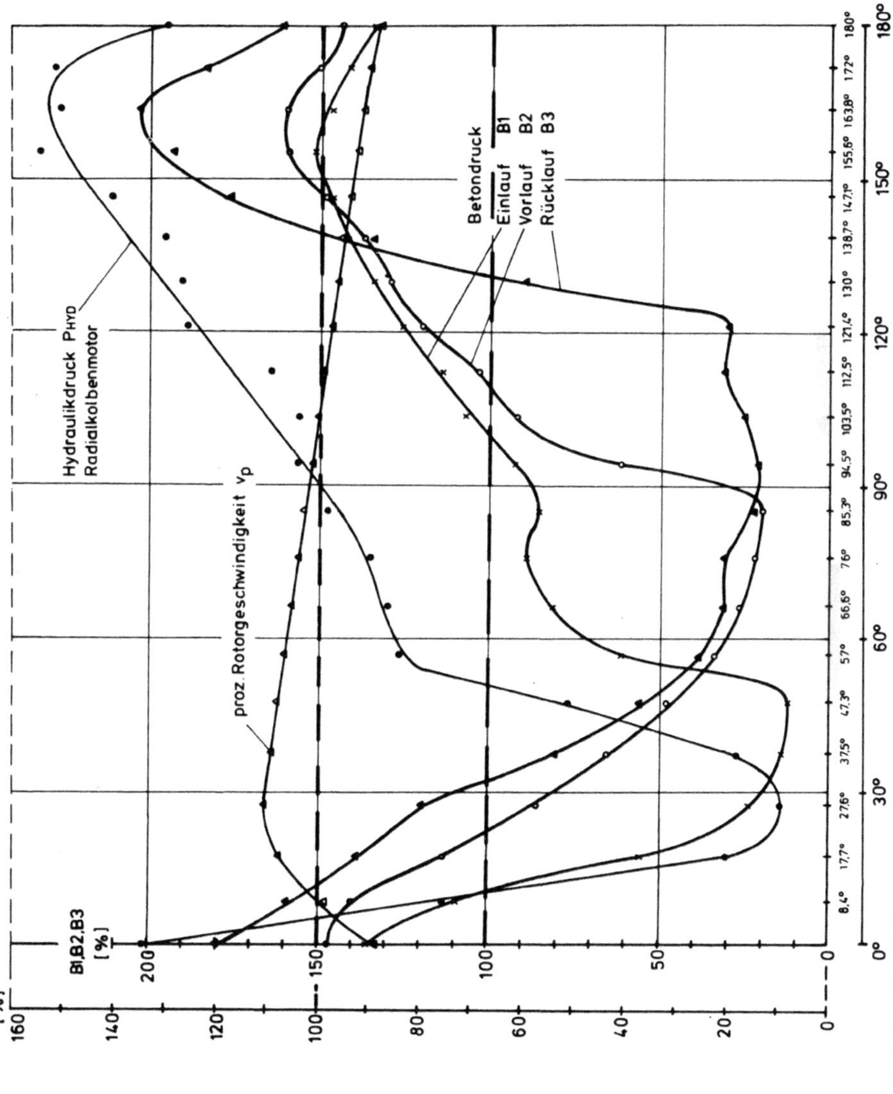

Pumpen von Normalbeton

Mittelwertbezogenes Arbeitsablaufdiagramm der schwarzen Gummirolle des Rotors in Abhängigkeit vom Drehwinkel des Rotors

Experimentelle vergleichende Untersuchungen	Rotorbetonpumpe BPF 50/Ma AL 120 D 13 FL Squeeze-Crete-Verfahren Pumpen von Leichtbeton LB-1-Liapor	Bl. 34 Dat. 15.8.72 Nr. B34/4.15

OS 573/117

gehört zu Bl. 30 und 32

Mittelwerte $P_{Hyd\ m}$ = 65,04 kp/cm²
B1 m = 13,91 kp/cm²
B2 m = 8,40 kp/cm²
B3 m = 2,05 kp/cm²

entsprechen jeweils 100 %

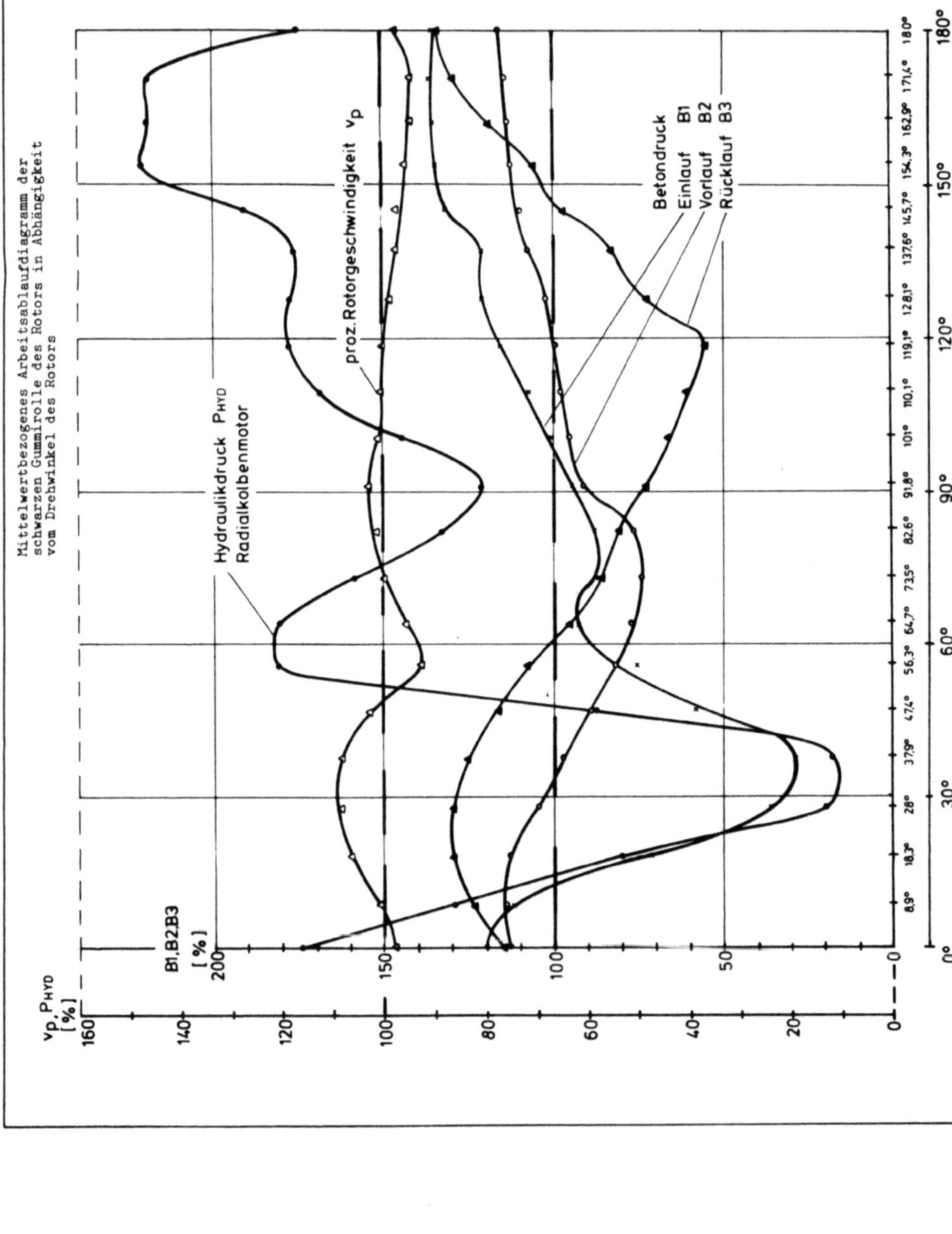

					Normalbeton NB-1 mit Verzögerer ohne Zusatzluft V1/OS 449	Leichtbeton LB-1-Liapor mit Natrosol und Zusatzluft V6/OS 566 - 573 Luft 1/2 U	V7/OS 621 Luft 3/4 U
1	Pumphübe	(H/min)	n_{PH}		83,56	85,34	88,44
2	Rotorumdrehungen	(U/min)	n_{rt}		41,78	42,67	42,22
3	Fördervolumen pro Hub	(dm^3/Hub)	$q_{H\ eff}$		5,44	5,92	4,34
4	Fördervolumen pro U	(dm^3/U)	$q_{U\ eff}$		10,88	11,84	8,68
5	Theor. Fördervolumen pro U	(dm^3/U)	$q_{theor.}$		20,56	20,56	20,56
6	Theor. Fördervolumen	(m^3/h)	$Q_{theor.}$		51,54	52,64	54,55
7	eff. Fördervolumen	(m^3/h)	Q_{eff}		27,27	30,31	23,03
8	Füllfaktor	-	η_F		0,529	0,576	0,422
9	rechn. Rohdichte	(kg/dm^3)	ρ_{fr}		2,343	1,778	1,778
10	Rohdichte vor Versuch	(kg/dm^3)	ρ_{fo}		2,330	1,711	1,711
11	Rohdichte nach Versuch	(kg/dm^3)	ρ_{fn}		2,336	1,875	1,875
12	Ausbreitmaß vor Versuch	(cm)	a_v		47/50	52/54	52/54
13	Ausbreitmaß nach Versuch	(cm)	a_n		40/40	48	48
14	Verdichtungsmaß vor Versuch	(-)	v_v		1,05	1,06	1,06
15	Verdichtungsmaß nach Versuch	(-)	v_n		-	1,08	1,08
16	mittlere Luftmenge	(m^3/h)	Q_{Lm}		0	4,990	10,480
17	Ø max. Hydraulikdruck	(kp/cm^2)	$P_{Hyd\ max}$		100	94,4	74,4
17a	Hydraulikzahl	(U/min)	n_{Hyd}		206,82	211,5	219,0
17b	Hydraulikfördervolumen	(dm^3/U)	q_{Hyd}		0,888	0,888	0,888
18	Ø max. Betondruck B1	(kp/cm^2)	B1max		20,9	17,76	14,79
19	Ø max. Betondruck B2	(kp/cm^2)	B2max		9,53	7,96	8,15
20	Ø max. Betondruck B3	(kp/cm^2)	B3max		4,56	2,81	1,92
21	Ø max. Leistung Hydraulik	(PS)	$P_{max\ ØHyd}$		40,81	39,40	32,15
22	Ø max. Leistung (B1)	(PS)	$P_{max\ ØB1}$		21,15	19,94	12,04
23	Wirkungsgrad bezogen auf max. Leistung	(-)	$\eta_{max\ P}$		0,517	0,506	0,374

				Dauerpumpen Normalbeton mit Verzögerer ohne Zusatzluft						Anpumpen nach dem Stillstand Leichtbeton mit Natrosol und 1/2 U Zusatzluft		Dauerpumpen nach dem Stillstand	
				V1/56		V1/57		V1/56/57		V6/565/9		V6/573/117	
24	mittl. Hyraulikdruck	(kp/cm²)	$P_{Hyd\ m}$	64,39	-	59,9	-	62,15		84,28		65,04	
25	mittl. Betondruck B1	(kp/cm²)	B1m	14,16	100 %	13,56	100%	13,86	100%	18,75	100%	13,91	100%
26	mittl. Betondruck B2	(kp/cm²)	B2m	5,99	42,3%	5,59	41,22	5,79	41,77%	9,37	49,97	8,40	60,39
27	mittl. Betondruck B3	(kp/cm²)	B3m	2,37	16,73	2,15	15,86	2,26	16,3 %	2,02	10,77	2,05	14,74
28	proz. mittl. Hydraulikdruck	(%)	P_{H100}	100		100		100		100		100	
29	proz. mittl. Betondr. B1	(%)	B1H	21,99		22,64		22,32		22,25		21,39	
30	proz. mittl. Betondr. B2	(%)	B2H	9,30		9,33		9,32		11,12		12,92	
31	proz. mittl. Betondruck B3	(%)	B3H	3,68		3,59		3,64		2,40		3,15	
32	mittl. Leistung Hyd.	(PS)	P_{Hm}	26,28	100 %	24,45	100%	25,36	100%			27,15	100%
33	mittl. Leistung B1	(PS)	P_{B1m}	14,30	54,3	13,70	56,6	14,00	55,2			15,62	57,53
34	mittl. Leistung B2	(PS)	P_{B2m}	6,05	23,0	5,65	23,1	5,85	23,1			9,43	34,73
35	mittl. Leistung B3	(PS)	P_{B3m}	2,39	9,1	2,17	8,9	2,28	8,98			2,30	8,47
36	Pumpenwirkungsgrad	(-)	η_m	0,534		0,560		0,552				0,575	
37	Betonleistungsgrad 1	(%)	$\eta_{PB1/2}$	42,24		41,24		41,79				60,37	
38	Betonleistungsgrad 2	(%)	$\eta_{PB1/3}$	16,71		15,84		16,29				14,72	

Experimentelle vergleichende Untersuchungen	Rotorbetonpumpe BPF 50/Ma AL 120 D 13 FL Squeeze-Crete-Verfahren Pumpen von Leichtbeton LB-1-Liapor	Bl. 37 Dat. 15.8.72 Nr. B34/4.15

V6/OS 565/9

Mittelwert $P_{Hyd\ m}$ = 84,28 kp/cm²
B1 m = 18,75 kp/cm²
B2 m = 9,37 kp/cm²
B3 m = 2,02 kp/cm²

entsprechen jeweils 100 %

Mittelwertbezogenes Arbeitsablaufdiagramm der schwarzen Gummirolle des Rotors in Abhängigkeit vom Drehwinkel des Rotors

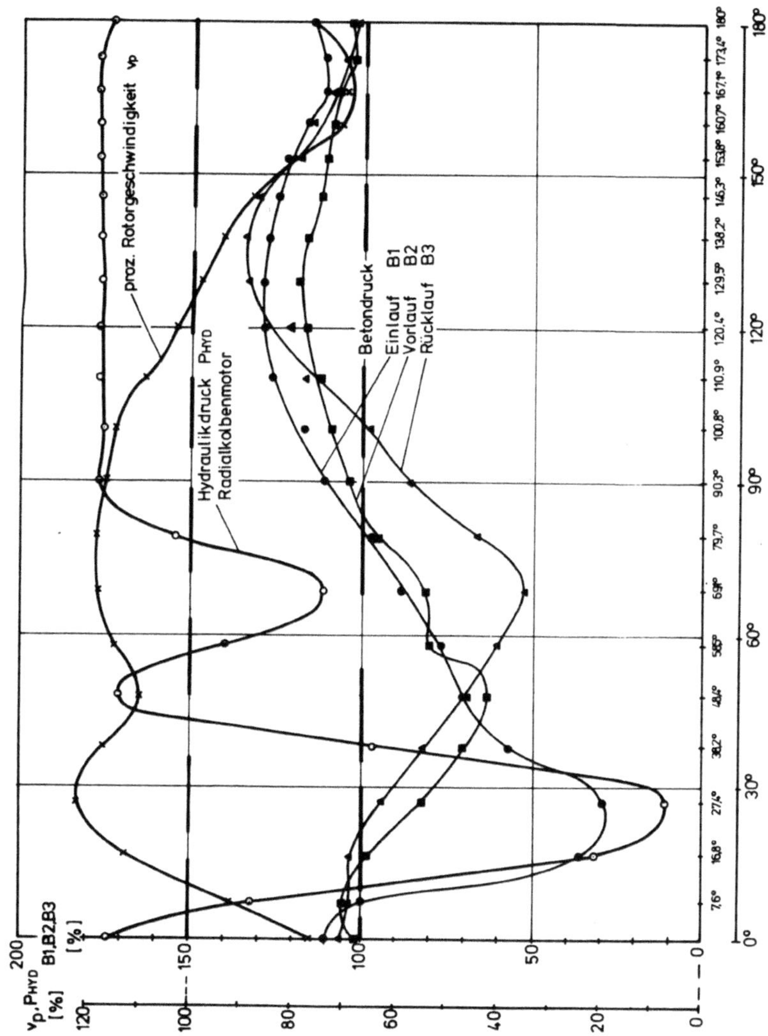

Experimentelle vergleichende Untersuchungen	Rotorbetonpumpe BPF 50/Ma AL 120 D 13 FL Squeeze-Crete-Verfahren Pumpen von Leichtbeton LB-1-Liapor	Bl. 38 Dat. 25.8.72 Nr. B34/4.15

V7/OS 621/10

Mittelwerte $p_{Hyd\ m}$ = 47,23 kp/cm^2
B1 m = 11,61 kp/cm^2
B2 m = 6,35 kp/cm^2
B3 m = 1,43 kp/cm^2

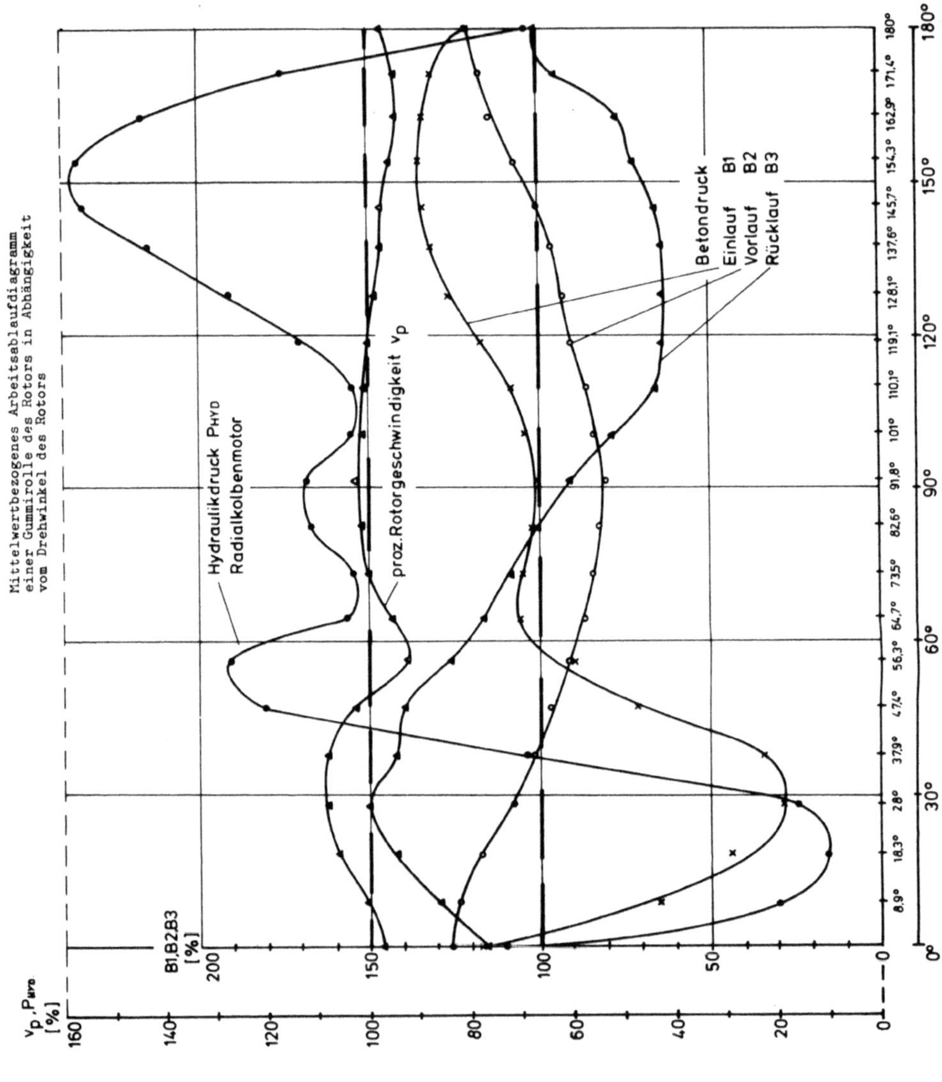

Experimentelle vergleichende Untersuchungen	**Rotorbetonpumpe** Squeeze-Crete-Verfahren Pumpen von Leichtbeton LB-1	**Bl.** 39 **Dat.** 23.8.72 **Nr** B34/4.15

V1/OS 546-49

Zeitliches Arbeitsablaufdiagramm

Unbelastetes Anpumpen ohne Zusatzluft

Parameter: Leichtbeton mit Liaporsand, Liapor 6
und Natrosol ohne EFA-Füller
Versuchsmischung Nr. 4

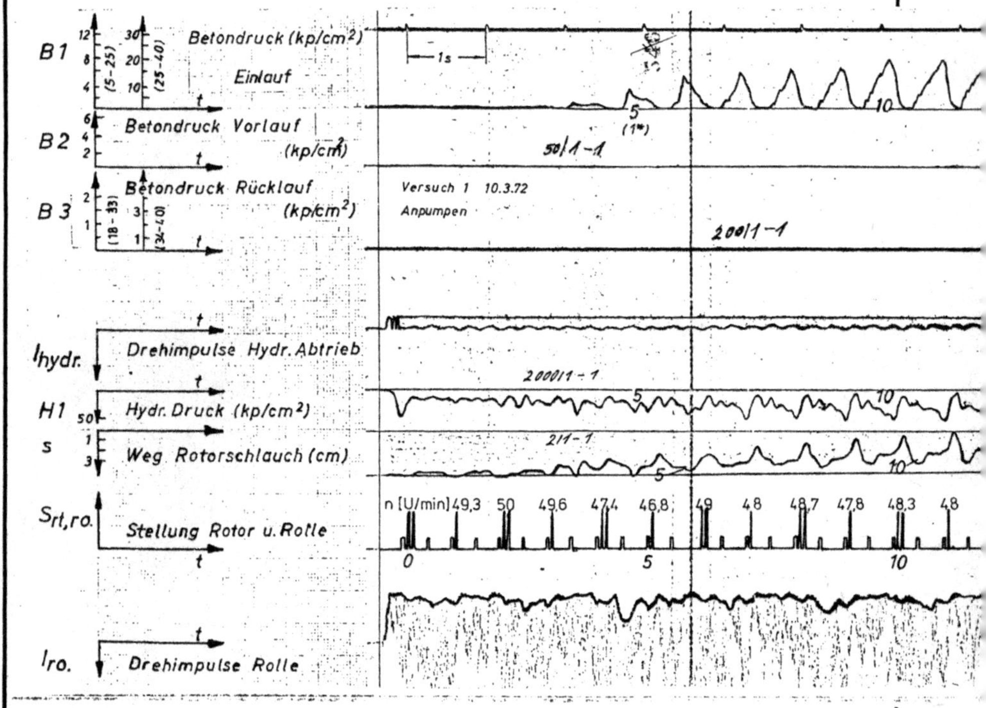

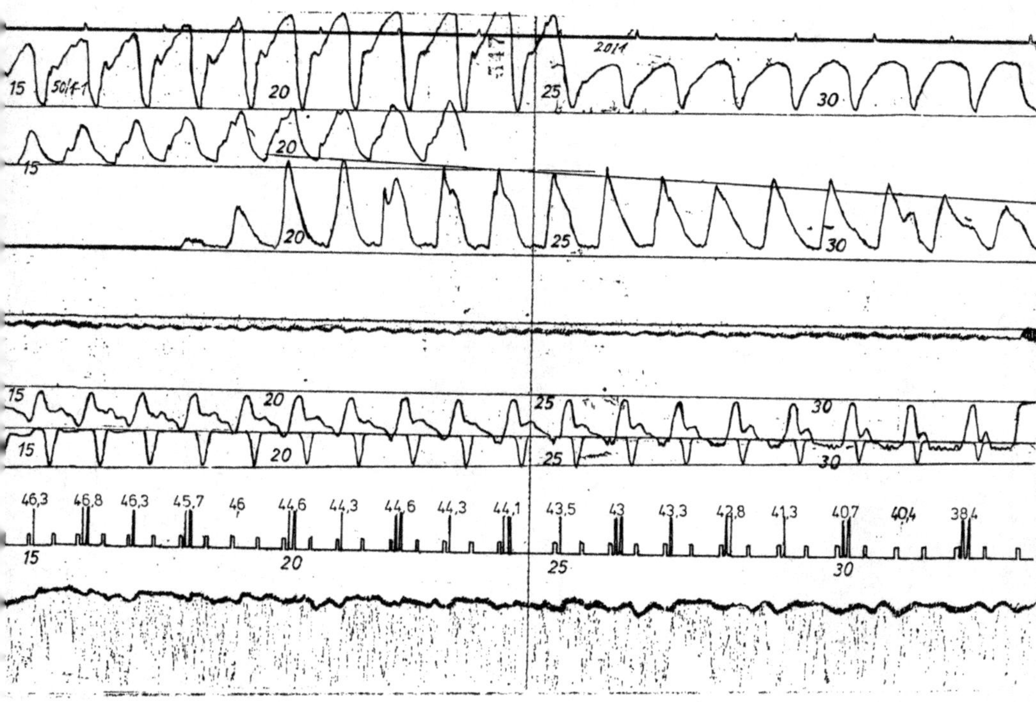

15
50/f-1
20
25
30
2014
46,3
46,8
46,3
45,7
46
44,6
44,3
44,6
44,3
44,1
43,5
43
43,3
42,8
41,3
40,7
40,4
38,4

Experimentelle vergleichende Untersuchungen	Rotorbetonpumpe Squeeze-Crete-Verfahren Pumpen von Leichtbeton	Bl. 40 Dat. 25.8.72 Nr. B34/4.15

V5/OS 563

Zeitliches Arbeitsablaufdiagramm

Unbelastetes Anpumpen mit Zusatzluft

Parameter: Leichtbeton mit Liaporsand
Liapor 6 und Natrosol ohne EFA-Füller
Versuchsmischung Nr. 4

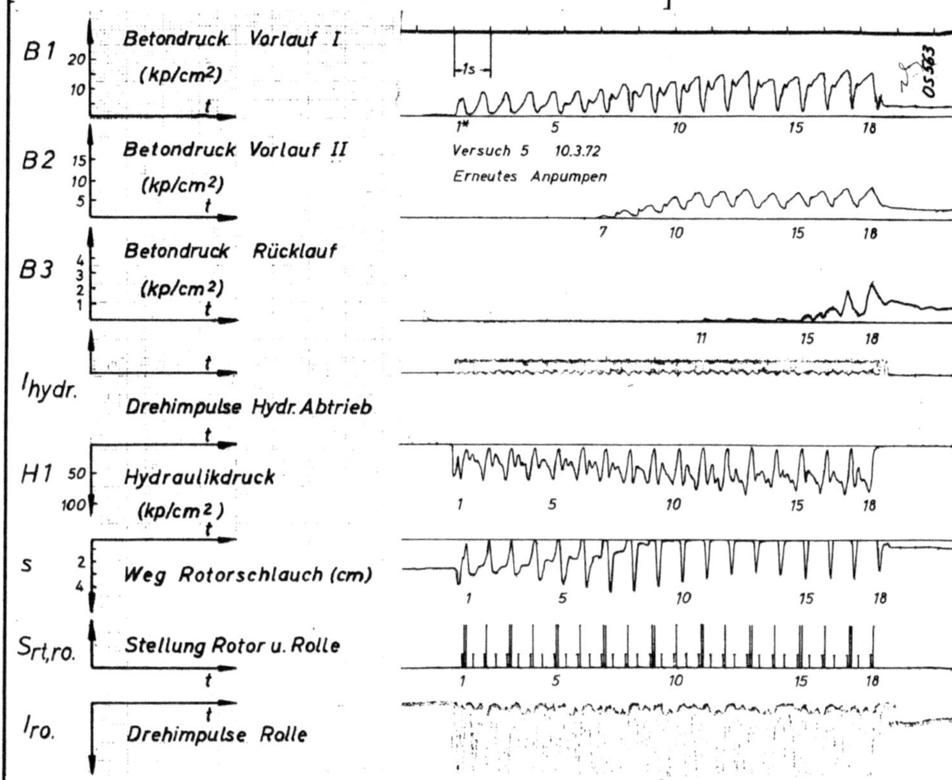

Experimentelle vergleichende Untersuchungen	Rotorbetonpumpe BPF 50/Ma AL 120 D 13 FL Squeeze-Crete-Verfahren Pumpen von Leichtbeton mit Liapor LB-1	Bl. 41 Dat. 25.8.72 Nr. B34/4.15

gehört zu den Blättern 39, 40

V1 - OS 546-549
V5 - OS 563

Vergleich der beim unbelasteten Anpumpen mit und ohne Zuführung von Luft auftretenden maximalen Drücke pro Pumpstoß in der Hydraulik des Pumpaggregates sowie im Förderrohr

Nr. - bzw. Mittelwert Nr. $x_i + y_i$	Hydraulikdruck $p_{Hyd\ max}$ (kp/cm²) ohne Luft	mit Luft	Betondruck Einlauf B1 max (kp/cm²) ohne Luft	mit Luft	Betondruck Vorlauf B2 max (kp/cm²) ohne Luft	mit Luft	Betondruck Rücklauf B3 max (kp/cm²) ohne Luft	mit Luft
1	46	61	3,4	6,8	0	0	0	0
2	49	65	5,4	8,5	0	0	0	0
3	60	63	6,0	8,3	0	0	0	0
4	58	63	6,5	8,5	0	0	0	0
5	62	61	6,8	8,5	0	0	0	0
6	60	63	8,0	9,0	0	0	0	0
7	62	64	8,0	9,5	0	1,2	0	0
8	66	68	9,3	11,3	0,8	2,5	0	0
9	68	69	8,6	11,7	2,1	4,2	0	0
10	72	70	9,7	12,4	3,5	6,5	0	0
11	71	79	10,1	14,3	4,2	8,2	0	0,4
12	78	79	11,3	15,0	4,9	8,2	0	0,4
13	77	86	12,2	16,3	5,6	8,7	0	0,3
14	82	72	14,0	13,0	6,0	7,6	0,7	0,4
15	85	80	15,5	13,9	6,9	8,1	3,2	0,8
16	92	83	16,2	15,0	7,2	8,5	6,6	1,8
17	90	85	17,0	16,5	7,1	9,0	6,9	3,9
18	99	80	18,0	15,8	7,6	9,4	5,4	4,8
Ø 1 - 18	70,94	71,72	10,33	11,91	-	-	-	-
Ø 7 - 18	78,5	76,25	12,49	13,73	4,66	6,84	1,90	1,07
Ø 11 - 18	84,25	80,50	14,29	14,98	6,19	8,34	2,85	1,60
Ø 14 - 18	89,60	80,00	16,14	14,84	6,96	8,52	4,56	2,34

Absoluter und prozentualer Vergleich der Mittelwerte der Druckmaxima für verschiedene Anzahlen von Pumpperioden

Nr.	Luft	Hydraulikdruck Ø $p_{Hyd\ max}$ (kp/cm²)	(%)	Betondruck Einlauf Ø B1 max (kp/cm²)	(%)	Betondruck Vorlauf Ø B2 max (kp/cm²)	(%)	Betondruck Rücklauf Ø B3 max (kp/cm²)	(%)	ΔBi B1 - B2 (%)	B2 - B3 (%)
1	o	70,94	100	10,33	100	-	-	-	-	-	-
bis					115,3						
18	m	71,72	101,1	11,91	100	-	-	-	-	-	-
7	o	78,5	100	12,49	100	4,66	37,3	1,90	15,2	62,7	22,1
bis					109,9						
18	m	76,25	97,1	13,73	100	6,84	49,8	1,07	7,8	50,2	42,0
11	o	84,25	100	14,29	100	6,19	43,3	2,85	19,9	56,7	23,4
bis					104,8						
18	m	80,50	95,5	14,98	100	8,34	55,7	1,60	10,7	44,3	45,0
14	o	89,6	100	16,14	100*	6,96	43,1	4,56	28,3	56,9	14,8
bis					91,9*						
18	m	80,0	89,3	14,84	100	8,52	57,4	2,34	15,8	42,6	41,6

* Vergleich mit und ohne Zusatzluft

Experimentelle vergleichende Untersuchungen	Rotorbetonpumpe BPF 50/Ma AL 120 D13 FL Pumpen von Leichtbeton LB-1 Liapor	Bl. 42 Dat. 23.8.72 Nr. B34/4.15

Hydraulikdruck des Radialkolbenmotors p_{Hyd}
Betondrücke B1, B2, B3 und Weg des Rotorschlauches beim unbelasteten Anfahren der Betonpumpe (leere Förderrohre) in Abhängigkeit von der Anzahl der Pumpstöße

V1/OS 546-49
V5/OS 563

Parameter: Anpumpen ohne Zusatzluft (umrandete Meßpunkte)
Anpumpen mit Zusatzluft (geschlossene Meßpunkte)

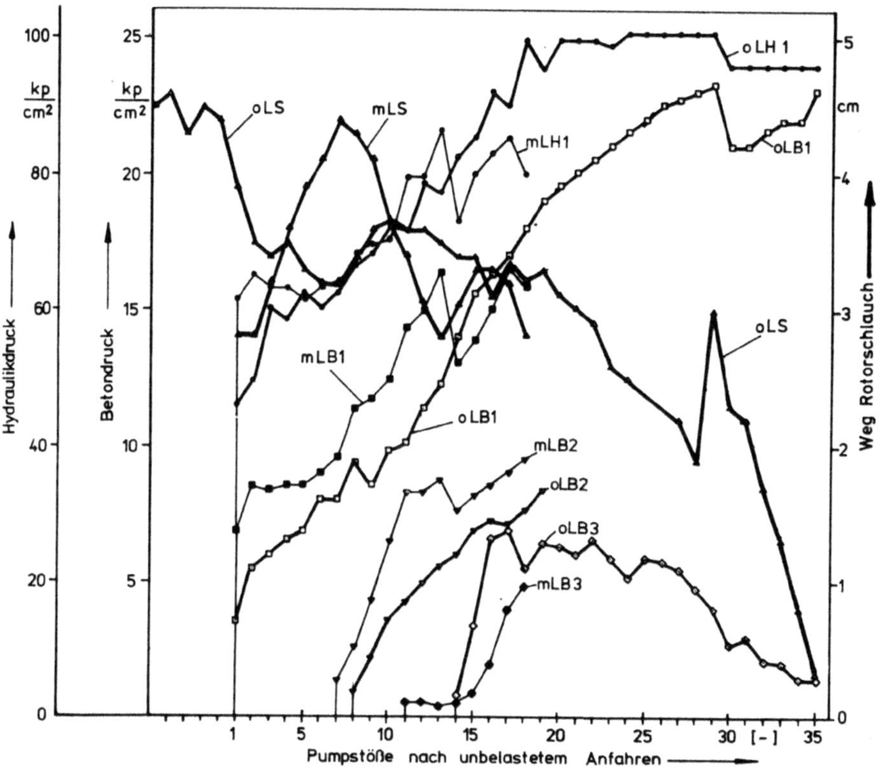

Versuchsbedingungen

Leichtbetongüte	LBn 250	Setzmaß nach dem Versuch	1,08	
Leichtzuschläge	Liapor	Mischungsansatz lt. Festraumrechnung:		
Zusatzmittel	Natrosol	Zementgehalt 350 F	398	kg/m³
Luftmenge beim Pumpen mit Zusatzluft	ca. 5000 l/h	Natursandgehalt 0/4	541	kg/m³
rechnerische Rohdichte vor Versuch	1,78 kg/dm³	Liaporsand 0/4	127	kg/m³
gemessene Rohdichte vor Versuch	1,71 kg/dm³	Liapor 6	439	kg/m³
gemessene Rohdichte nach Versuch	1,88 kg/dm³	Anmachwasser	199	kg/m³
Ausbreitmaß vor Versuch	52/54 cm	Sättigungswassergehalt	74	kg/m³
Ausbreitmaß nach Versuch	48 cm	Natrosol	0,15	kg/m³

Experimentelle vergleichende Untersuchungen	Rotorbetonpumpe Squeeze-Crete-Verfahren Pumpen von Leichtbeton Korlin	Bl. 43 Dat. 25.8.72 Nr. B34/4.15

V 2/9.3.1972
OS 306 ff

Zeitliches Arbeitsablaufdiagramm beim Anpumpen ohne Natrosol

Luftzufuhr 1/2 Umdrehung, ca. 5 m^3/h, Vakuum Rotorgehäuse 0,9 kp/cm^2. Leichtbeton mit Korlin B5/10 und Natursand Versuchsmischung LB-2 nach Bl. 19

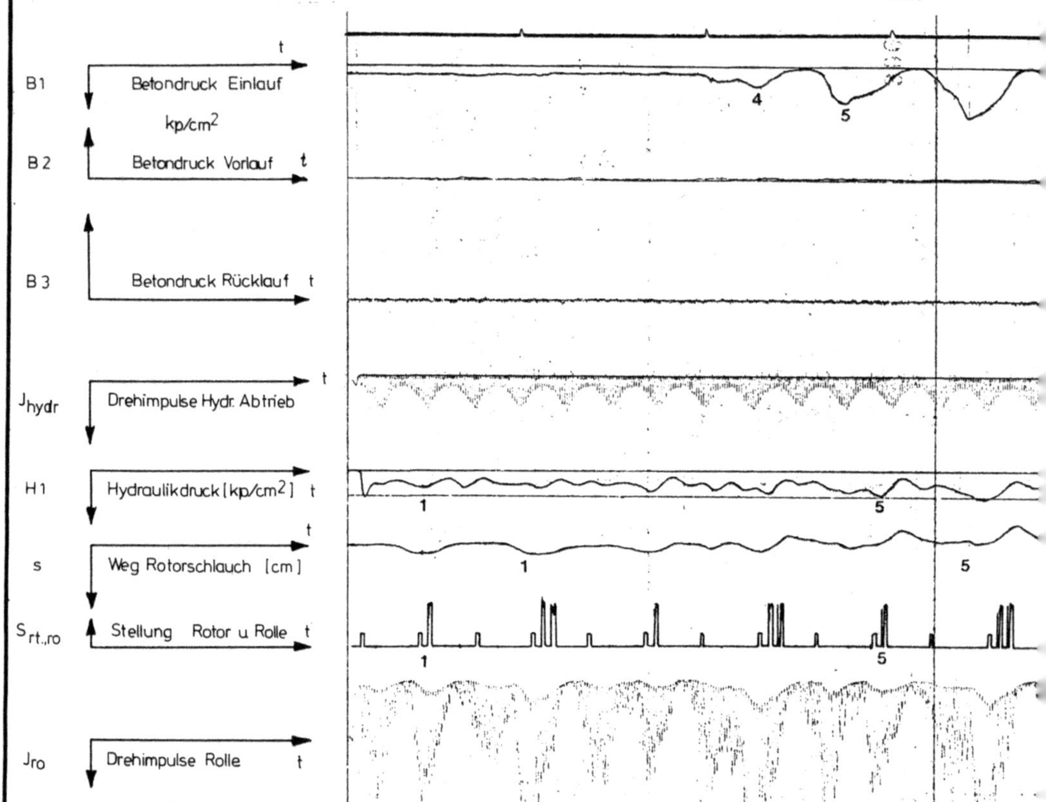

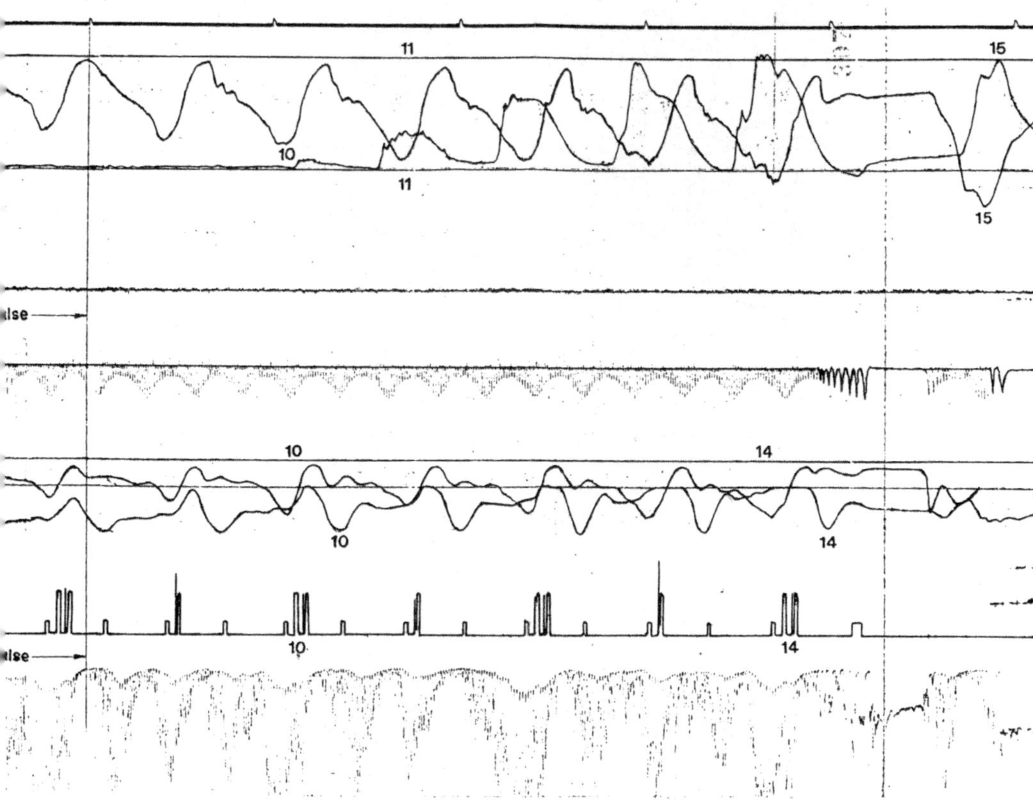
11
10
11
15
15
lse
10
14
10
14
10
14
lse

Experimentelle vergleichende Untersuchungen	Rotorbetonpumpen Squeeze-Crete-Verfahren Pumpen von Leichtbeton Korlin	**Bl.** 44 **Dat.** 25.8 **Nr.** B34/4

V5/9.3.197
OS 331-333

Zeitliches Arbeitsablaufdiagramm beim Pumpen mit Natrosol in Roh leitung mit drei 90°-Krümmern und maximaler Rohrleitungslänge vo 19,24 m.

Luftzufuhr 1/2 Umdrehung, ca. 5 m^3/h
Vakuum Rotorgehäuse 0,9 kp/cm^2

Leichtbeton mit Korlin B5/10 und Natursand-Versuchsmischung LB-2

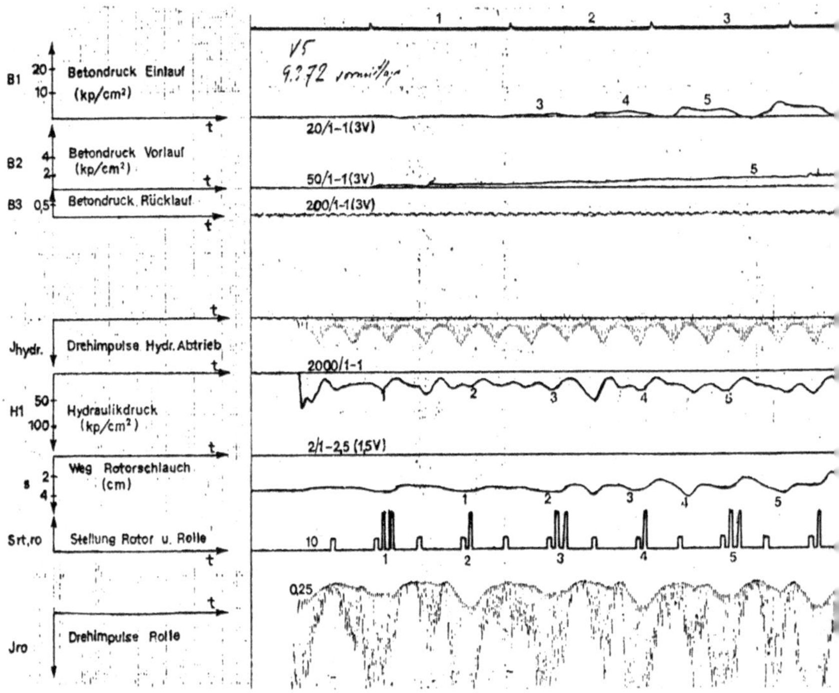

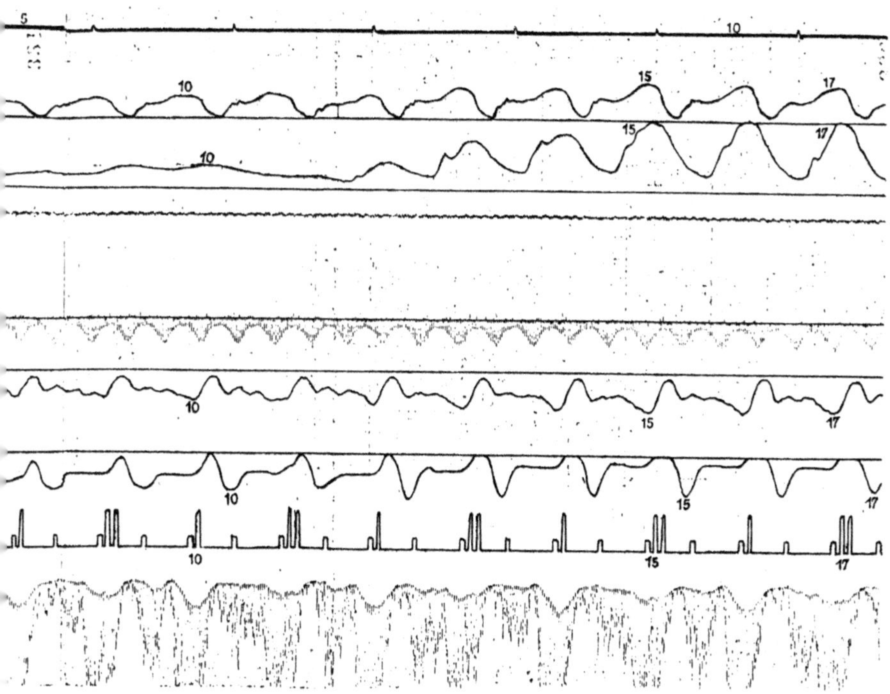

5
10
10
15
17
10
15
17
10
15
17
10
15
17
10
15
17

Experimentelle vergleichende Untersuchungen	Rotorbetonpumpe BPF 50/Ma AL 120 D 13 FL Squeeze-Crete-Verfahren Pumpen von Leichtbeton mit Korlin LB-2	Bl. 45 Dat. 25.8.72 Nr. B34/4.15

gehört zu den Blätter 43 u. 44 — V 2 - OS 306 ff; V 5 - OS 331 ff

Vergleich der maximalen Drücke pro Pumpstoß in der Hydraulik des Pumpaggregates und im Förderrohr

Parameter: a) unbelastetes Anpumpen ohne Natrosol mit Zusatzluft
b) Rohrfüllung bis Rohrende Nr. 12 (19,24 m)
Übergang zum Dauerpumpen mit Natrosol und Zusatzluft

Nr. bzw. Mittelwerte	Hydraulikdruck pHyd. max [kp/cm²] Anfahren o. Na.	Hydraulikdruck pHyd. max [kp/cm²] Pumpen m. Na.	Betondruck Einlauf B1 max [kp/cm²] Anfahren o. Na.	Betondruck Einlauf B1 max [kp/cm²] Pumpen m. Na.	Betondruck Vorlauf B2 max [kp/cm²] Anfahren o. Na.	Betondruck Vorlauf B2 max [kp/cm²] Pumpen m. Na.	Betondruck Rücklauf B3 max [kp/cm²] Anfahren o. Na.	Betondruck Rücklauf B3 max [kp/cm²] Pumpen m. Na.
1	30	30	1,2	0,2	0	0,3	0	0
2	26	26	1,2	0,3	0	0,4	0	0
3	33	30	1,2	0,5	0	0,8	0	0
4	35	35	3,0	2,5	0	1,1	0	0
5	40	38	5,2	4,5	0	1,4	0	0
6	46	44	6,6	6,0	0	1,6	0	0
7	58	48	8,7	6,5	0	2,0	0	0
8	63	51	10,2	7,0	0	2,2	0	0
9	67	54	11,5	9,0	0	3,0	0	0
10	90	58	12,0	9,0	0,7	3,2	0	0
11	75	54	14,0	10,0	2,1	2,2	0	0
12	87	64	14,4	9,5	3,8	3,6	0	0
13	92	68	15,0	13,0	5,7	5,9	0	0
14	93	70	18,0	13,0	6,0	6,9	0	0
15	100 100 %	74 74%	24,0 100%	15,0 62,5%	5,8 100%	8,6 148,2 %	0	0
16	-	72	-	15,0	-	8,8	-	0
17	-	70	-	15,0	-	8,7	-	0
Ø 1 - 15	62,33	49,60	9,75	7,07	-	2,88	-	-
Ø 10- 15	89,50	64,67	16,23	11,58	4,02	5,07	-	-
Ø 15- 17	-	72,00	-	15,0 100 %	-	8,7 58 %	-	-

Absoluter und prozentualer Vergleich der Mittelwerte der Druckmaxima für verschiedene Anzahlen von Pumpperioden

Nr.		Hydraulikdruck Ø pHyd. max kp/cm²	Hydraulikdruck %	Betondruck Einlauf Ø B1 max kp/cm²	Betondruck Einlauf %	Betondruck Vorlauf Ø B2 max. kp/cm²	Betondruck Vorlauf %	Betondruck Rücklauf kp/cm²	Betondruck Rücklauf %	B1 - B2
1 - 15	A ohne Na.	62,33	100	9,75	100	0	-	-	-	
1 - 15	p mit Na.	49,60	79,58	7,07	72,5 100	2,88	40,74	-	-	59,26
10 - 15	A ohne Na.	89,50	100	16,23	100	4,02	24,77	-	-	75,23
10 - 15	p mit Na.	64,67	72,26	11,58	71,35 100	5,07	43,78	-	-	56,22

Experimentelle vergleichende Untersuchungen	Rotorbetonpumpe Squeeze-Crete-Verfahren Pumpen von Leichtbeton LB-2	Bl. 46 Dat.25.8.72 Nr.B34/4.15

V7/9.3.72/OS 340/341

Zeitliches Arbeitsablaufdiagramm beim Dauerpumpen von Leichtbeton mit Natrosol durch die gesamte Rohrleitung (27,16 m)

Luftzufuhr 1/2 Umdrehung, ca. 5 m^3/h
Vakuum Rotorgehäuse 0,9 kp/cm^2
Korlin mit Natursand

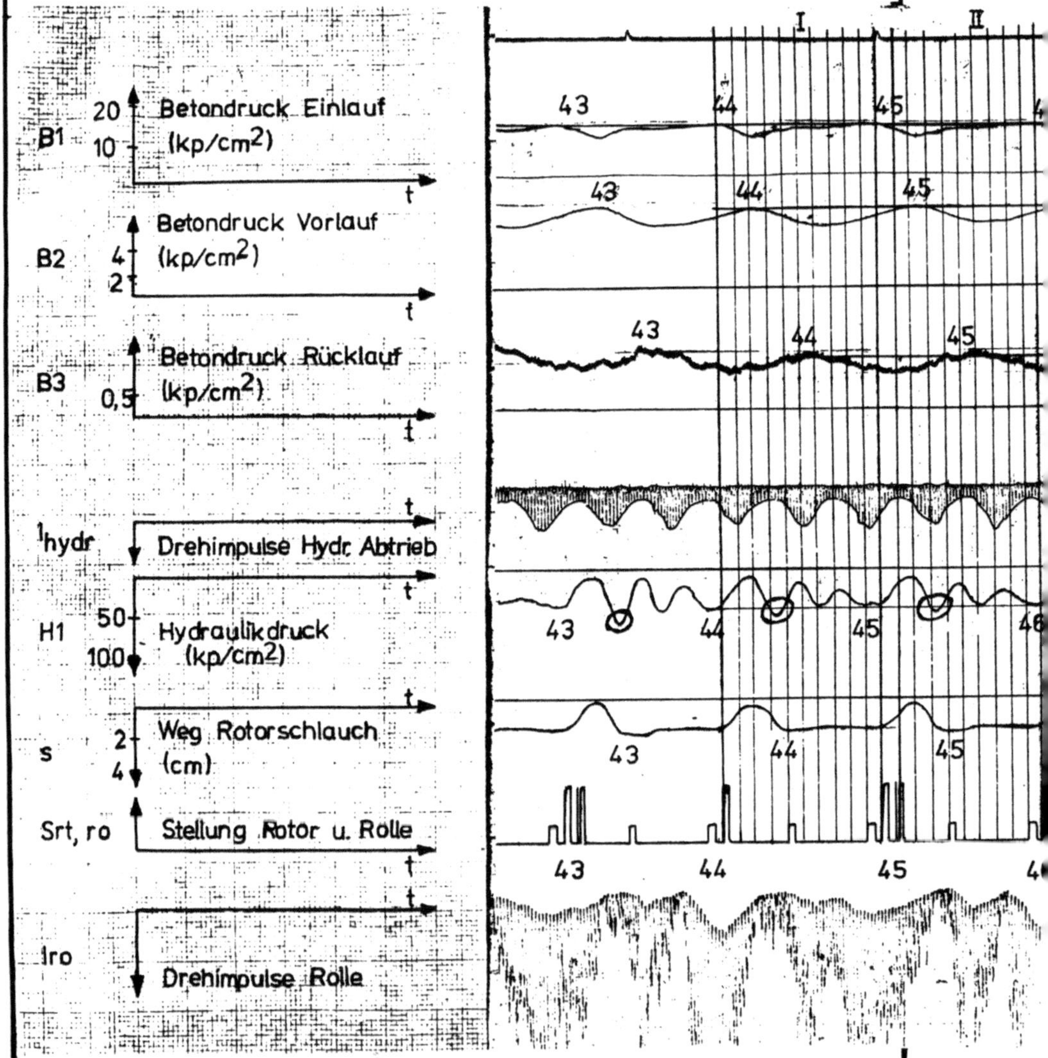

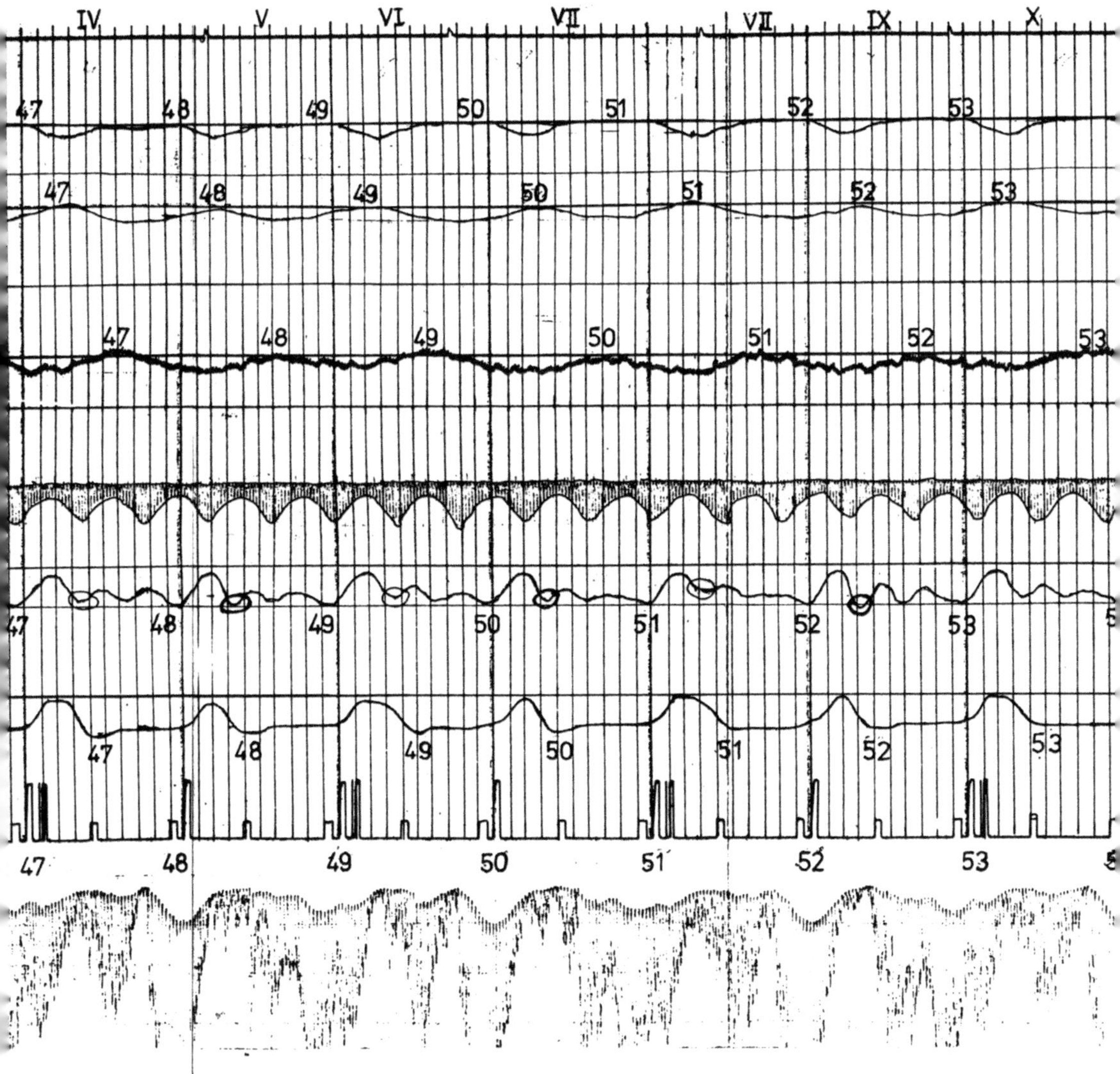

IV
V
VI
VII
VII
IX
X

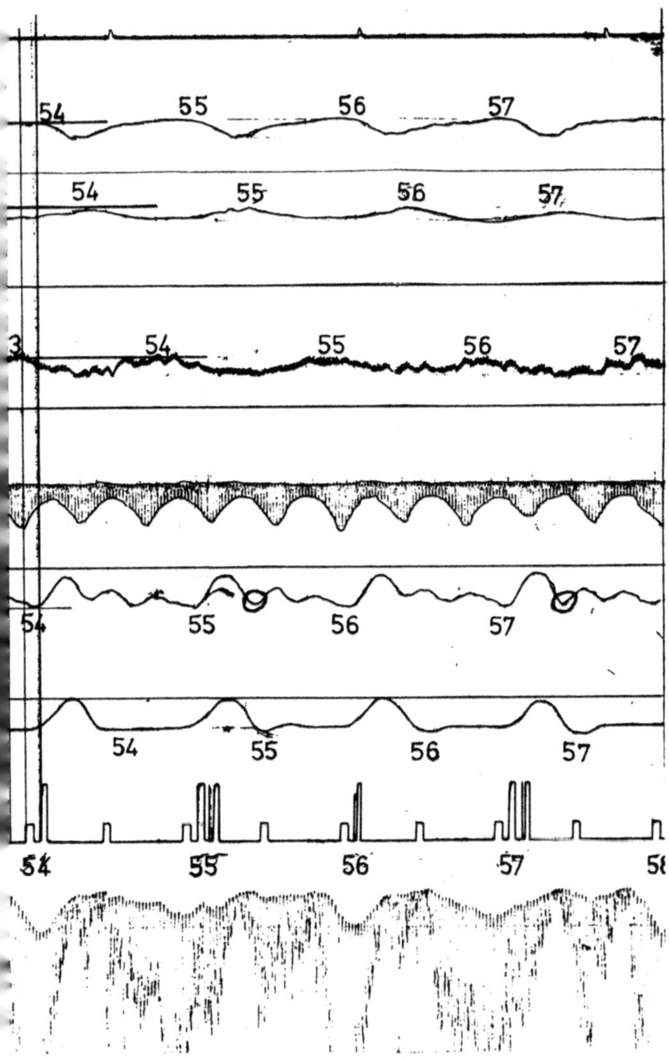
54 55 56 57
54 55 56 57
3 54 55 56 57
54 55 56 57
54 55 56 57
54 55 56 57 58

Experimentelle vergleichende Untersuchungen	Rotorbetonpumpe BPF 50/Ma AL 120 D 13 FL Squeeze-Crete-Verfahren Pumpen von Leichtbeton mit Korlin LB-2	Bl. 47 Dat. 18.9.72 Nr. B34/4.15

Ermittlung der mittleren Werte pro Periode und pro 10 Perioden für Druck und Schlauchweg
Pumpen von Leichtbeton mit Korlin für den Dauerlauf

V 7 – OS 340

Nr. (-)	B1 (kp/cm²)	B2 (kp/cm²)	B3 (kp/cm²)	p_{Hyd} (kp/cm²)	s (cm)
0	13,5	5,6	1,05	48	1,9
1	12,0	5,8	0,90	20	0,8
2	10,5	6,1	1,05	12	0,5
3	10,5	5,9	1,05	50	1,0
4	12,0	5,6	1,15	42	2,0
5	12,5	5,1	1 20	20	2,1
6	12,5	5,0	1,25	46	1,9
7	12,5	5,0	1,20	28	1,9
8	12,5	5,0	1,10	36	1,9
9	13,0	5,2	0,95	36	2,0
10	13,5	5,6	0,95	44	1,9
	135,0	59,9	11,85	382	17,9
	12,3	5,45	1,08	34,7	1,63
10	13,5	5,6	0,95	44	1,9
11	12,0	5,7	0,90	20	1,0
12	11,0	5,9	0,90	12	0,4
13	11,0	5,9	1,00	52	1,6
14	12,0	5,6	1,20	36	2,1
15	12,5	5,2	1,15	20	2,1
16	12,5	5,0	1,25	48	1,9
17	12,5	5,0	1,25	36	1,9
18	13,0	5,0	1,10	32	1,9
19	13,0	5,2	1,05	44	1,9
20	13,0	5,6	0,80	48	1,8
	136,0	59,7	11,55	392	18,5
	12,4	5,43	1,05	35,6	1,68
20	13,0	5,6	0,80	48	1,8
21	13,0	5,8	0,75	20	0,8
22	11,0	6,0	0,75	10	0,2
23	10,5	6,2	0,90	36	0,8
24	12,0	5,8	1,10	46	2,2
25	13,0	5,4	1,15	30	2,0
26	12,5	5,5	1,25	38	1,9
27	13,0	5,0	1,25	40	1,9
28	13,0	5,0	1,10	36	1,9
29	13,5	5,2	1,15	46	1,9
30	13,5	5,6	0,90	40	1,8
	138,0	61,1	11,10	390	17,2
	12,5	5,55	1,01	35,5	1,56
30	13,5	5,6	0,90	40	1,8
31	12,0	5,8	0,90	20	0,6
32	10,5	6,0	0,90	12	0,2
33	10,5	6,2	0,95	36	0,8
34	11,5	5,8	1,10	40	2,5
35	13,0	5,4	1,20	28	2,4
36	13,0	5,0	1,30	40	2,1
37	12,5	5,0	1,25	36	2,0
38	13,0	5,0	1,15	28	2,0
39	13,0	5,2	0,95	44	2,0
40	13,0	5,4	0,90	48	2,0
	135,5	60,4	11,55	372	18,4
	12,3	5,49	1,05	33,8	1,67
40	13,0	5,4	0,90	48	2,0
41	11,5	5,6	0,90	20	1,0
42	10,5	5,8	0,85	10	0,5
43	11,0	5,8	0,95	46	1,6
44	12,0	5,6	0,95	40	2,3
45	13,0	5,2	1,15	34	2,2
46	13,0	5,1	1,20	42	1,9
47	13,0	5,2	1,15	32	1,9
48	13,5	5,2	1,10	38	1,9
49	13,5	5,4	1,00	46	1,9
50	13,5	5,6	1,00	44	1,8
	137,5	59,9	11,15	400	19,0
	12,5	5,45	1,01	36,4	1,73

Nr. (-)	B1 (kp/cm²)	B2 (kp/cm²)	B3 (kp/cm²)	p_{Hyd} (kp/cm²)	s (cm)
50	13,5	5,6	1,00	44	1,8
51	12,0	6,0	1,00	18	0,6
52	11,0	6,1	0,95	10	0,4
53	10,0	6,0	1,10	32	0,7
54	11,5	5,8	1,10	36	1,8
55	12,5	5,6	1,20	26	2,3
56	13,0	5,4	1,30	40	2,1
57	13,0	5,2	1,25	40	2,1
58	13,0	5,2	1,15	34	2,1
59	13,0	5,2	1,05	42	2,0
60	13,0	5,4	0,90	44	1,8
	135,5	61,5	12,00	366	17,7
	12,3	5,59	1,09	33,3	1,61
60	13,0	5,4	0,90	44	1,8
61	12,0	5,5	0,85	20	1,0
62	10,5	5,9	0,85	10	0,2
63	10,5	6,0	0,85	38	1,2
64	12,0	6,0	0,85	34	2,3
65	13,5	5,6	0,95	30	2,1
66	13,5	5,4	1,05	44	2,0
67	13,5	5,4	1,10	40	2,0
68	13,5	5,2	1,05	40	2,0
69	13,5	5,3	0,95	44	1,9
70	13,5	5,6	0,90	45	1,7
	139,0	61,3	10,30	389	18,2
	12,6	5,57	0,94	35,4	1,65
70	13,5	5,6	0,90	45	1,7
71	12,0	5,8	0,85	18	0,6
72	11,0	6,1	0,80	12	0,2
73	10,0	6,1	0,80	30	0,4
74	11,0	6,0	0,90	30	1,3
75	12,0	5,7	1,05	28	2,2
76	13,0	5,4	1,15	40	2,1
77	13,5	5,2	1,20	38	2,1
78	13,5	5,2	1,05	38	2,1
79	13,5	5,2	1,00	40	2,1
80	13,5	5,3	0,95	48	1,8
	136,5	61,6	10,95	367	16,6
	12,4	5,60	0,97	33,4	1,51
80	13,5	5,3	0,95	48	1,8
81	11,5	5,4	0,90	18	0,9
82	10,5	5,6	0,80	8	0,2
83	10,5	5,8	0,90	48	1,4
84	12,0	5,8	0,90	34	2,1
85	13,0	5,6	0,95	30	2,1
86	13,5	5,2	1,10	48	2,0
87	13,5	5,2	1,10	34	1,9
88	13,5	5,2	1,05	40	1,9
89	13,5	5,3	0,95	46	1,9
90	13,5	5,6	0,95	46	1,7
	138,5	60,0	10,55	400	17,9
	12,6	5,45	0,96	36,4	1,63
90	13,5	5,6	0,95	46	1,7
91	11,5	5,8	0,95	20	0,7
92	10,5	6,0	0,90	10	0,2
93	10,0	6,0	0,85	34	0,6
94	11,5	6,0	0,90	40	1,8
95	12,0	5,8	1,00	26	2,0
96	13,0	5,6	1,15	40	2,0
97	13,0	5,2	1,15	36	2,0
98	13,5	5,2	1,20	36	2,0
99	13,5	5,3	1,20	42	2,0
100	13,5	5,3	1,00	46	1,8
	135,5	61,8	11,25	376	16,8
	12,3	5,62	1,02	34,2	1,53
	12,42	5,52	1,018	34,87	1,62
	100 %	44,4 %	8,2 %		

Experimentelle vergleichende Untersuchungen	Rotorbetonpumpe BPF 50/Ma AL 120 D 13 FL Squeeze-Crete-Verfahren Pumpen von Leichtbeton mit Korlin LB-2	Bl. 48 Dat.: 18.9.72 Nr.: B34/4.15

gehört zu den Blättern 46, 47 V 7 - OS 340

Vergleich maximaler und gemittelter Drücke pro Pumpstoß beim Dauerpumpen in der Hydraulik des Pumpaggregates und im Förderrohr

	Hydraulikdruck		Betondruck Einlauf		Betondruck Vorlauf		Betondruck Rücklauf	
	pHyd. max kp/cm²	pHyd.mittel kp/cm²	B1 max kp/cm²	B1 mittel kp/cm²	B2 max kp/cm²	B2 mittel kp/cm²	B3 max kp/cm²	B3 mittel kp/cm²
38	49	-	15,0	-	6,7	-	2,05	-
39	48	-	14,0	-	6,4	-	1,85	-
40	52	-	14,5	-	6,9	-	1,90	-
41	50	-	14,0	-	6,4	-	1,60	-
42	49	-	14,0	-	6,6	-	1,60	-
43	46	-	13,5	-	6,4	-	1,45	-
44	50	-	13,0	-	6,2	-	1,30	-
45	44	34,7	13,5	12,3	6,1	5,45	1,35	1,08
46	48	35,6	13,5	12,4	6,2	5,43	1,35	1,05
47	47	35,5	13,5	12,5	6,2	5,55	1,35	1,01
48	48	33,8	13,0	12,3	6,0	5,49	1,20	1,05
49	46	36,4	13,5	12,5	6,2	5,45	1,25	1,01
50	47	33,3	13,5	12,3	6,0	5,59	1,10	1,09
51	44	35,4	13,5	12,6	6,3	5,57	1,20	0,94
52	48	33,4	13,5	12,4	5,9	5,60	1,20	0,97
53	48	36,4	13,5	12,6	6,0	5,45	1,20	0,96
54	47	34,2	14,0	12,3	5,9	5,62	1,20	1,02
55	48	-	14,0	-	5,9	-	1,05	-
56	47	-	14,0	-	5,8	-	1,05	-
57	48	-	14,0	-	5,6	-	1,10	-
ø 38-57	47,65	-	13,75	-	6,185	-	1,368	-
ø 45-54	46,70	34,87	13,50	12,42	6,08	5,52	1,24	1,018
ø 45-54	133,9 %	100 %	108,7 %	100 %	110,1 %	100 %	121,8 %	100 %

ø 45-54	Hydraulikdruck		Betondruck Einlauf		Betondruck Vorlauf		Betondruck Rücklauf		Bi	
	kp/cm²	%	kp/cm²	%	kp/cm²	%	kp/cm²	%	B1-B2 %	B2-B3 %
mittel	34,87	100	12,42	100	5,52	44,4	1,018	8,2	55,6	36,2
max	46,70	133,9	13,50	108,7 100	6,08	45,0	1,24	9,2	55,0	35,8

Prüfung von porösen Leichtzuschlägen	Meßanordnung zur Bestimmung des Wasseraufnahmevermögens von Leichtbetonzuschlagstoffen	Bl. 49 Dat. 15.4.73 Nr. B34/4.21

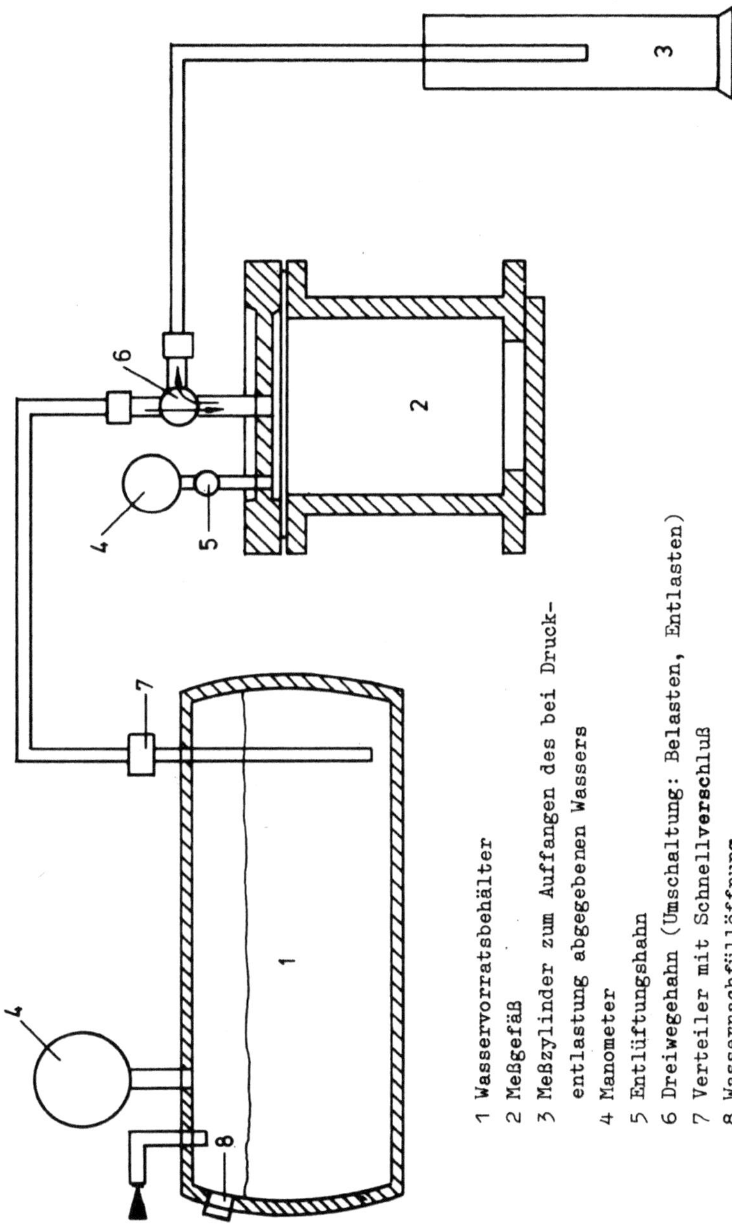

1 Wasservorratsbehälter
2 Meßgefäß
3 Meßzylinder zum Auffangen des bei Druckentlastung abgegebenen Wassers
4 Manometer
5 Entlüftungshahn
6 Dreiwegehahn (Umschaltung: Belasten, Entlasten)
7 Verteiler mit Schnellverschluß
8 Wassernachfüllöffnung

Prüfung von porösen Leichtzuschlägen

Kornrohdichte, Wasseraufnahme und Wasserabgabe unter Druck-Beaufschlagung und -Entlastung

Bl. 50
Dat. 15.4.73
Nr. B34/A.21

Material: Korlin B 5/10; Reindichte: ϱ = 2,58 g/cm^3; Druck: 7 ata; Körnung: 5/10 mm; Zeit: 2 min.

Meßgefäß	I		II		III		IV	
	A	B	A	B	A	B	A	B
V_{MG} (cm^3)	2480		2450		2450		2440	
m_{tr} (g)	1355	1355	1355	1350	1360	1360	1350	1360
V_W (cm^3)	1205	1195	1180	1190	1165	1185	1185	1190
$V_{KR} = V_{MG} - V_W$ (cm^3)	1275	1285	1270	1260	1285	1265	1255	1250
$\varrho_K = m_{tr}/V_{KR}$ (g/cm^3)	1,063	1,055	1,067	1,071	1,058	1,075	1,076	1,088
m_{ges} (g)	2690	2700	2670	2695	2655	2670	2670	2695
$\bar{m}_W = m_{ges} - m_{tr} - m_W$ (g)	130	150	135	155	130	125	135	145
$w = \bar{V}_W / V_P$ 100 (%)	17,34	19,74	18,13	21,04	17,15	16,94	18,45	20,06
Σw (Vol.-%)							148,85	
w_{mittel} (Vol.-%)							18,60	
v_8 (%)							8,144	
V_{WA} (cm^3)	365	400	360	365	360	380	360	365
$V_{WD} = V_{WA} + \bar{V}_W$ (cm^3)	495	550	495	520	490	505	495	510
$w_D = V_{WD}/V_P$ 100 (%)	66,2	72,39	66,46	70,59	64,65	68,44	67,65	70,55
Σw_D (Vol.-%)							546,75	
$w_{D\,mittel}$ (Vol.-%)							68,34	
v_{g8} (%)							3,885	
$V_R = m_{tr}/\varrho$ (cm^3)	525,2	525,2	525,2	523,3	527,1	527,1	523,3	527,1
$V_{WDTH} = V_p (1-1/p)$ (cm^3)	642,7	651,2	638,4	631,4	649,6	632,5	627,1	619,6
$V_P = V_{KR} - V_R$ (cm^3)	749,8	759,8	744,8	736,7	757,9	737,9	731,7	722,9

Prüfung von Blähton Korlin B 5/10	Mittelwerte, Kornrohdichte, Wasseraufnahme und -abgabe unter verschiedener Druckbe- und -entlastung	Bl. 51 Dat. 15.4.73 Nr B34/4.21

Ø-Werte	7 ata			5 ata			3 ata			2 ata		
8 Proben	2 min	1 min	32 s	2 min	1 min	32 s	2 min	1 min	32 s	2 min	1 min	32 s
m_{tr} (g)	1356	1355	1353	1354	1354	1359	1355	1357	1352	1354	1351	1348
V_{KR} (cm^3)	1268	1274	1261	1300	1258	1266	1271	1250	1281	1273	1264	1256
ϱ_K (g/cm^3)	1,069	1,064	1,072	1,042	1,077	1,073	1,066	1,079	1,055	1,064	1,068	1,073
$\bar{m}_W$ (g)	138	125	111	133	79	83	60	26	44	13	18	19
V_R (cm^3)	525	525	524	525	525	527	525	526	524	525	524	522
V_P (cm^3)	743	749	737	775	733	740	746	732	757	748	741	733
w (Vol.-%)	18,60	16,67	15,09	17,15	10,74	11,16	8,04	3,59	5,84	1,66	2,44	2,64
v_8 (%)	8,14	16,48	13,49	8,14	21,17	9,08	28,63	61,34	39,90	232,43	61,65	52,44
V_{WA} (cm^3)	369	326	303	321	309	256	245	233	203	179	166	152
V_{WD} (cm^3)	507	451	414	454	388	339	305	259	247	192	184	171
w_D (Vol.-%)	68,34	60,26	56,09	58,64	52,84	45,70	40,88	35,39	32,58	25,55	24,80	23,56
v_{g8} (%)	3,89	6,55	4,23	3,30	1,89	3,14	2,00	4,34	5,46	10,74	6,41	10,90
V_{WDTH} (cm^3)	637	642	631	620	587	592	498	488	505	374	370	367
v_{WD-KR} (Vol.-%)	40,02	35,43	32,80	34,95	30,80	26,70	23,99	20,7	19,27	15,02	14,53	13,73

Prüfung von Leichtzuschlägen	Druckbe- und -entlastung eines wasserumgebenen porösen Zuschlagkorns	Bl. 52 Dat. 15.4.73 Nr. B34/4.21

Fall I

Normalatmosphäre

vor der Druckbelastung p_o = 1 ata

v_o = 100 %

druckloser Wassermantel

Korn mit Kornporenvolumen $V_o = V_P$

Innendruck = Außendruck = p_o

Fall II

Isotherme Kompression

Druckbelastung auf p_a = x ata bzw.

p_i = y ata

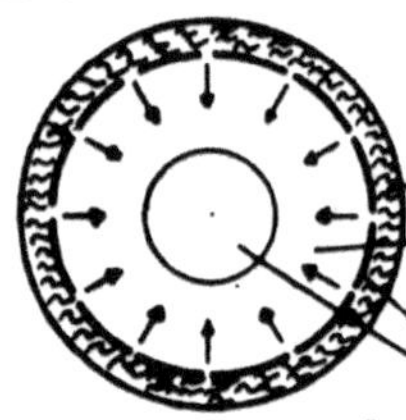

mit p_a druckbeaufschlagter Wassermantel

ins Korn eingedrungenes Wasser

$$w_D = w_{pat} = v_o \left(1 - \frac{p_o}{p_1}\right)$$

wassergefülltes Korn mit einem Luftvolumen V_1 beim Innendruck $p_p = p_1$

Fall III

Polytrope Expansion

Druckentlastung auf $p_2 = p_o$ = 1 ata

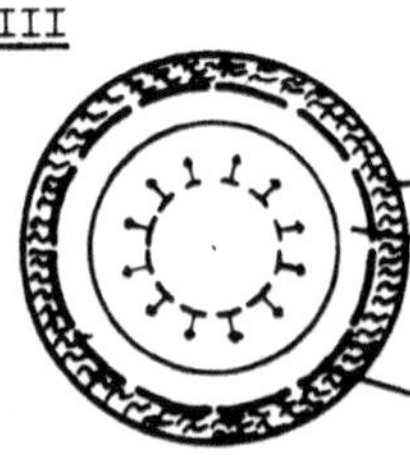

Wassermantel

im Korn verbliebenes Wasser

$$w = \Delta v_{Korn} = v_o - v_2$$

Korn mit Restwasser

Fall IV

Vergleichende Betrachtung II/III

druckloser Wassermantel

im Korn verbliebenes Wasser $\Delta v_{Korn} = w$

aus dem Korn entwichenes Wasser

$$w_{WA} = \Delta v_{Rohr} = v_2 - v_1$$

Korn

Luftvolumen V_1 beim Innendruck $p_i = p_1$

Prüfung von Blähton Korlin B 5/10	Charakteristische Mittelwerte, Restwasser im Zuschlagkorn	Bl. 53 Dat. 15.4.73 Nr. B34/4.21

p_a (ata)	t	w_{pat} (Vol.-%)	Δv_{Korn} (Vol.-%)	v_1 (Vol.-%)	p_i (ata)
2	32 s	23,56	2,64	76,44	1,308
2	1 min	24,80	2,44	75,20	1,329
2	2 min	25,55	1,66	74,45	1,343
3	32 s	32,58	5,84	67,42	1,483
3	1 min	35,39	3,59	64,61	1,547
3	2 min	40,88	8,04	59,12	1,691
5	32 s	45,70	11,16	54,30	1,841
5	1 min	52,84	10,74	47,16	2,120
5	2 min	58,64	17,15	41,36	2,417
7	32 s	56,09	15,09	43,91	2,277
7	1 min	60,26	16,66	39,74	2,516
7	2 min	68,34	18,60	31,66	3,158

$w_{pat} = w_D$ die nach der Zeit t unter dem Druck p_a aufgenommene Wassermenge prozentual auf das Kornporenvolumen bezogen

$w = \Delta v_{Korn}$ die nach einer Druckentlastung der Zeitdauer t im Korn verbliebene Wassermenge auf das Kornporenvolumen bezogen

$p_i = p_1$ der nach der Druckzeit vor der Entlastung im Korninnern vorliegende Druck

v_1 prozentual auf das Kornporenvolumen bezogenes Luftvolumen bei Innendruck p_i

p_a äußerlich aufgebrachter Druck

t Zeitdauer, während der dieser Druck aufgebracht wurde

Wasseraufnahme von porösen Zuschlagkörnern
in Abhängigkeit vom Korn-Außendruck

Parameter: Zeit

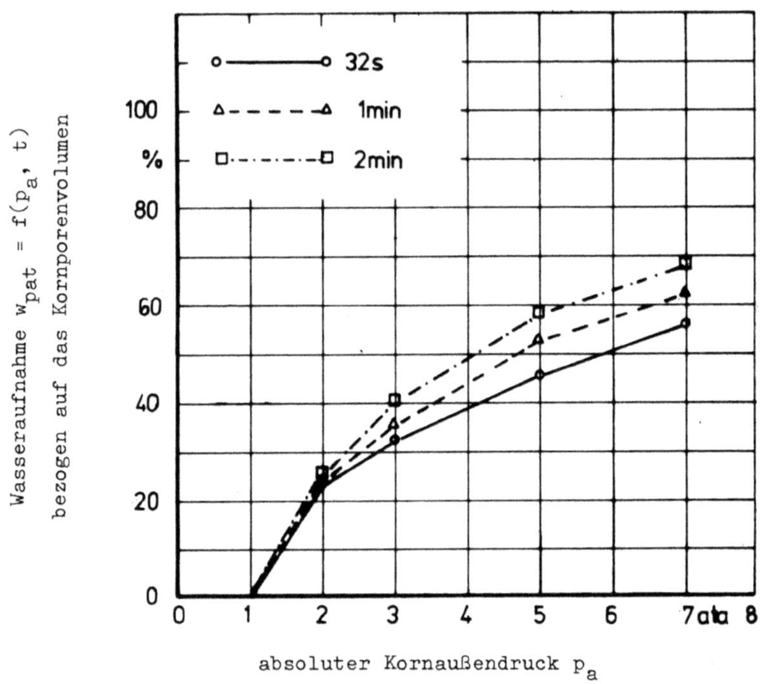

Kenndaten:

Versuchsaufbau und Versuchsdurchführung nach Bl. 49

Leichtzuschlagart	Korlin B 5/10
Kornart	Blähton
Dichte	2,58 g/cm^3
Kornrohdichte	1,067 g/cm^3
Kornporosität	58,6 Vol.-%

Prüfung von Blähton Korlin B 5/10	Einzeluntersuchungen an porösen Leichtzuschlägen	Bl. 55 Dat. 15.4.73 Nr. B34/4.21

Restwasser im porösen Zuschlagkorn nach der Druckentlastung in Abhängigkeit vom Korn-Außendruck der Belastung

Parameter: Zeit

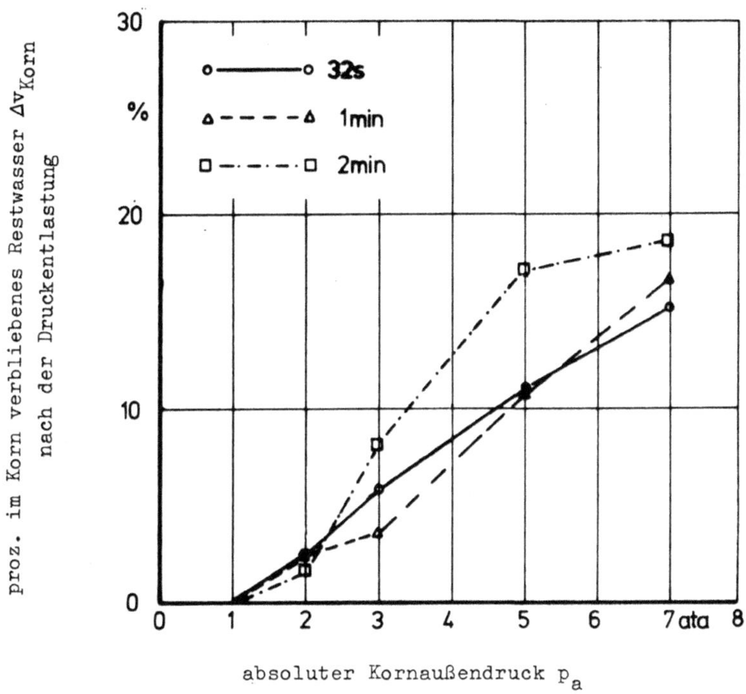

Kenndaten:

Versuchsaufbau und Versuchsdurchführung nach Bl. 49

Leichtzuschlagart	Korlin B 5/10
Kornart	Blähton
Dichte	2,58 g/cm^3
Kornrohdichte	1,067 g/cm^3
Kornporosität	58,6 Vol.-%

Prüfung von Blähton Korlin B 5/10	Einzeluntersuchungen an porösen Leichtzuschlägen	Bl. 56 / Dat. 15.4.73 / Nr B34/4.21

Restwasser im porösen Zuschlagkorn nach der Druckentlastung in Abhängigkeit vom Korn-Innendruck der Belastung

Parameter: Zeit

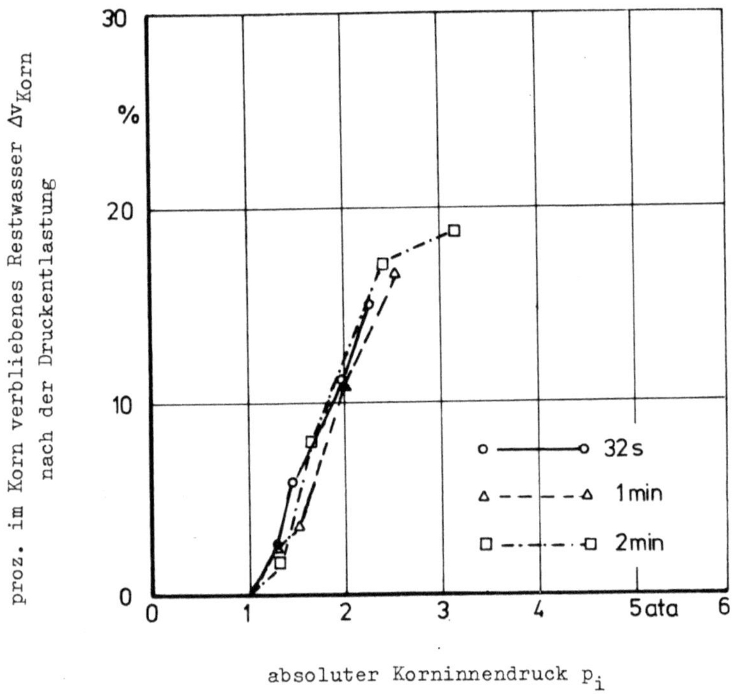

Kenndaten:

Leichtzuschlagart	Korlin B 5/10
Kornart	Blähton
Dichte	2,58 g/cm^3
Kornrohdichte	1,067 g/cm^3
Kornporosität	58,6 Vol.-%

Berechnung des Polytropenexponenten in Abhängigkeit von der gemessenen, im Korn verbliebenen Wassermenge Δv_{Korn}.

Voraussetzung: In der vorgegebenen Entlastungszeit (=Druckzeit) sinkt der Korninnendruck auf $p_2 = p_0 = 1$ ata ab.

p_a (ata)	t (s) (min)	w_{pat} (Vol.-%)	v_1 (Vol.-%)	$\frac{p_1}{p_0}$ (-)	Δv_{Korn} gemessen (Vol.-%)	v_2 (Vol.-%)	Δv_{Rohr} (Vol.-%)	n (-)
2	32 s	23,56	76,44	1,308	2,64	97,36	20,92	1,11
2	1 min	24,80	75,20	1,329	2,44	97,56	22,36	1,09
2	2 min	25,55	74,45	1,343	1,66	98,34	23,89	1,06
3	32 s	32,58	67,42	1,483	5,84	94,16	26,74	1,18
3	1 min	35,39	64,61	1,547	3,59	96,41	31,80	1,09
3	2 min	40,88	59,12	1,691	8,04	91,96	32,84	1,19
5	32 s	45,70	54,30	1,841	11,16	88,84	34,54	1,24
5	1 min	52,84	47,16	2,120	10,74	89,26	42,10	1,18
5	2 min	58,64	41,36	2,417	17,15	82,85	41,49	1,27
7	32 s	56,09	43,91	2,277	15,09	84,91	41,00	1,25
7	1 min	60,26	39,74	2,516	16,66	83,34	43,60	1,25
7	2 min	68,34	31,66	3,158	18,60	81,40	49,74	1,22

Es gelten folgende Zusammenhänge: $w_{pat} = w_D$; $\Delta v_{Korn} = w$

$v_1 = v_0 - w_D$

$v_2 = v_0 - w$

$$p_1 v_1^n = p_2 v_2^n$$

$$\Delta v_{Rohr} = v_2 - v_1 = w_D - w$$

$$n = \frac{\ln\left(\frac{p_1}{p_2}\right)}{\ln\left(\frac{v_2}{v_1}\right)} = \frac{\ln\left(\frac{p_1}{p_2}\right)}{\ln\left(\frac{w_D - w}{v_o - w_D} + 1\right)}$$

Prüfung von Blähton Korlin B 5/10	Polytrope Expansion von Luft im Zuschlagkorn	Bl. 58 Dat. 15.4.73 Nr. B34/4.21

Gemessenes Restwasser im porösen Zuschlagkorn in Abhängigkeit vom Innendruck der Belastung

Regressionskurve	Entlastungsdruck	Polytropenexponent
A	$p_2 = p_o = 1$ ata	$n_r = 1,21$
B	$p_2 = 0,95$ ata $\neq p_o$	$n_r = 1,30$

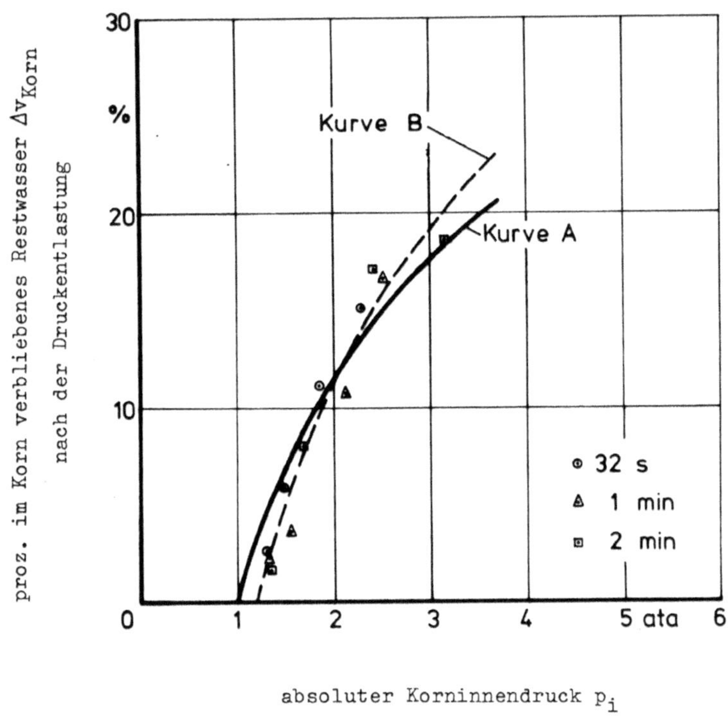

Kenndaten:

Leichtzuschlagart	Korlin B 5/10
Kornart	Blähton
Dichte	2,58 g/cm^3
Kornrohdichte	1,067 g/cm^3
Kornporosität	58,6 Vol.-%

Prüfung von Blähschiefer Berwilit 16/25	Mittelwerte, Kornrohdichte, Wasseraufnahme und -abgabe unter verschiedener Druckbe- und -entlastung	Bl. 59 Dat. 15.4.73 Nr. B 34/4.21

Ø-Werte	7 ata			5 ata			3 ata			2 ata		
8 Proben	2 min	1 min	32 s	2 min	1 min	32 s	2 min	1 min	32 s	2 min	1 min	32 s
m_{tr} (g)	1117	1120	1117	1117	1129	1117	1116	1120	1113	1114	1118	1114
V_{KR} (cm^3)	1101	1064	1081	1090	1119	1121	1128	1119	1133	1096	1111	1111
ϱ_K (g/cm^3)	1,015	1,052	1,033	1,025	1,008	0,997	1,001	1,016	0,983	1,017	0,995	1,003
$\bar{m}_W$ (g)	138	102	108	117	119	92	95	75	74	58	55	54
V_R (cm^3)	441	443	441	441	446	441	441	443	440	440	442	440
V_P (cm^3)	659	622	640	644	673	679	686	676	692	656	669	671
w (Vol.-%)	20,95	16,41	16,81	18,25	17,70	13,51	13,88	11,19	10,64	8,87	8,22	8,08
v_8 (%)	9,14	17,39	16,90	13,53	20,27	17,51	15,59	1,66	1,87	29,39	27,87	38,50
V_{WA} (cm^3)	335	290	277	302	279	297	251	233	206	160	158	139
V_{WD} (cm^3)	473	392	385	419	398	389	346	308	280	218	213	193
w_D (Vol.-%)	71,44	63,00	60,09	65,12	59,25	57,61	51,20	45,76	40,52	33,25	31,85	28,78
v_{g8} (%)	2,36	3,52	3,12	2,64	2,72	2,17	5,14	4,57	9,07	3,85	4,82	9,42
V_{WDTH} (cm^3)	565	533	548	515	538	543	455	451	461	328	334	335
v_{WD-KR} (Vol.-%)	42,99	36,82	35,55	38,48	35,62	34,69	30,71	27,65	24,71	19,90	19,19	17,20

Prüfung von Blähschiefer Berwilit 16/25	Charakteristische Mittelwerte, Restwasser im Zuschlagkorn	Bl. 60 Dat. 15.4.73 Nr B34/4.21

p_a (ata)	t	w_{pat} (Vol.-%)	Δv_{Korn} (Vol.-%)	v_1 (Vol.-%)	p_1 (ata)
2	32 s	28,78	8,08	71,22	1,40
2	1 min	31,85	8,22	68,15	1,47
2	2 min	33,25	8,87	66,75	1,50
3	32 s	40,52	10,64	59,48	1,68
3	1 min	45,76	11,19	54,24	1,84
3	2 min	51,20	13,88	48,80	2,05
5	32 s	57,61	13,51	42,39	2,36
5	1 min	59,25	17,70	40,75	2,45
5	2 min	65,12	18,25	34,88	2,87
7	32 s	60,09	16,81	39,91	2,51
7	1 min	63,00	16,41	37,00	2,70
7	2 min	71,44	20,95	28,56	3,50

p_a — äußerlich aufgebrachter Druck

t — Zeitdauer, in der dieser Druck anlag

$\Delta v_{Korn} = w$ — die nach einer Druckentlastung konstanter Zeitdauer (3 min) im Korn verbliebene Wassermenge prozentual auf das Kornporenvolumen bezogen

$p_1 = p_i$ — der nach der Druckzeit im Korninnern vorliegende Druck

$$p_1 = \frac{v_o}{v_o - w_{pat}} p_o$$

$w_D = w_{pat}$ — die nach der Zeit t unter dem Druck p_a aufgenommene Wassermenge auf das Kornporenvolumen prozentual bezogen

v_1 — prozentual auf das Kornporenvolumen bezogenes Luftvolumen bei Innendruck p_i

Prüfung von Blähschiefer Berwilit 16/25	Einzeluntersuchungen an porösen Leichtzuschlägen	Bl. 61 Dat. 15.4.73 Nr B34/4.21

Wasseraufnahme von porösen Zuschlagkörnern in Abhängigkeit vom Korn-Außendruck

Parameter: Zeit

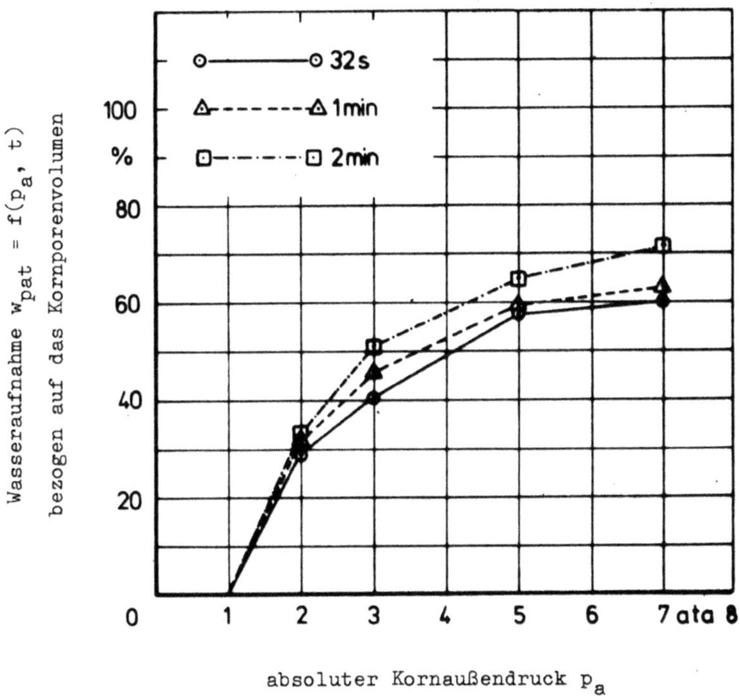

Kenndaten:

Versuchsaufbau und Versuchsdurchführung nach Bl. 49

Leichtzuschlagart	Berwilit 16/25
Kornart	Blähschiefer
Dichte	2,53 g/cm^3
Kornrohdichte	1,012 g/cm^3
Kornporosität	60,0 Vol.-%

Restwasser im porösen Zuschlagkorn nach der Druckentlastung in Abhängigkeit vom Korn-Außendruck der Belastung

Parameter: Zeit

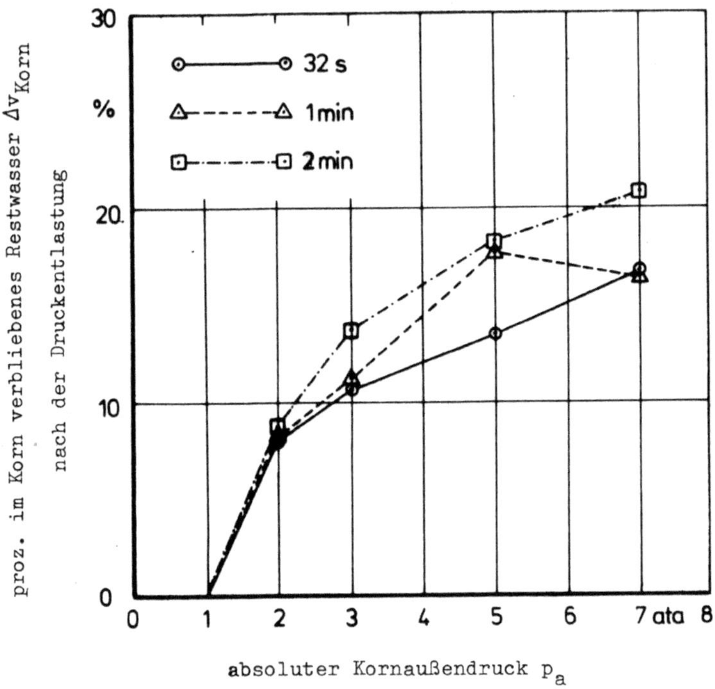

Kenndaten:

Versuchsaufbau und Versuchsdurchführung nach Bl. 49

Leichtzuschlagart	Berwilit 16/25
Kornart	Blähschiefer
Dichte	2,53 g/cm^3
Kornrohdichte	1,012 g/cm^3
Kornporosität	60,0 Vol.-%

Prüfung von Blähschiefer Berwilit 16/25	Einzeluntersuchungen an porösen Leichtzuschlägen	Bl. 63 Dat. 15.4.73 Nr. B34/4.21

Restwasser im porösen Zuschlagkorn nach der Druckentlastung in Abhängigkeit vom Korn-Innendruck der Belastung

Parameter: Zeit

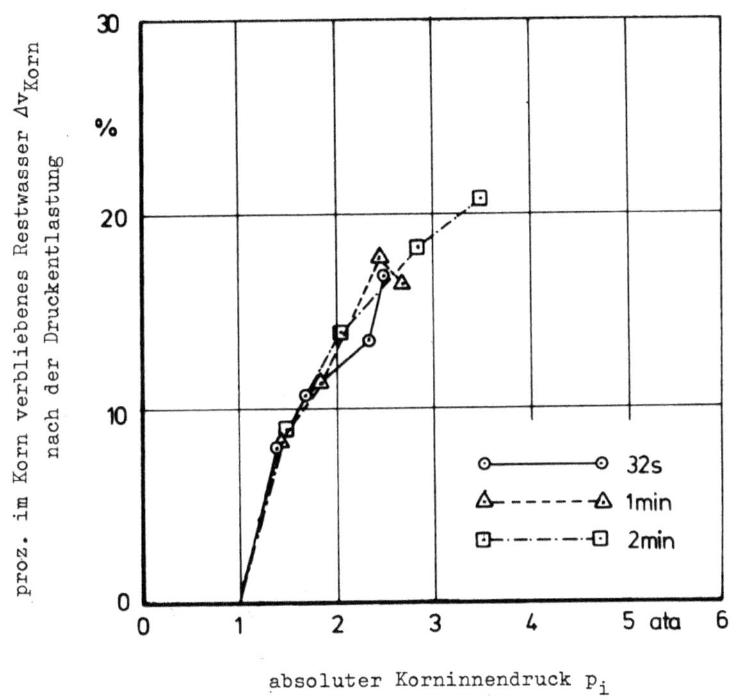

Kenndaten:

Leichtzuschlagart	Berwilit 16/25
Kornart	Blähschiefer
Dichte	2,53 g/cm^3
Kornrohdichte	1,012 g/cm^3
Kornporosität	60,0 Vol.-%

Berechnung des Polytropenexponenten in Abhängigkeit von der gemessenen, im Korn verbliebenen Wassermenge Δv_{Korn}.

Voraussetzung: In der vorgegebenen Entlastungszeit (=Druckzeit) sinkt der Korninnendruck auf $p_2 = p_0 = 1$ ata ab.

p_a (ata)	t (s) (min)	w_{pat} (Vol.-%)	v_1 (Vol.-%)	$\frac{p_1}{p_0}$ (-)	Δv_{Korn} gemessen (Vol.-%)	v_2 (Vol.-%)	Δv_{Rohr} (Vol.-%)	n (-)
2	32 s	28,78	71,22	1,404	8,08	91,92	20,70	1,33
2	1 min	31,85	68,15	1,467	8,22	91,78	23,63	1,29
2	2 min	33,25	66,75	1,498	8,87	91,13	24,38	1,30
3	32 s	40,52	59,48	1,681	10,64	89,36	29,88	1,28
3	1 min	45,76	54,24	1,844	11,19	88,81	34,57	1,24
3	2 min	51,20	48,80	2,049	13,83	86,17	37,37	1,26
5	32 s	57,60	42,40	2,358	13,50	86,50	44,10	1,20
5	1 min	59,25	40,75	2,454	17,70	82,30	41,55	1,28
5	2 min	65,12	34,88	2,867	18,25	81,75	46,87	1,24
7	32 s	60,09	39,91	2,506	16,81	83,19	43,28	1,25
7	1 min	63,00	37,00	2,703	16,39	83,61	46,61	1,22
7	2 min	71,44	28,56	3,501	20,79	79,21	50,65	1,23

Es gelten folgende Zusammenhänge: $w_{pat} = w_D$; $\Delta v_{Korn} = w$

$v_1 = v_0 - w_D$

$v_2 = v_0 - w$

$$p_1 v_1^n = p_2 v_2^n$$

$$\Delta v_{Rohr} = v_2 - v_1 = w_D - w$$

$$n = \frac{\ln\left(\frac{p_1}{p_2}\right)}{\ln\left(\frac{v_2}{v_1}\right)} = \frac{\ln\left(\frac{p_1}{p_2}\right)}{\ln\left(\frac{w_D - w}{v_o - w_D} + 1\right)}$$

Prüfung von Blähschiefer Berwilit 16/25	Polytrope Expansion von Luft im Zuschlagkorn	Bl. 65 / Dat 15.4.73 / Nr B34/4.21

Gemessenes Restwasser im porösen Zuschlagkorn in Abhängigkeit vom Innendruck der Belastung

Regressionskurve	Entlastungsdruck	Polytropenexponent
A	$p_2 = p_o = 1$ ata	$n_r = 1,24$
B	$p_2 = 1,03$ ata $\neq p_o$	$n_r = 1,20$

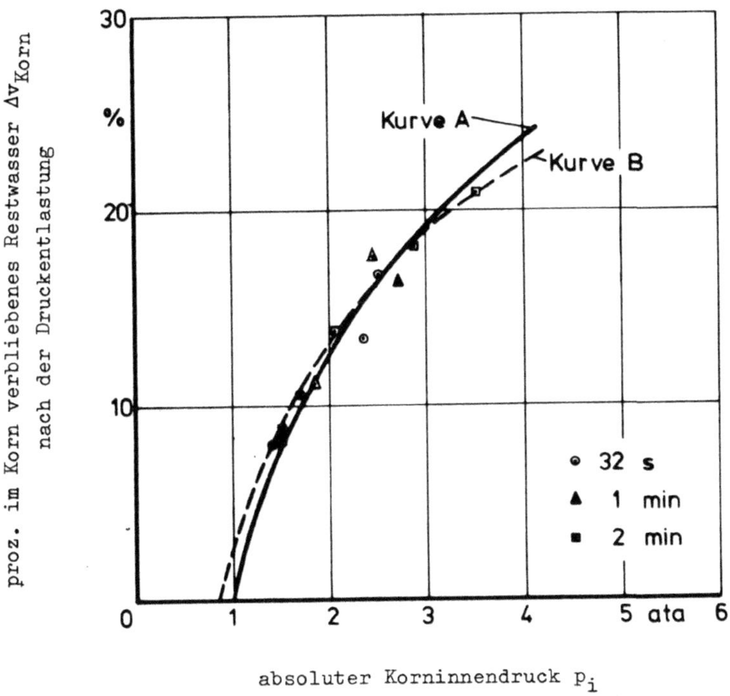

<u>Kenndaten:</u>

Leichtzuschlagart	Berwilit 16/25
Kornart	Blähschiefer
Dichte	2,53 g/cm^3
Kornrohdichte	1,012 g/cm^3
Kornporosität	60,0 Vol.-%

Prüfung von Blähton Liapor 6	Mittelwerte, Kornrohdichte, Wasseraufnahme und -abgabe unter verschiedener Druckbe- und -entlastung	Bl. 66 Dat. 15.4.73 Nr. B34/4.21

Ø-Werte	7 ata			5 ata			3 ata			2 ata		
8 Proben	2 min	1 min	32 s	2 min	1 min	32 a	2 min	1 min	32 s	2 min	1 min	32 s
m_{tr} (g)	1568	1569	1573	1570	1584	1558	1559	1559	1559	1558	1563	1556
V_{KR} (cm^3)	1224	1224	1231	1226	1234	1217	1224	1219	1218	1202	1226	1228
ϱ_K (g/cm^3)	1,281	1,282	1,277	1,280	1,283	1,280	1,274	1,279	1,281	1,296	1,274	1,268
$\bar{m}_W$ (g)	136	139	159	131	135	139	109	103	102	68	64	61
V_R (cm^3)	613	613	614	613	619	609	609	609	609	609	610	608
V_P (cm^3)	611	611	617	613	616	608	615	610	609	593	616	620
w (Vol.-%)	22,28	22,81	25,71	21,29	21,30	22,97	17,79	16,88	16,72	11,22	10,26	8,75
v_8 (%)	10,00	12,70	6,30	12,29	10,31	7,30	8,40	13,00	11,90	31,80	17,60	19,10
V_{WA} (cm^3)	331	316	279	292	275	244	224	196	162	120	111	88
V_{WD} (cm^3)	467	455	438	423	410	383	333	299	264	188	175	149
w_D (Vol.-%)	76,37	74,57	71,01	68,92	65,98	63,08	54,20	49,05	43,30	31,47	28,23	23,07
v_{g8} (%)	1,85	1,95	2,50	1,81	2,58	2,20	1,70	3,00	4,70	8,50	5,30	9,30
V_{WDTH} (cm^3)	524	524	527	490	493	487	410	407	406	297	308	310
v_{WD-KR} (Vol.-%)	38,15	37,23	35,58	34,45	33,22	31,54	33,49	24,55	21,65	15,60	14,27	12,17

Prüfung von Blähton Liapor 6	Charakteristische Mittelwerte, Restwasser im Zuschlagkorn	Bl. 67 Dat. 15.4.73 Nr. B34/4.21

p_a (ata)	t	w_{pat} (Vol.-%)	Δv_{Korn} (Vol.-%)	v_1 (Vol.-%)	p_1 (ata)
2	32 s	23,07	8,75	76,93	1,300
2	1 min	28,23	10,26	71,77	1,393
2	2 min	31,47	11,22	68,53	1,459
3	32 s	43,30	16,72	56,70	1,764
3	1 min	49,05	16,88	50,95	1,963
3	2 min	54,20	17,79	45,80	2,183
5	32 s	63,08	22,97	36,92	2,709
5	1 min	65,98	21,30	34,02	2,939
5	2 min	68,92	21,29	31,08	3,218
7	32 s	71,01	25,71	28,99	3,449
7	1 min	74,57	22,81	25,43	3,932
7	2 min	76,37	22,28	23,63	4,232

p_a äußerlich aufgebrachter Druck

t Zeitdauer, in der dieser Druck anlag

$w_{pat} = w_D$ die nach der Zeit t unter dem Druck p_a aufgenommene Wassermenge prozentual bezogen auf das Kornporenvolumen

$\Delta v_{Korn} = w$ die nach einer Druckentlastung der Zeitdauer t im Korn verbliebene Wassermenge prozentual bezogen auf das Kornporenvolumen

$p_1 = p_i$ der nach der Druckzeit t im Korninnern vorliegende Druck

$$p_1 = \frac{100 \text{ Vol.-\%}}{100 \text{ Vol.-\%} - w_{pat}} \; p_o$$

v_1 prozentual auf das Kornporenvolumen bezogenes Luftvolumen bei Innendruck p_i

Prüfung von Blähton Liapor 6	Einzeluntersuchungen an porösen Leichtzuschlägen	Bl. 68 Dat. 15.4.73 Nr. B34/4.21

Wasseraufnahme von porösen Zuschlagkörnern in Abhängigkeit vom Korn-Außendruck

Parameter: Zeit

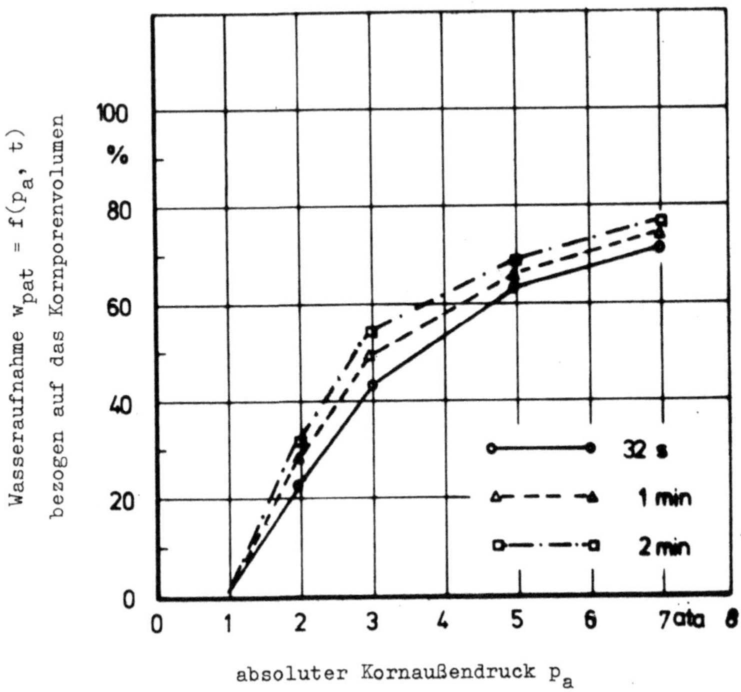

Kenndaten:

Versuchsaufbau und Versuchsdurchführung nach Bl. 49	
Leichtzuschlagart	Liapor 6
Korngruppe	4/8 + 8/16
Kornart	Blähton
Dichte	2,56 g/cm^3
Kornrohdichte	1,28 g/cm^3
Kornporosität	50 Vol.-%

Prüfung von Blähton Liapor 6	Einzeluntersuchungen an porösen Leichtzuschlägen	Bl. 69 Dat. 15.4.73 Nr. B34/4.21

Restwasser im porösen Zuschlagkorn nach der Druckentlastung in Abhängigkeit vom Korn-Außendruck der Belastung

Parameter: Zeit

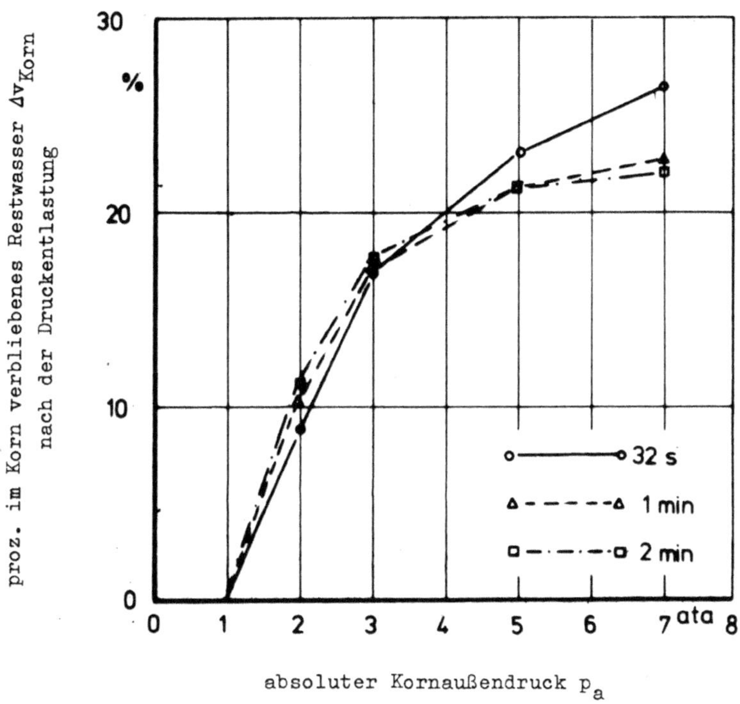

Kenndaten:

Versuchsaufbau und Versuchsdurchführung nach Bl. 49

Leichtzuschlagart	Liapor 6
Korngruppe	4/8 + 8/16
Kornart	Blähton
Dichte	2,56 g/cm^3
Kornrohdichte	1,28 g/cm^3
Kornporosität	50,0 Vol.-%

Prüfung von Blähton Liapor 6	Einzeluntersuchungen an porösen Leichtzuschlägen	Bl. 70 / Dat. 15.4.73 / Nr B34/4.21

Restwasser im porösen Zuschlagkorn nach der Druckentlastung in Abhängigkeit vom Korn-Innendruck der Belastung

Parameter: Zeit

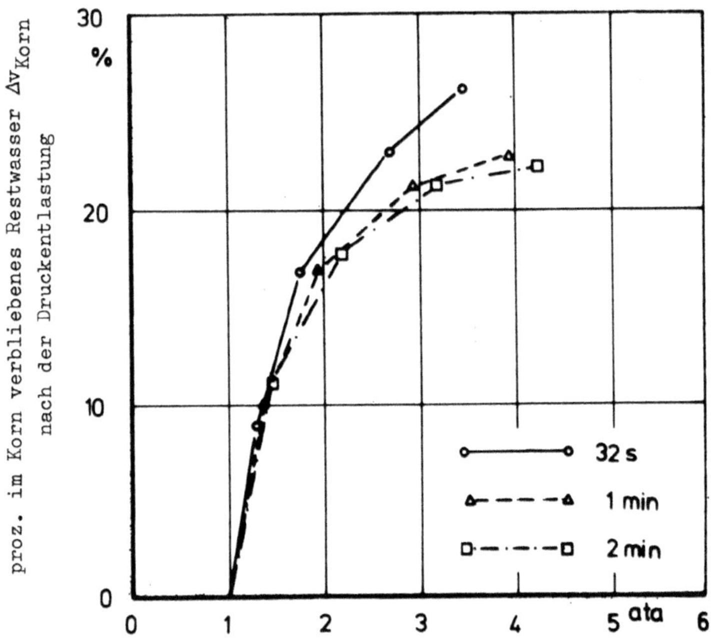

absoluter Korninnendruck p_i

Kenndaten:

Leichtzuschlagart	Liapor 6
Korngruppe	4/8 + 8/16
Kornart	Blähton
Dichte	2,56 g/cm^3
Kornrohdichte	1,28 g/cm^3
Kornporosität	50,0 Vol.-%

Prüfung von Blähton Liapor 6	Polytrope Expansion von Luft im Zuschlagkorn	Bl. 71 Dat. 15.4.73 Nr. B34/4.21

Berechnung des Polytropenexponenten in Abhängigkeit von der gemessenen, im Korn verbliebenen Wassermenge Δv_{Korn}.

Voraussetzung: In der vorgegebenen Entlastungszeit (=Druckzeit) sinkt der Korninnendruck auf $p_2 = p_0 = 1$ ata ab.

p_a (ata)	t (s) (min)	w_{pat} (Vol.-%)	v_1 (Vol.-%)	$\frac{p_1}{p_2}$ (-)	Δv_{Korn} gemessen (Vol.-%)	v_2 (Vol.-%)	Δv_{Rohr} (Vol.-%)	n (-)
2	32 s	23,07	76,93	1,300	8,75	91,25	14,32	1,54
2	1 min	28,23	71,77	1,393	10,26	89,74	17,97	1,48
2	2 min	31,47	68,53	1,459	11,22	88,78	20,25	1,46
3	32 s	43,30	56,70	1,764	16,72	83,28	26,58	1,48
3	1 min	49,05	50,95	1,963	16,88	83,12	32,17	1,38
3	2 min	54,20	45,80	2,183	17,79	82,21	36,41	1,33
5	32 s	63,08	36,92	2,709	22,97	77,03	40,11	1,35
5	1 min	65,98	34,02	2,939	21,30	78,70	44,68	1,29
5	2 min	68,92	31,08	3,218	21,29	78,71	47,63	1,26
7	32 s	71,01	28,99	3,449	25,71	74,29	45,30	1,32
7	1 min	74,57	25,43	3,932	22,81	77,19	51,76	1,23
7	2 min	76,37	23,63	4,232	22,28	77,72	54,09	1,21

Es gelten folgende Zusammenhänge: $w_{pat} = w_D$; $\Delta v_{Korn} = w$

$v_1 = v_0 - w_D$

$v_2 = v_0 - w$

$$p_1 \, v_1^n = p_2 \, v_2^n$$

$$\Delta v_{Korn} = v_2 - v_1 = w_D - w$$

$$n = \frac{\ln\left(\frac{p_1}{p_2}\right)}{\ln\left(\frac{v_2}{v_1}\right)} = \frac{\ln\left(\frac{p_1}{p_2}\right)}{\ln\left(\frac{w_D - w}{v_0 - w_D} + 1\right)}$$

Prüfung von Blähton Liapor 6	Polytrope Expansion von Luft im Zuschlagkorn	Bl. 72 Dat. 15.4.73 Nr. B34/4.21

Gemessenes Restwasser im porösen Zuschlagkorn in Abhängigkeit vom Innendruck der Belastung

Regressionskurve	Entlastungsdruck	Polytropenexponent
A	$p_2 = p_o = 1$ ata	$n_r = 1{,}28$
B	$p_2 = 1{,}09$ ata $\neq p_o$	$n_r = 1{,}17$

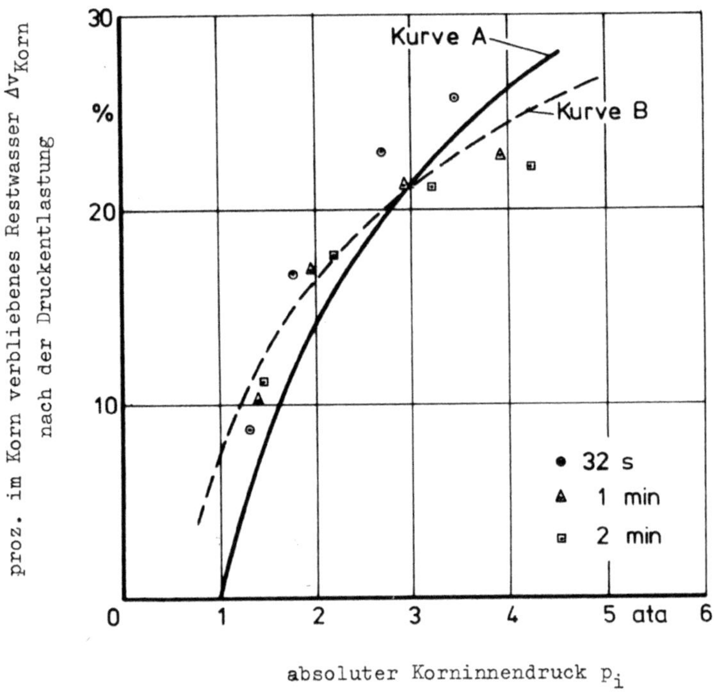

Kenndaten:

Leichtzuschlagart	Liapor 6
Korngruppe	4/8 + 8/16
Kornart	Blähton
Dichte	2,56 g/cm³
Kornrohdichte	1,28 g/cm³
Kornporosität	50,0 Vol.-%

Prüfung von Blähton Korlin B 5/10	Einzeluntersuchungen an porösen Leichtzuschlägen	Bl. 73 Dat. 15.4.73 Nr. B34/4.21

Wasseraufnahme von porösen Zuschlagkörnern in Abhängigkeit von der Belastungszeit

<u>Parameter:</u> Korn-Außendruck

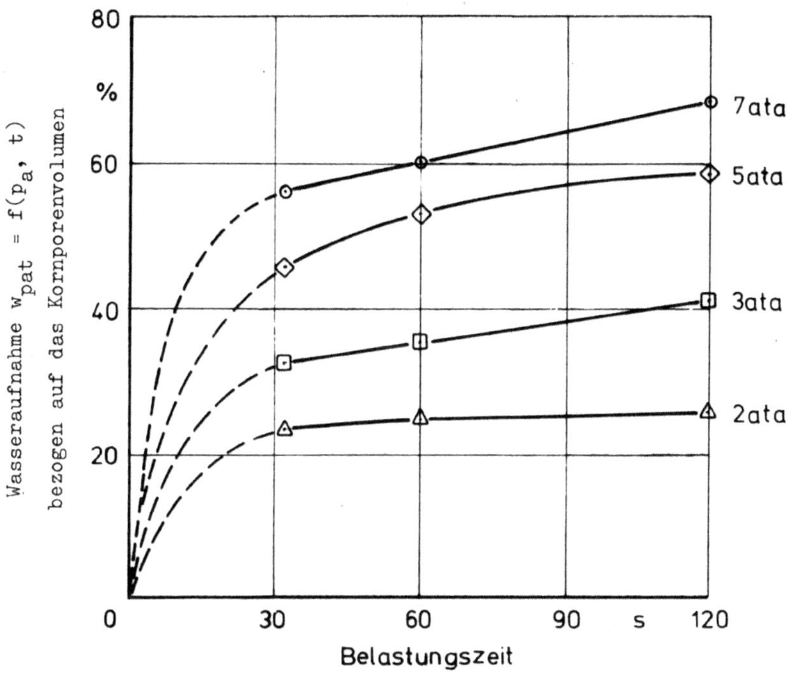

<u>Kenndaten:</u>

Versuchsaufbau und Versuchsdurchführung nach Bl. 49	
Leichtzuschlagart	Korlin B 5/10
Kornart	Blähton
Dichte	2,58 g/cm^3
Kornrohdichte	1,067 g/cm^3
Kornporosität	58,6 Vol.-%

Wasseraufnahme von porösen Zuschlagkörnern in Abhängigkeit von der Belastungszeit

Parameter: Korn-Außendruck

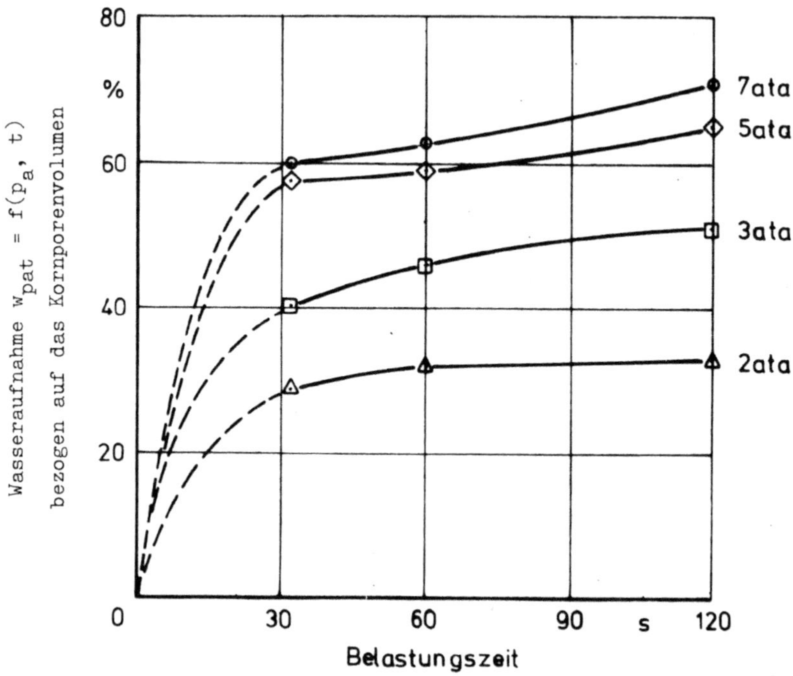

Kenndaten:

Versuchsaufbau und Versuchsdurchführung nach Bl. 49

Leichtzuschlagart	Berwilit 16/25
Kornart	Blähschiefer
Dichte	2,53 g/cm^3
Kornrohdichte	1,012 g/cm^3
Kornporosität	60,0 Vol.-%

Prüfung von Blähton Liapor 6	Einzeluntersuchungen an porösen Leichtzuschlägen	Bl. 75 Dat. 15.4.73 Nr B34/4.21

Wasseraufnahme von porösen Zuschlagkörnern in Abhängigkeit von der Belastungszeit

Parameter: Korn-Außendruck

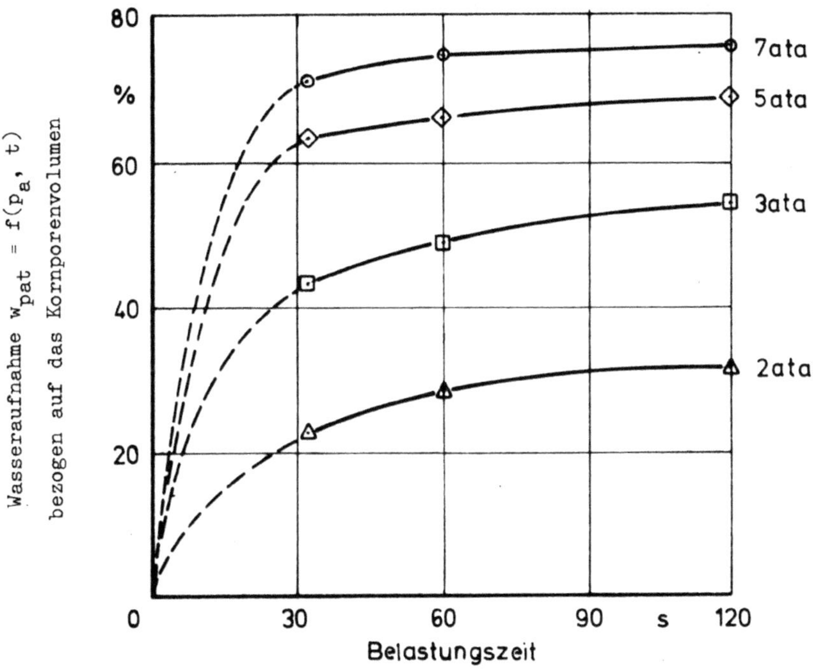

Kenndaten:

Versuchsaufbau und Versuchsdurchführung nach Bl. 49

Leichtzuschlagart	Liapor 6
Korngruppe	4/8 + 8/16
Kornart	Blähton
Dichte	2,56 g/cm^3
Kornrohdichte	1,28 g/cm^3
Kornporosität	50,0 Vol.-%

Prüfung von Berwilit 16/25 Liapor 6

Mehrfache Druckbeaufschlagung und -entlastung wasserumgebener Zuschlagkörner

Bl. 76

Dat. 15.4.73

Nr. B34/4.22

	Berwilit		Liapor		Berwilit		Liapor		Berwilit Natrosol		Liapor Natrosol	
									mit 25 g Natrosol auf 10 l Wasser	mit 8,3 g Natrosol auf 10 l Wasser	mit 8,3 g Natrosol auf 10 l Wasser	mit 25 g Natrosol auf 10 l Wasser
	5 ata		5 ata		5 ata		5 ata		5 ata		5 ata	
	1 x be- u. ent- lastet	10 x be- u. ent- lastet	1 x be- u. ent- lastet	10 x be- u. ent- lastet	1 x be- u. ent- lastet	10 x be- u. ent- lastet	1 x be- u. ent- lastet	10 x be- u. ent- lastet	1 x belastet 3 min entlastet		1 x belastet 2 min ent- lastet	3 min ent- lastet
	32 s	32 s	32 s	32 s	2 min	2 min	2 min	2/3 min	2 min	2 min	2 min	2 min
m_{tr} (g)	1117	1129	1558	1560	1117	1130	1570	1555	1130	1130	1560	1560
V_{KR} (cm^3)	1121	1103	1217	1220	1090	1121	1226	1218	1123	1149	1216	1195
ϱ_K (g/cm^3)	0,997	1,020	1,280	1,278	1,025	1,008	1,280	1,276	1,006	0,983	1,283	1,307
$\bar{m}_W$ (g)	92	203	139	207	118	217	131	187	80	91	93	79
V_R (cm^3)	441	446	609	609	441	447	613	607	447	447	609	609
V_P (cm^3)	679	656	608	611	644	674	613	611	676	702	607	586
w (Vol.-%)	13,51	30,90	22,97	33,88	18,25	32,09	21,29	30,59	11,80	12,86	15,28	13,54
v_8 (%)	17,51	12,53	7,30	3,48	13,53	8,54	12,29	30,58	20,30	18,03	29,67	26,25
V_{WA} (cm^3)	297	255	244	209	302	286	292	271	143	154	153	137
V_{WD} (cm^3)	389	458	383	416	420	503	423	458	223	244	246	216
w_D (Vol.-%)	57,61	69,78	63,08	68,17	65,12	74,48	68,92	75,01	32,89	34,76	40,59	36,86
v_{g8} (%)	2,17	4,91	2,20	2,29	2,64	2,27	1,81	7,56	6,66	7,78	15,77	11,34
V_{WDTH} (cm^3)	543	525	487	489	519	539	490	489	541	562	486	469
v_{WD-KR} (Vol.-%)	34,69	38,82	31,54	34,12	38,48	44,84	34,45	37,61	19,87	21,29	20,25	18,06

Berechnungsbeispiel isotherme Verdichtung polytrope Entspannung	Fördern von Frischbeton durch Rohre Theoretische Untersuchungen an porösen Leichtzuschlägen	Bl. 77 Dat. 3.4.73 Nr. B34/4.23

Kornporeninnendruck in Abhängigkeit vom Luftvolumen in den Kornporen

Parameter: Reihe A
Reihe B
Reihe C

isotherme Verdichtung: $p_o\ v_o = p_1\ v_1 = p_1\ (v_o - w_{pat})$ oder $v_1 = \frac{p_o}{p_1}\ v_o$ mit $w_{pat} = v_o - v_1$

polytrope Entspannung: $p_1\ v_1^n = p_2\ v_2^n$ oder $v_2 = \left(\frac{p_1}{p_2} \right)^{\frac{1}{n}} v_1$ mit $n = 1{,}25$

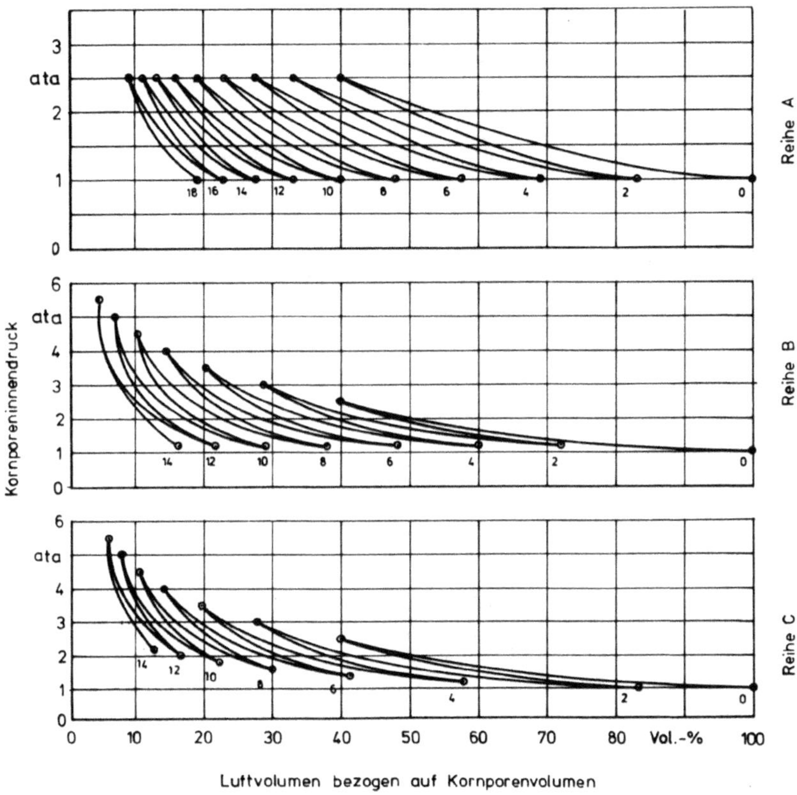

Versuchseinrichtung und Meßanordnung	Einzeluntersuchungen an porösen Leichtzuschlägen als Gemisch mit Wasser oder Zementleim	Bl. 78 Dat 20.5.73 Nr B34/4.23

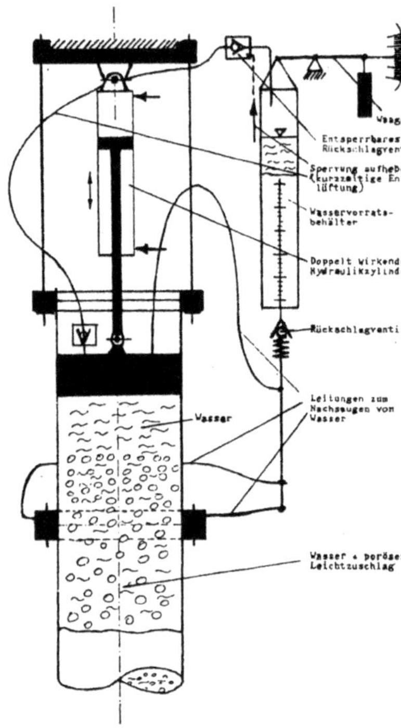

Gemittelte Werte von Restwassermengen im oberflächentrockenen Korn

Gemisch	Wasser und Leichtzuschlag			Zementleim*) und Leichtzuschlag
Zuschlagart	Blähschiefer Berwilit 16/25	Blähton Korlin B 5/10	Blähton Liapor 6-8/16	Liapor 6-8/16
Kornreindichte ϱ (g/cm³)	2,53	2,58	2,56	2,56
Kornrohdichte ϱ_K (g/cm³)	1,012	1,067	1,28	1,28
Kornporigkeit p (Vol.-%)	60	58,65	50	50
Restwasser f (M.-%)	32,49	31,38	29,08	18,40
im $w = \Delta v_{Korn}$ (Vol.-%)	54,80	57,08	74,44	47,10
Korn $w_{KR} = v_{W-KR}$ (Vol.-%)	32,88	33,48	37,22	23,55

mit $f = \frac{m - m_{tr}}{m}\, 100 \text{ M.-\%} = \frac{\bar{m}_W}{m}\, 100 \text{ M.-\%}$ $\qquad \bar{V}_W = \frac{\bar{m}_W}{\varrho_W}$

*) W/Z = 0,5 (Versuchsbeginn)

$w = \Delta v_{Korn} = \frac{\bar{V}_W}{V_P}\, 100 \text{ Vol.-\%}$ $\qquad w_{KR} = v_{W-KR} = \frac{\bar{V}_W}{V_{KR}}\, 100 \text{ Vol.-\%}$

gehört zu Bl. 84 - Versuchseinrichtung und Meßanordnung

Versuchsbedingungen:

1. Belastung hintereinander mit

	mittl. Hublänge mm	Belastungsd./Hub s	Entlastungsdauer s
a) 20 Langhüben	343	15,0	15,0
b) 20 Kurzhüben	205	2,4	0,8
c) 20 Langhüben	197	11,0	11,0
d) 20 Kurzhüben	140	2,4	0,8

2. durchschnittlicher maximaler Belastungsdruck - Wasser

beim Langhub	a) 20,5 kp/cm²	c) 26,7 kp/cm²
beim Kurzhub	b) 10,8 kp/cm²	d) 12,7 kp/cm²

Rohrleitungsverlauf Versuchseinrichtung Meßanordnung	Strömungsverhalten von frischem Normalbeton in Rohrleitungen	Bl 80 Dat. 25.5.73 Nr B34/4.31

Rohr Nr. (-)	Länge (m)		Gesamtlänge
1	2,5		12,65 m
2	2,5		
3	2,5		
4	2,5		
5	2,5		
B2	0,30		10,05 m
6	2,50		
7	0,52		
8	1,55	6,21 m	
9	1,55		
10	1,55		
11	1,56		
12	0,52		
B1	0,30		

Teilbare Rohre

Rohrleitung NW 100

Meßeinrichtung für mittlere Förderge-schwindigkeit $\bar{\bar{v}}$

B1 = Meßdose Betondruck Einlauf

B2 = Meßdose Betondruck Vorlauf

Meßaufbau Meßdaten Maschinendaten	Strömungsverhalten von frischem Normalbeton in Rohrleitungen	Bl. 81 Dat. 17.4.73 Nr. B34/4.31

Meßaufbau für Stetter-Kolbenbetonpumpe Typ BP 60A-S   S ≙ Sonderausführung

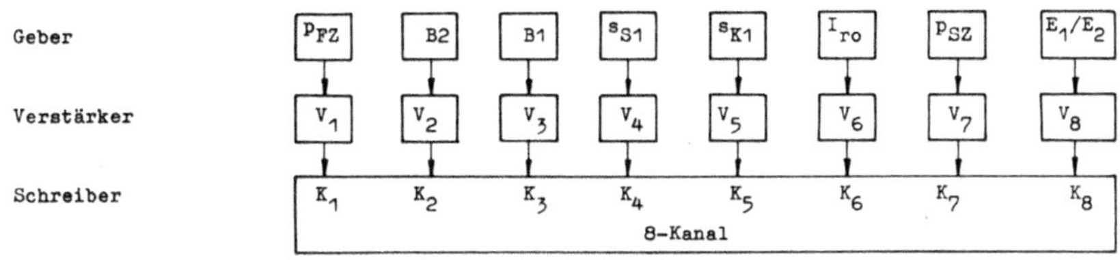

Meßgeräte

Geber	p_{FZ}	Druckmeßdose (Eigenkonstruktion)
	B2	Druckmeßrohr (")
	B1	Druckmeßrohr (")
	s_{S1}	Wegaufnehmer (Hottinger W50)
	s_{K1}	Wegaufnehmer (Eigenkonstruktion)
	I_{ro}	Wegaufnehmer + Impulsgeber (Eigenkonstruktion s. Skizze)
	p_{SZ}	Druckmeßdose (Hottinger P200)
	E_1/E_2	Spannungsabgriff an den Magnetspulen der Hydraulikventile

Verstärker	Brandau DD3
	Hottinger KW II-5
Schreiber	Siemens-Oszillomink

Skizze: Wegaufnehmer + Impulsgeber

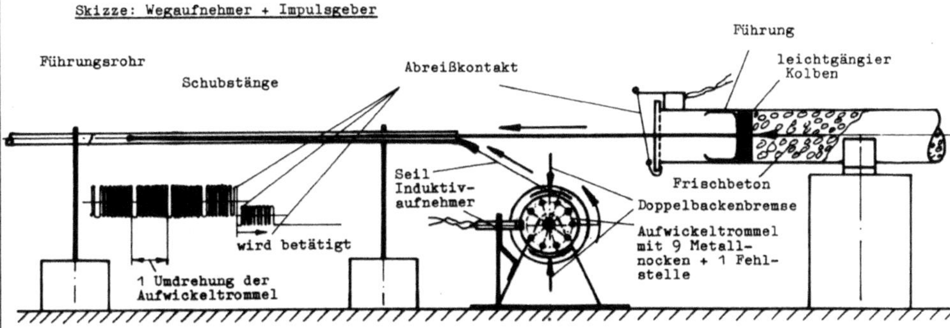

Stetter-Betonkolbenpumpe Typ BP 60A-S

Antriebsaggregat:	Luftgekühlter Deutz-Dieselmotor Typ F6L912
Antriebsleistung	104 PS bei 2500 U/min
Sonderausstattung:	a) hydraulischer Antrieb der Betonförderkolben über Hydromatik-Doppelpumpe mit Summenleistungsregler Typ 223/20/01/02 b) hydraulischer Antrieb Schieber und Rührwerk mittels Bosch-Doppelpumpe HY-ZFR 1/16+8
Nennfördermenge:	60 m^3/h
Nennfördergeschwindigkeit bei NW 100:	2,122 m/s
max. Förderdruck Beton:	45 kp/cm^2
Förderzylinderdurchmesser:	180 mm
Förderkolbenhub:	1465 mm
Hubzahl max. theor.:	25 H/min
Förderweite:	200 m

Förderhöhe:	80 m
Regelbarkeit:	kontin. von 0 - max.
Inhalt des Fülltrichters:	350 l
Aufgabehöhe des Fülltrichters:	1400 mm
Öltankinhalt:	150 l
Wassertankinhalt (Frischwasser/Spülwasser):	600/60 l
Kraftstoffinhalt:	110 l

Experimentelle Untersuchungen Strömungsbilder	Strömungsverhalten von frischem Normalbeton in Rohrleitungen	Bl. 82 Dat 19.4.73 Nr B34/4.32

← Förderrichtung

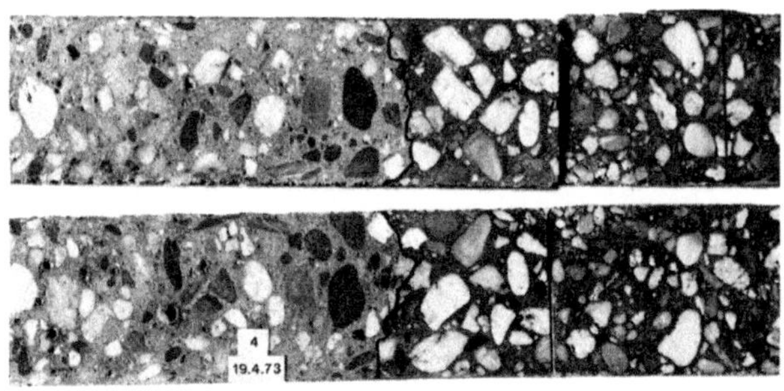

Vergleichsprobe $\bar{v}$ = 0 m/s
Ausbreitmaß a = 48 cm
Verdichtunsmaß v = 1,05
Powers-Hubzahl Po = 11
Normalbeton der Ausgangsmischung NB-1 nach Bl. 17

oben

unten
unten

oben

Vertikalschnitt | Ausbreitmaß a = 4,7 cm
Verdichtungsmaß v = 1,055 | Powers-Hubzahl Po = 12

Experimentelle Untersuchungen Strömungsbilder	Strömungsverhalten von frischem Normalbeton in Rohrleitungen	Bl. 83 Dat 19.4.73 Nr B34/4.32

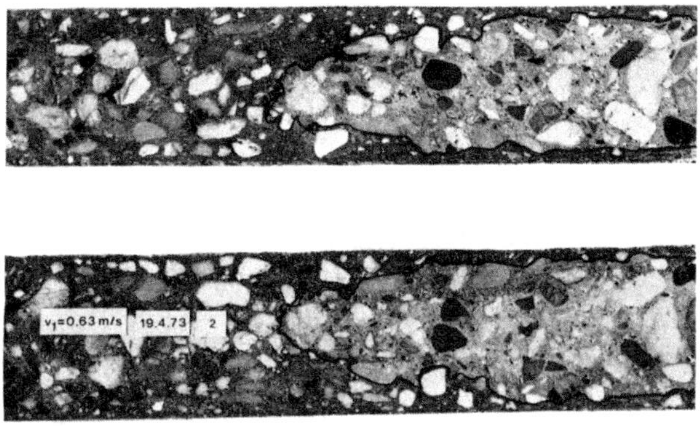

Ausgangsmischung
NB-1

Förderrichtung
←

Horizontalschnitt

Ausbreitmaß a=48 cm
Verdichtungsmaß
v=1,05
Powers-Hubzahl
Po=11

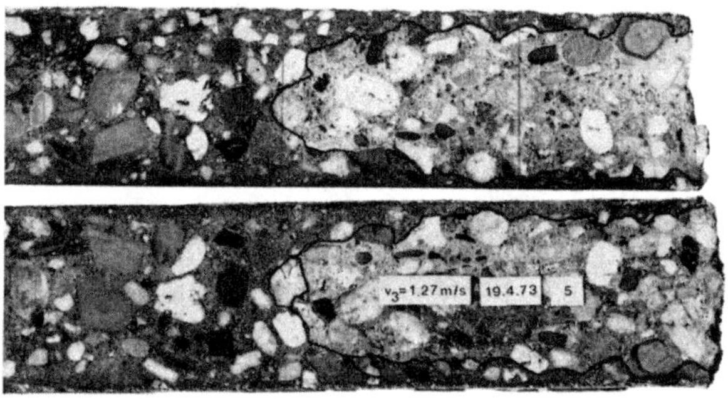

Horizontalschnitt

Ausbreitmaß a=42 cm

Verdichtungsmaß
v = 1,07

Powers-Hubzahl
Po = 14

Vertikalschnitt

Ausbreitmaß a=40cm

Verdichtungsmaß
v = 1,09

Powers-Hubzahl
Po = 15

Experimentelle Untersuchungen Strömungsbilder	Strömungsverhalten von frischem Normalbeton in Rohrleitungen	**Bl.** 84 **Dat** 19.4.73 **Nr** B34/4.32

Vertikaler Schnitt

oben

unten

Ausbreitmaß a=40 cm
Verdichtungsmaß v=1,09
Powers-Hubzahl Po=15

unten

oben

Förderrichtung →

Förderung durch einen 90° Rohrkrümmer

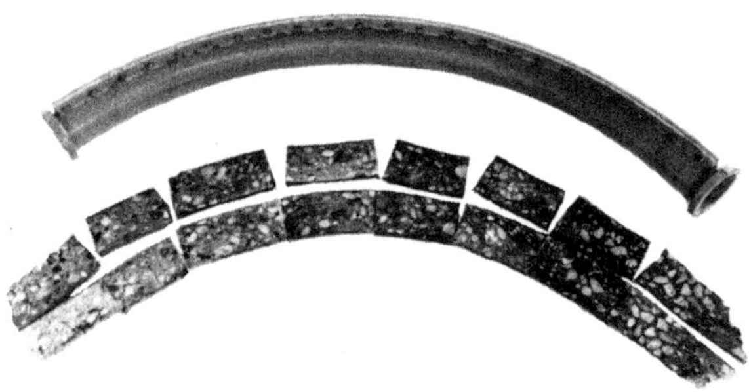

Vertikaler und horizontaler Schnitt

oben

unten

Querschnitte des durch den Rohrkrümmer geförderten Normalbetons NB-1

Ausgangsmischung nach Bl. 17

oben

unten

Experimentelle Untersuchungen Strömungsbilder	Strömungsverhalten von frischem Normalbeton in Rohrleitungen	Bl. 85 Dat. 19.4.73 Nr. B34/4.32

Prinzipielle Darstellung der Auswertung Flächenanteil des Korns pro Streifenbreite in Abhängigkeit vom Rohrdurchmesser

Parameter: Rohr 0 $\bar{v}$ = 0 m/s
Rohr 4 $\bar{v}$ = 1,77 m/s

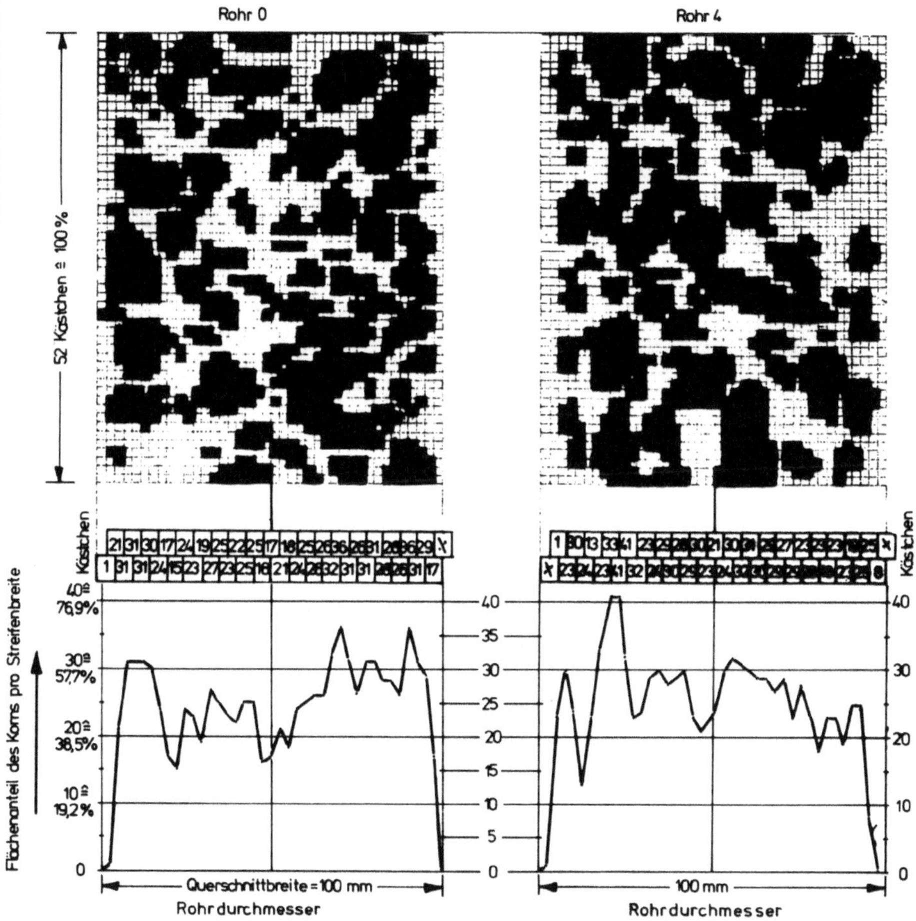

Einzelne Körner nach der Methode des Flächenausgleiches durch quadratische Kästchen ersetzt.

Horizontale Mittenschnitte des durch das Rohr geförderten Normalbetons NB-1 der Ausgangsmischung nach Bl. 17.

Flächenanteil des Korns pro Streifenbreite in Abhängigkeit vom Rohrdurchmesser

Parameter: mittl. Fördergeschwindigkeit
waagerechte Mittenschnitte am Anfang und Ende des durch das Rohr geförderten Betons

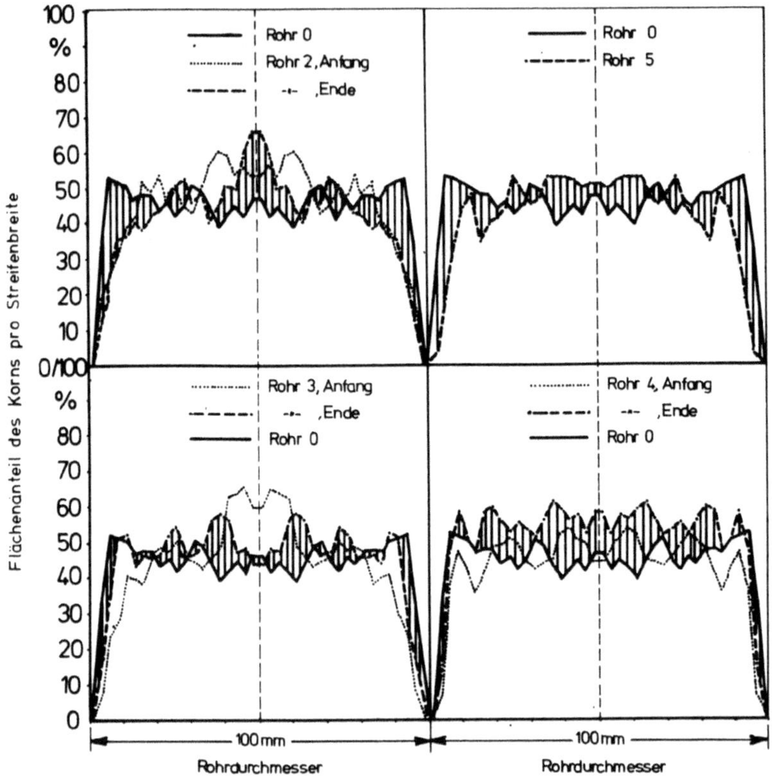

Ausgangsmischung Normalbeton NB-1 Bl. 17
Vergleichsbasis Rohr 0 mit $\bar{v}$ = 0 m/s

Rohr	mittl. Geschw. (m/s)	Ausbr. Maß (cm)	Verdichtungs-maß (-)	Powers-Hubzahl (-)	Konsistenz	Bemerkung
2	0,63	48	1,05	11	K 3	gerades Rohr
3	1,27	42	1,07	14	K 3	gerades Rohr
4	1,77	40	1,09	15	K 2	gerades Rohr
5	0,63	40	1,09	15	K 2	90° Krümmer

Experimentelle Untersuchung $\Delta p = f_{(\bar{v})}$	Strömungsverhalten von frischem Normalbeton in Rohrleitungen	Bl. 87 Dat. 17.4.73 Nr. B34/4.33

Zeitliches Arbeitsablaufdiagramm beim Pumpen von Normalbeton der Ausgangsmischung **NB-1** mit $\bar{v}$ = 1,265 m/s

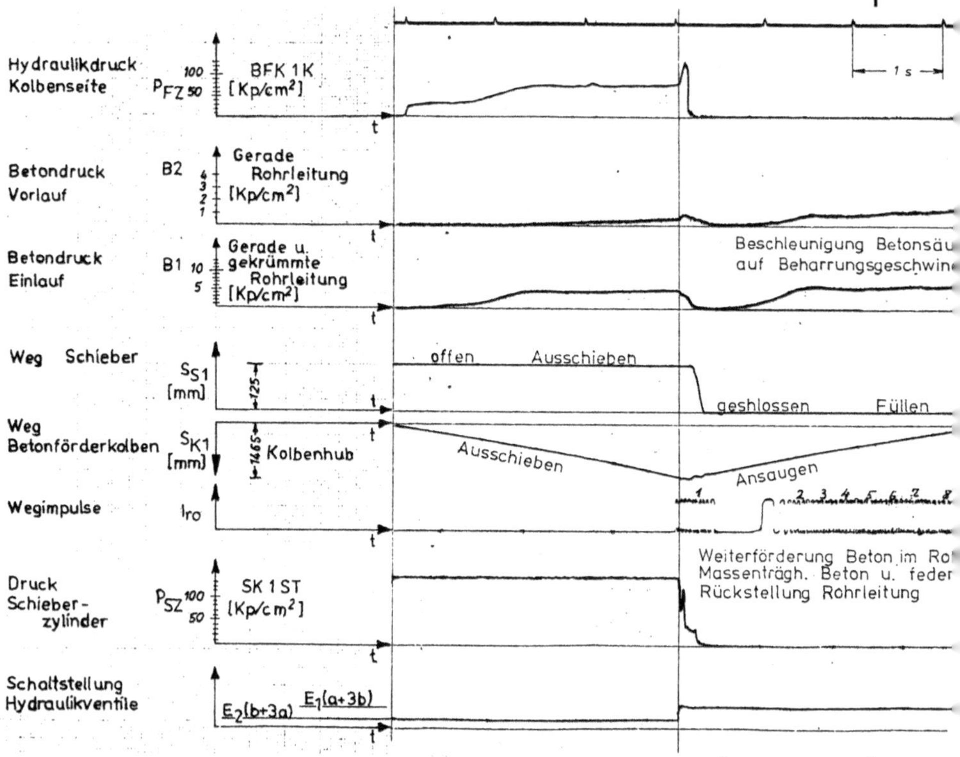

Versuchsbedingungen

Pumpentype Stetter-Kolbenbetonpumpe Typ **BP** 60A-S

Rohrleitungsverlauf, Versuchseinrichtung u. Meßaufbau nach Bl.86 u.87

Ausgangsdaten der Mischung Bl. 17

Ausbreitmaß a_n = 42 cm, Verdichtungsmaß v_n = 1,06, Powers-Hubzahl 13

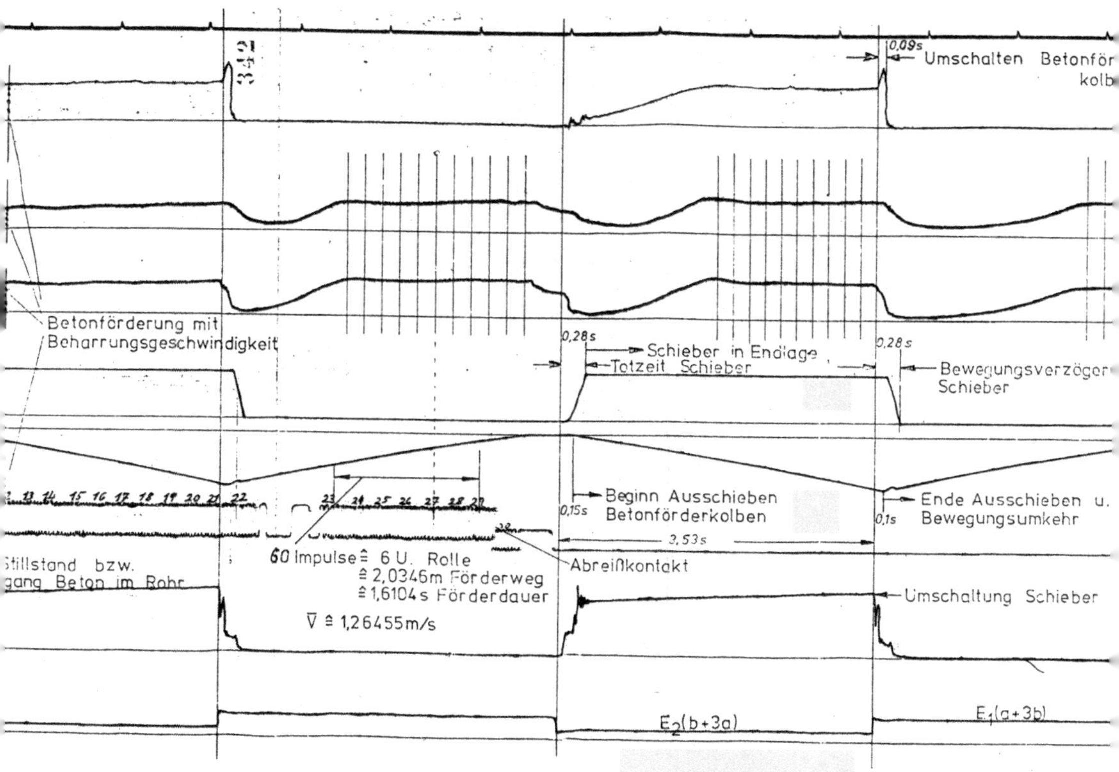
0,09s
Umschalten Betonför
kolb
342
Betonförderung mit
Beharrungsgeschwindigkeit
0,28s
Schieber in Endlage
Totzeit Schieber
0,28s
Bewegungsverzöger
Schieber
0,15s
Beginn Ausschieben
Betonförderkolben
0,1s
Ende Ausschieben u.
Bewegungsumkehr
3,53s
60 Impulse ≙ 6 U. Rolle
≙ 2,0346m Förderweg
≙ 1,6104s Förderdauer
V̄ ≙ 1,26455m/s
Abreißkontakt
…illstand bzw.
…gang Beton im Rohr
Umschaltung Schieber
E2(b+3a)
E1(a+3b)

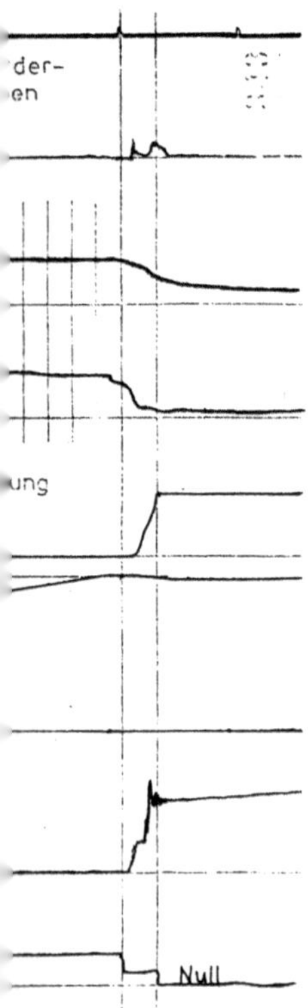
der-
en
ung
Null

Versuchsnummer (-)	pro Versuch gemittelte Fördergeschw. $\bar{v}^*$ (m/s)	spez. Druckverlust gerade Rohrleitg. Δp_{s1} (kp/cm²m)	spez. Druckverlust Krümmer Δp_{s2} (kp/cm²m)	Faktor Scheinrohrlänge f_K (-)	gemittelte Werte: mittl. Fördergeschw. $\bar{v}$ (m/s)	gemittelte Werte: spez. Druckverlust gerade Rohrleitg. Δp_{sg} (kp/cm²m)	gemittelte Werte: spez. Druckverlust Krümmer Δp_{sK} (kp/cm²m)	gemittelte Werte: Faktor Scheinrohrlänge f_K (-)
V1	1,285	0,206	0,788	3,836				
V2	1,253	0,204	0,933	4,576	1,267	0,206	0,913	4,437
V3	1,265	0,208	1,017	4,898				
V4	1,780	0,266	1,366	5,137				
V5	1,691	0,257	1,411	5,491	1,723	0,254	1,389	5,469
V6	1,699	0,240	1,644**	6,849**				
V7	0,612	0,169	0,721	4,257				
V8	0,631	0,153	0,704	4,593	0,628	0,156	0,757	4,855
V9	0,642	0,145	0,847	5,853				
V10	0,361	0,113	0,563	5,006				
V12	0,400	0,106	0,448	4,248	0,387	0,113	0,477	4,22
V13	0,401	0,120	0,420	3,512				

Ausgangsmischung NB-1 nach Bl. 17

gemittelte Werte für Ausbreitmaß a_n = 42 cm
Verdichtungsmaß v = 1,06
Powers-Hubzahl Po = 13

** Ausreißer

Experimentelle Untersuchung $\Delta p = f_{(\bar{v})}$	Strömungsverhalten von frischem Normalbeton in Rohrleitungen	Bl. 89 Dat. 17.4.73 Nr. B34/4.33

Spezifischer Druckverlust beim Pumpen von Normalbeton in Abhängigkeit von der mittleren Fördergeschwindigkeit in der Rohrleitung

Parameter: gerade Rohrleitung
Krümmer
Scheinrohrlängenverhältnis

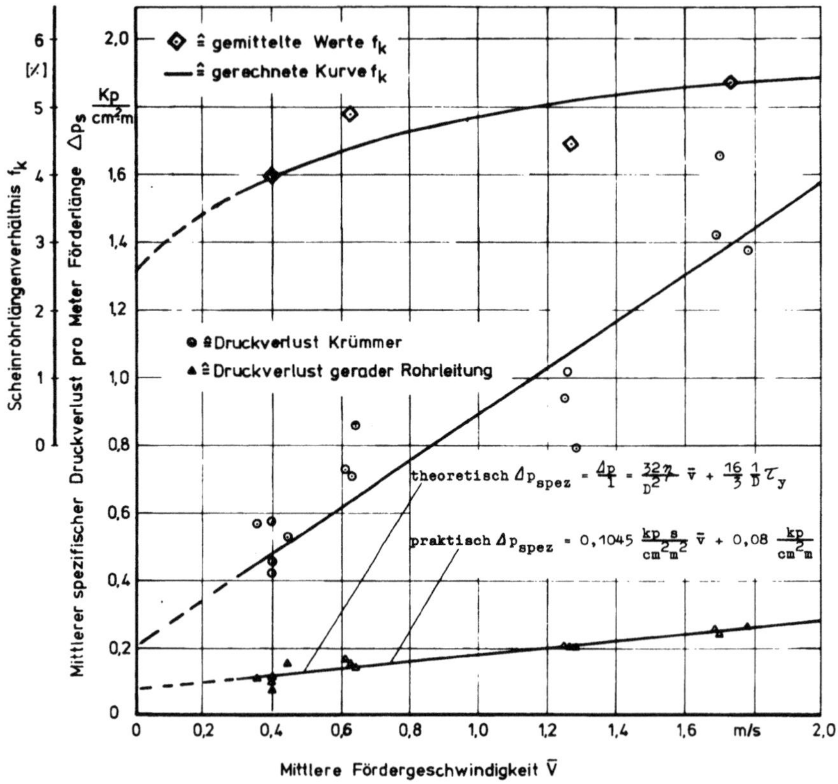

<u>Versuchskenndaten</u>

Ausgangsmischung	NB-1 nach Bl. 17
gemittelte Werte für Ausbreitmaß	a_n = 42 cm
Verdichtungsmaß	v = 1,06
Powers-Hubzahl	Po = 13
Pumpentype	Stetter-Kolbenbetonpumpe
Rohrleitungsverlauf und Versuchsanordnung	Bl. 86
Meßaufbau und Meßdaten	Bl. 86, 87, 93
Rohrleitungsquerschnitt	NW 100
einzelne Versuchswerte	Bl. 94

Experimentelle Untersuchungen	Strömungsverhalten von homogenen und heterogenen Feststoff-Flüssigkeits-Mischungen	Bl. 90 Dat. 27.5.73 Nr. B34/4.33

Sinkgeschwindigkeit eines Normalzuschlag-Einzelkorns in Abhängigkeit vom Wasserzementwert

Parameter: Zementleim und Mörtel

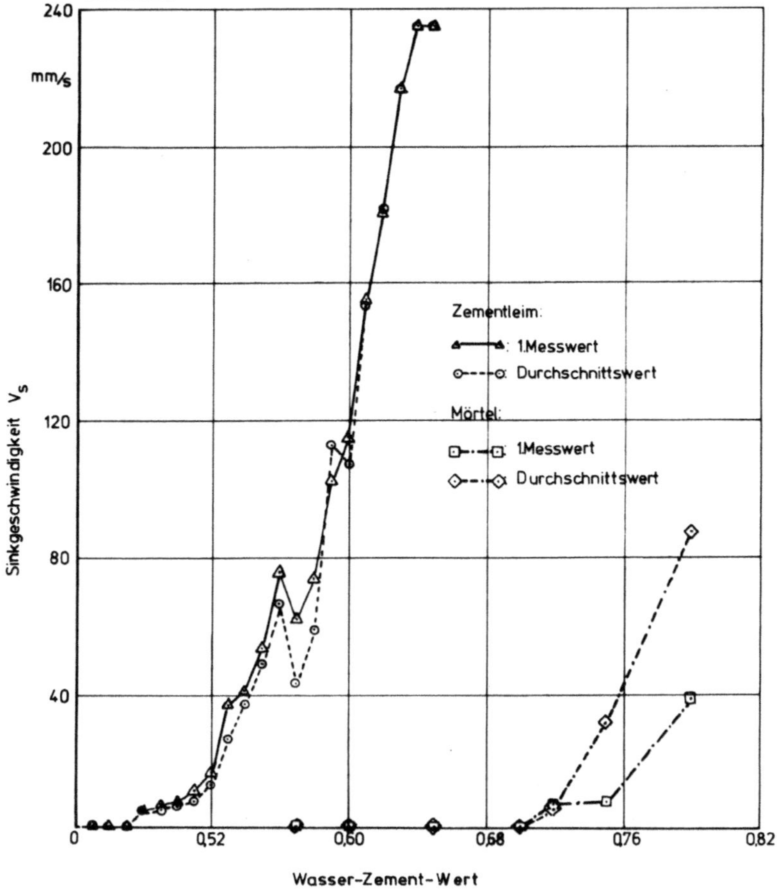

Versuchskenndaten

Prüfkörper Kieskorn	Volumen 14,43 cm^3 Masse 37,13 g Dichte 2,573 g/cm^3
Nennweite des Prüfrohres	NW 100
Länge des Prüfrohres	1150 mm
Aufhängung des Prüfkörpers	am Zwirnsfaden
Mischbehälter	Durchmesser 300 mm Höhe 350 mm
Exzentrizität der Propellerachse zur Behältermitte	52 mm
Durchmesser des 4 Blatt-Rührpropellers	155 mm
Drehzahl des Rührpropellers	400 U/min
Mischdauer 2 x 1 min mit 15 min Zwischenpause	
Zeit bis zur ersten Messung	2 min
Anzahl der Sinkversuche pro Versuchspunkt	3

Ausgangsmischung für Mörtelversuch entspricht dem Verhältnis von Zement zu Sand zu Wasser nach NB-1 Bl. 17

Sättigungsanlage für poröse Leichtzuschläge	Intermittierend arbeitende, in eine Leichtbetonmisch-anlage integrierte Druckwasser-Sättigungsanlage	Bl. 91 Dat. 29.5.73 Nr. B34/5.1

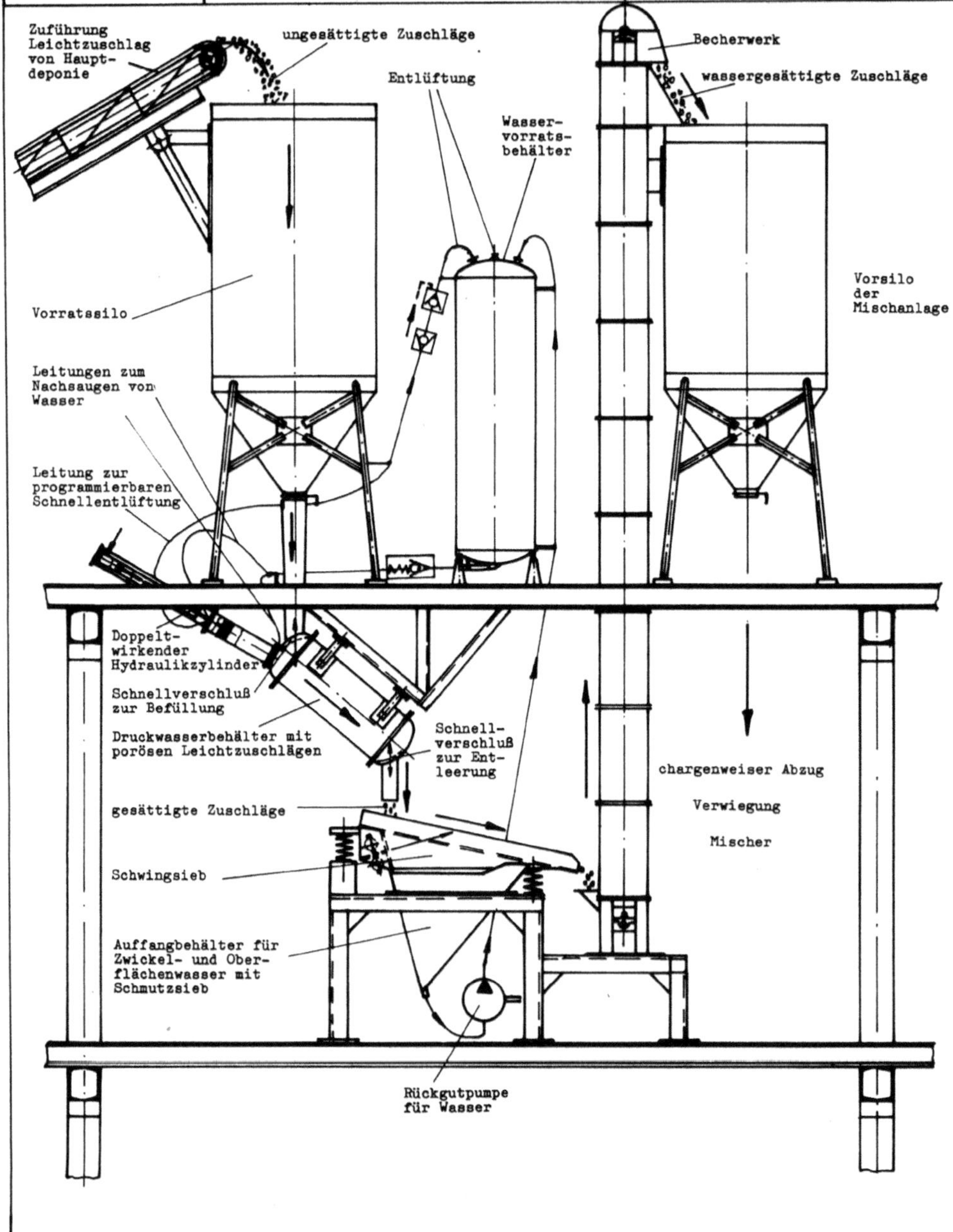

Wandschubspannung und Druckabfall in Abhängigkeit vom Rohrleitungsdurchmesser

Vorgegebene Werte: gerade Rohrleitungslänge $l = 22,5$ m
mittlere Fördermenge $Q = 50,5\ m^3/h$

aus experimenteller Untersuchung: plastische Viskosität $\eta_{pl} = 0,3266\ kps/m^2$
Fließschubspannung $\tau_y = 15\ kp/m^2$

Rohrinnendurchmesser (mm)	Durchmesser-verh. $(D_{100}/D_i)^2$	mittlere Fördergeschw. (m/s)	(%)	Verweilzeit im Rohr (s)	Wandschub-spannung τ_w (kp/m^2)	Gesamt-druckabfall $\Delta p (kp/m^2)$	$\frac{4\ L}{D}$ (-)	$\frac{\tau_y}{\tau_w}$ (-)	$r_p = \frac{\tau_y}{\tau_w} R$ (mm)
100	1,000	1,786	100	12,60	66,66 100 %	59998 100 %	900	0,225	11,25
125	0,640	1,143	64	19,69	43,89 65,84 %	31602 52,67 %	720	0,342	21,36
150	0,444	0,793	44,4	28,37	33,81 50,72 %	20288 33,83 %	600	0,444	33,27

Berechnung der Werte mit Hilfe der Buckingham-Reiner Gleichung

Forschungsberichte des Landes Nordrhein-Westfalen

Herausgegeben im Auftrage des Ministerpräsidenten Heinz Kühn
vom Minister für Wissenschaft und Forschung Johannes Rau

Sachgruppenverzeichnis

Acetylen · Schweißtechnik
Acetylene · Welding gracitice
Acétylène · Technique du soudage
Acetileno · Técnica de la soldadura
Ацетилен и техника сварки

Arbeitswissenschaft
Labor science
Science du travail
Trabajo científico
Вопросы трудового процесса

Bau · Steine · Erden
Constructure · Construction material · Soilresearch
Construction · Matériaux de construction · Recherche souterraine
La construcción · Materiales de construcción · Reconocimiento del suelo
Строительство и строительные материалы

Bergbau
Mining
Exploitation des mines
Minería
Горное дело

Biologie
Biology
Biologie
Biologia
Биология

Chemie
Chemistry
Chimie
Quimica
Химия

Druck · Farbe · Papier · Photographie
Printing · Color · Paper · Photography
Imprimerie · Couleur · Papier · Photographie
Artes gráficas · Color · Papel · Fotografía
Типография · Краски · Бумага · Фотография

Eisenverarbeitende Industrie
Metal working industry
Industrie du fer
Industria del hierro
Металлообработывающая промышленность

Elektrotechnik · Optik
Electrotechnology · Optics
Electrotechnique · Optique
Electrotécnica · Optica
Электротехника и оптика

Energiewirtschaft
Power economy
Energie
Energía
Энергетическое хозяйство

Fahrzeugbau · Gasmotoren
Vehicle construction · Engines
Construction de véhicules · Moteurs
Construcción de vehículos · Motores
Производство транспортных средств

Fertigung
Fabrication
Fabrication
Fabricación
Производство

Funktechnik · Astronomie
Radio engineering · Astronomy
Radiotechnique · Astronomie
Radiotécnica · Astronomía
Радиотехника и астрономия

GPSR Compliance

The European Union's (EU) General Product Safety Regulation (GPSR) is a set of rules that requires consumer products to be safe and our obligations to ensure this.

If you have any concerns about our products, you can contact us on ProductSafety@springernature.com

In case Publisher is established outside the EU, the EU authorized representative is:

Springer Nature Customer Service Center GmbH
Europaplatz 3
69115 Heidelberg, Germany

Batch number: 10577876

Printed by Printforce, the Netherlands